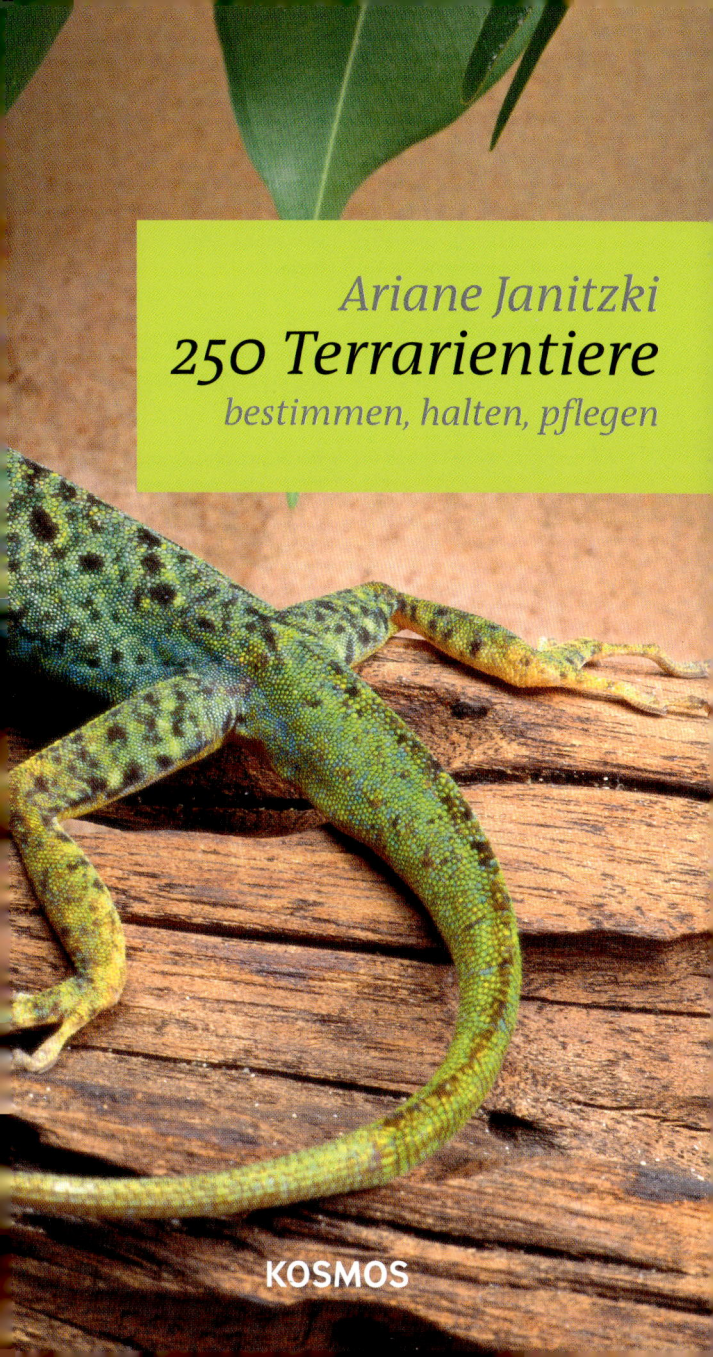

Ariane Janitzki

250 Terrarientiere

bestimmen, halten, pflegen

KOSMOS

Zu diesem Buch

In den letzten Jahren ist das Interesse an Terrarientieren immens gestiegen. Dies hat dazu geführt, dass viele Arten heute relativ preiswert im Handel zu erwerben sind. Doch ist dies immer im Sinne der Tiere? Ich denke nein, denn es kann kaum der richtige Weg sein, durch billige Spontankäufe die heimischen Becken zu füllen. Leider ist dies aber immer noch häufig der Fall und so manches Tier muss qualvoll verenden.

Wer Terrarientiere halten möchte, muss sich vor dem Kauf über sein Wunschtier informieren. Man muss sich im Klaren darüber sein, dass Terraristik ein sehr teures Hobby ist. Viele Arten benötigen hohe Temperaturen und helle Beleuchtung, was die Stromrechnung in ungeahnte Höhen schnellen lassen kann. Auch Futter und Vitaminpräparate gehen ganz schön ins Geld und die meisten Reptilien werden recht alt. Man muss sich also auch bewusst sein, dass man eine jahrelange Verantwortung für diese Lebewesen übernimmt und dass dies zum Teil mit erheblichem zeitlichem Aufwand verbunden ist. Darüber hinaus gibt es gesetzliche Bestimmungen, die beachtet und eingehalten werden müssen.

Dieses Buch soll dabei helfen, grundlegende Fehler zu vermeiden und erste Informationen über Haltungsbedingungen, Verhalten und Merkmale der Tiere zu geben. Es bietet zudem einen Überblick über die wichtigsten, technischen Voraussetzungen und Artenschutzbestimmungen. Da es bei exotischen Tieren jedoch manchmal auf winzige Feinheiten ankommt, kann dieses Werk nicht auf alle Punkte eingehen, ohne den Rahmen zu sprengen. Es ist auf jeden Fall dazu zu raten, sich über die entsprechende Art tiefgründiger zu informieren. Entsprechende Hinweise sind im Serviceteil dieses Buches zu finden.

Wichtige Überlegungen im Vorfeld

Wer in Betracht zieht, sich dem Hobby Terraristik zu verschreiben, sollte sich neben dem Informieren über sein Wunschtier noch über einige andere

Dinge Gedanken machen. Zunächst einmal gehören Terrarientiere in eben diese und sind keineswegs zum Kuscheln geeignet. Viele Arten reagieren zwar augenscheinlich zutraulich und zahm, doch dies zeigt lediglich, dass sie ihren Pfleger kennen und akzeptieren – und zwar als „Futtermaschine". Es sollte niemals vergessen werden, dass es sich hier um Tiere handelt, die nicht domestiziert werden können. Ein Waran z. B. bleibt ein Räuber, und von daher ist beim Hantieren im Terrarium immer Vorsicht geboten – egal, wie „lieb" und friedlich das Tier im Allgemeinen auch wirken mag.

Hat man dies verinnerlicht, stehen weitere grundlegende Punkte an. Die Akzeptanz der übrigen Familienmitglieder sollte ebenso vorhanden sein wie eine positive Rückmeldung des Vermieters. Nicht jeder Vermieter möchte eine Riesenschlange oder ein Gifttier im Haus haben, und die Mitbewohner könnten zusätzlich Probleme mit dem Futter haben. Die Hauptfuttertiere in der Terraristik sind Insekten und kleine Säugetiere. Viele Menschen finden „Krabbelviecher" jedoch eklig und Babymäuse herzallerliebst, sodass bei Lebendfütterung, die nun mal in 99 % der Fälle notwendig ist, Schwierigkeiten vorprogrammiert sind.

Immens wichtig sind die gesetzlichen Bestimmungen über Haltung und deren Bedingungen. So gibt es Bundesländer, in denen die Haltung von Gifttieren verboten ist. Aber auch andere Regelungen können, je nach Bundesland, variieren. In der Regel ist die Untere Landschaftsbehörde die zuständige Stelle, auch was Meldungen nach dem Artenschutz betrifft. Hier kann man schon im Vorfeld alles erfragen, was es zu beachten gilt.

Absolut unabdingbar ist die tierärztliche Versorgung! Hier muss zu allererst geklärt werden, ob ein reptilienkundiger Arzt in Reichweite ist, um im Notfall schnell agieren zu können. Auf der Website der Deutschen Gesellschaft für Herpetologie und Terrarienkunde (DGHT) e. V. (s. S. 284) findet man dies aber schnell heraus.

Keine Kuscheltiere, aber interessant zu beobachten – Amerikanische Laubfrösche

Technische Vorbereitungen

Vor dem Kauf des Tieres steht die Umsetzung der technischen Voraussetzungen, d. h. man kauft oder baut das passende Terrarium und richtet es komplett ein. Anschließend lässt man die notwendige Technik (Heizung, Beleuchtung usw.) eine Woche lang arbeiten. Während dieser Zeit kann man die Haltungsbedingungen (z. B. Temperatur) kontrollieren und gegebenenfalls anpassen. Erst wenn alle Werte korrekt eingestellt sind, darf das Tier einziehen.

Der Kauf des Tieres

Wenn man alle Überlegungen und Entscheidungen getroffen und die technischen Voraussetzungen geschaffen hat, muss man sich überlegen, wo man sein Wunschtier erwirbt. Amphibien und Reptilien kauft man nämlich nicht mal eben so nebenbei. Am besten ist es, sie direkt beim Züchter zu beziehen. Dieser wird sicherlich auch bereit sein, noch weitergehende Fragen zu beantworten.

Der Kauf auf Terraristik-Börsen oder im Zoogeschäft sollte hingegen gründlich überlegt werden. Ohne ausreichende Sachkenntnis könnte es durchaus passieren, dass man das falsche Tier mit nach Hause nimmt. Einige Arten bzw. Unterarten sehen sich sehr ähnlich, können aber ganz unterschiedliche Haltungsbedingungen haben. Weiterhin wird es einem Anfänger nicht leichtfallen, kranke Tiere auf den ersten Blick zu erkennen. Wer einen erfahrenen Terrarianer kennt, sollte sich nicht scheuen, diesen mitzunehmen.

Hat man nun „sein" Tier endlich zu Hause, gehört es zunächst in Quarantäne. Je nach Größe kann man hier ein weiteres, spärlich eingerichtetes Terrarium oder eine Faunabox verwenden. Neben dem Verhalten, das auch auf Krankheiten hinweisen kann, gilt das Augenmerk einem eventuellen äußerlichen Parasitenbefall. Um innere Parasitenerkrankungen o. Ä. auszuschließen, sollte zudem eine Kotprobe zwecks Untersuchung entnommen werden.

Links: Der technische Aufwand für eine artgerechte Tierhaltung kann beträchtlich sein.

Terrariumarten

Der Anfänger wird wahrscheinlich mit einem Glasterrarium beginnen. Dies ist nicht falsch; doch fertige Glasterrarien sind teuer und oft nicht unbedingt in den Maßen im Handel erhältlich, die man gerade benötigt. Hier hilft nur selbst bauen oder bauen lassen! Da es den Rahmen sprengen würde, hier ausführliche Bauanleitungen zu geben, soll an dieser Stelle auf den Serviceteil (S. 284) verwiesen werden, wo hilfreiche Links aufgeführt wurden. In den entsprechenden Foren bzw. auf den Websites selbst werden viele Tipps und Tricks vermittelt.

Außer Glasterrarien gibt es noch Terrarien aus Holz, Aluminium oder Styropor.

Terrarientypen

Je nach zu haltender Tierart werden bestimmte klimatische Bedingungen benötigt. Auch Einrichtungs- und Gestaltungsmöglichkeiten, die ja einen möglichst naturnahen Lebensraum simulieren, müssen Beachtung finden.

Grob betrachtet, werden Terrarien in vier Typen eingeordnet. Jedoch ist darauf hinzuweisen, dass es letztendlich die vielen Feinheiten und Details aller technischen und gestalterischen Möglichkeiten sind, die eine Behausung schaffen, in denen sich die Tiere wohlfühlen. Manchmal sind es schon winzige Temperaturunterschiede, die über ein Dahinvegetieren oder Agilität bestimmen, und von daher kann diese Einteilung nur als Hinweis gelten.

Ein feuchtes Regenwaldterrarium für tropische Frösche.

Feuchtterrarium

Oftmals wird es als Regenwaldterrarium bezeichnet, da sich Einrichtung und klimatische Bedingungen an eben diesem orientieren. Reptilien und Amphibien aus feuchtwarmen Gebieten benötigen meist hohe Luft-

temperaturen und -feuchtigkeit. Auch kommt hier häufig üppige Bepflanzung zum Einsatz. Bei extrem großen und schweren Pfleglingen (z. B. Riesenschlangen) wird darauf allerdings verzichtet, da das Gewicht der Tiere die Pflanzen zerdrücken würde. Weiterhin benötigen diese Tierarten oftmals ein Badebecken, das so groß ausfallen kann, dass man besser gleich ein Aquaterrarium verwendet.

Aquaterrarium

Ein Aquarium ist die Grundlage dieser Behausung. Man befestigt eine Glasscheibe (z. B. an der Rückwand) und gestaltet darauf einen Landteil, der Rest des Beckens wird mit Wasser befüllt. Alternativ kann man auch eine Insel selbst gestalten, indem man einen einsturzsicheren Stein-aufbau erstellt. Was letztlich die richtige Variante ist, hängt von der zu haltenden Tierart ab.

Halbfeucht-/Halbtrocken-terrarium

In der Regel wird dieser Terrarientyp als Waldterrarium bezeichnet. Dies ist allerdings nur teilweise richtig, denn nicht jede Tierart, die mehr Luftfeuchtigkeit als im Trockenter-rarium benötigt, ist ein Waldbewohner und bevorzugt daher weniger helle Beleuchtung. Es ist immer vom natürlichen Lebensraum abhängig. Ein Boden- oder Felsbewohner wird sich eher in offenen, vegetationsar-men Gebieten wohlfühlen und helles Licht und mittlere Luftfeuchtigkeit benötigen. Hier waldähnliche Ver-hältnisse zu schaffen, wäre fatal. Daher gilt die Bezeichnung „halb-feucht" nur für das sogenannte Wald-terrarium; alle anderen bezeichnet man richtigerweise als Halbtrocken-terrarium.

Trockenterrarium

In diesem Terrarium, umgangs-sprachlich auch Wüstenterrarium genannt, werden Tiere gehalten, die sehr hohe Lufttemperaturen benöti-gen, aber kaum Luftfeuchtigkeit ver-tragen. Bewohner von Wüsten oder anderen Gebieten, in denen ähnlich extreme Bedingungen vorherrschen, sind typische Pfleglinge für das Tro-ckenterrarium.

Ein trockenes Halbwüsten-Terrarium für wärmeliebende Echsen und Schlangen.

Die notwendige Technik

Tageslicht

Um den Tages- und Nachtzyklus zu simulieren, brauchen alle Tiere Tageslicht. Die Helligkeit hängt vom natürlichen Lebensraum ab. Gut geeignet sind Neonröhren mit Tageslicht-Vollspektrum und einer Lichtintensität von 6000–7000 Lux. Meist reichen hier 2–3 Röhren aus, nur bei besonders sonnenliebenden Tierarten können es gern noch mehr sein.

UV-Licht

Die meisten Reptilien benötigen UV-B-Strahlen zur Herstellung von Vitamin D_3. Ein Mangel dieses Vitamins führt zu Rachitis und letztlich zum Tode der Tiere. Um ausreichende UV-B-Werte zu erreichen, sind die im Handel oft gepriesenen Birnen und Strahler ungeeignet, denn sie geben allenfalls ausreichend UV-A-Licht ab. Daher müssen unbedingt Röhren verwendet werden. Die Angabe auf der Verpackung (z. B. 2.0) kennzeichnet den UV-B-Wert.

Die Röhren müssen alle 6 Monate ausgetauscht werden, da sie ihre Wirksamkeit verlieren.

Beheizung

Je nach Beckengröße und benötigten Temperaturen kommt zum Beheizen auch Licht in Betracht. Bei Terrarien bis etwa 150 cm Länge und Temperaturen um 32 °C kann man Halogenstrahler mit E27-Fassung einsetzen. Wattzahl, Art des Strahlers und Anbringungshöhe bzw. Heizbereich sind außerdem von der Art des Tieres abhängig. Sollen größere Bereiche beheizt werden, empfehlen sich

Flood-Strahler mit Keramikfassung. Großterrarien oder höhere Temperaturen erfordern HQL- oder HQI-Lampen. Sie benötigen ein Vorschaltgerät, was das Ganze recht teuer macht, sind aber sehr effizient.

Für nächtliche Beheizung sind solche Strahler natürlich ungeeignet, daher kommen hier Heizmatten oder -kabel zum Einsatz. Beheizt wird maximal $\frac{2}{3}$ der Grundfläche, beginnend vom Rande des Beckens. Für Feuchtterrarien sind Matten geeignet, da sie wasserfest sind. Alternativ kann man das Terrarium aber auch auf eine Heizmatte mit aufgelegter Isoliermatte (ca. 3 mm) stellen. Kabel können ebenfalls unter das Becken gelegt werden, wenn dieses auf einen Sockel gestellt wird. Soll das Beheizen im Terrarium erfolgen, muss gewährleistet sein, dass Kabel bzw. Matte weder ausgegraben werden können, noch die Tiere anderweitig damit direkt in Berührung kommen.

Für hohe Nachttemperaturen ist ein Infrarotstrahler mit Keramikfassung erforderlich. Er wird allerdings sehr heiß und muss daher unbedingt so platziert werden, dass er sich niemals in Reichweite der Tiere befindet.

Luftfeuchtigkeit

Abhängig von der Größe des Terrariums und der Höhe der erforderlichen Luftfeuchtigkeit gibt es unterschiedliche Möglichkeiten, die zum Einsatz kommen können.

PFLANZENSPRÜHER: Eine preiswerte Variante, die von Hand betrieben wird – deshalb und aufgrund des geringen Fassungsvermögens ist sie nur für kleinere Becken bzw. geringe Luftfeuchtigkeitswerte geeignet.

DRUCKLUFTSPRÜHER: Man füllt Wasser in den Behälter, pumpt eine Weile, um Innendruck zu erzeugen, und kann dann relativ bequem eine Weile sprühen. Solche Sprüher haben ein Fassungsvermögen von 5 l und reichen daher auch bei größeren Terrarien mit mittlerer Luftfeuchtigkeit aus. Bei Feuchtterrarien extremer Größe ist dieses System aber auch sehr aufwendig.

ULTRASCHALLVERNEBLER oder **BEREGNUNGSANLAGE:** Zum Erreichen hoher Luftfeuchtigkeit in großen Becken oder wenn man zeitlich eingeschränkt ist und daher nicht regelmäßig sprühen kann, ist eine dieser Varianten unumgänglich. Es ist zudem keine Regenanlage aus dem Fachhandel notwendig. Im Baumarkt bzw. Gartencenter gibt es wesentlich preiswertere Alternativen. Erhältlich sind sie mit passendem Steuerungsgerät, sodass Dauer und Häufigkeit der Beregnung eingestellt werden können.

Tiere aus tropischen Regenwäldern brauchen eine hohe Luftfeuchtigkeit.

Kontrolle und Regulierung

Um klimatische Bedingungen einzustellen und allen „Lebenslagen" der Tiere anzupassen, gibt es ein paar wichtige Dinge, die keinesfalls fehlen dürfen.

THERMO- und **HYGROMETER:** Diese Geräte dienen zur Kontrolle von Temperatur bzw. Luftfeuchtigkeit.

ZEITSCHALTUHREN: Beleuchtungszeiten und Beheizung können damit bequem geregelt werden.

Info

Neben der nötigen Technik finden sich in Zoo- und Terraristikfachgeschäften auch sämtliche Arten von Einrichtungsgegenständen. Ob Äste, Wurzeln, Pflanzen usw. – hier bleibt kein Wunsch unerfüllt. Allerdings ist so manches recht teuer und kann im gut sortierten Baumarkt oder Gartencenter oftmals wesentlich preiswerter erstanden werden.

Zusätzliche Utensilien

Je nachdem, welches Tier man halten möchte, sollte der Erwerb folgender Dinge in Erwägung gezogen werden bzw. sollte hierauf nicht verzichtet werden:

> Haken – zum Umgang mit Riesen- oder Giftschlangen

> (Arbeits-)Handschuhe – zur Begegnung mit bissigeren Pfleglingen

> größerer Aquarienkescher – zum Entfernen gröberer Verschmutzungen aus Badebecken bzw. dem Wasserteil

> Antiserum – bei der Haltung von Gifttieren; ebenso: Giftnotrufnummer in Reichweite

Krankheiten

Wenn Haltung und Ernährung stimmen, macht die Häutung keine Probleme.

Falsche Ernährung und unzureichende Haltungsbedingungen führen bei Reptilien und Amphibien zu Mangelerscheinungen und lösen dadurch schwerwiegende Erkrankungen aus. Verfettung, Missbildungen und schlimmstenfalls ein qualvoller Tod sind die Konsequenzen, und häufig bekommt der Halter dies erst mit, wenn es zu spät ist. Reptilien sterben leise – eine Aussage, die man unter erfahrenen Terrarianern oft hört. Treffender könnte man es auch gar nicht ausdrücken, denn man muss zumeist schon genau hinschauen, um Veränderungen der Tiere zu bemerken. Damit sind nicht nur augenscheinliche Hinweise gemeint, etwa der Befall von äußeren Parasiten oder ein Verblassen sonst leuchtender Farben. Verhaltensänderungen können auch ein Hinweis darauf sein, dass dem Tier etwas fehlt, doch

um diese zu erkennen, muss man schon sehr viel Zeit in Pflege und Beobachtung investieren. Wer die nicht hat oder sich damit begnügt, dass das Tier einfach da ist und „vor sich hin lebt", wird kaum in der Lage sein, solche Änderungen wahrzunehmen. Doch es ist immens wichtig, sich so intensiv wie möglich mit seinem Tier zu befassen. Reptilien und Amphibien zeigen ihre Krankheit nämlich niemals freiwillig offen und für jedermann gleich sichtbar – und das aus gutem Grund. In der Natur sind Krankheitszeichen gleichbedeutend mit Schwäche, was nichts anderes heißt, als dass z. B. ein dominierendes Männchen innerhalb einer Gruppe mit rangniederen, männlichen Tieren seine Vorrangstellung verliert. Für mögliche Fressfeinde sind kranke Tiere außerdem leichte Beute und so lassen sich die Tiere nichts anmerken. Diese Verhaltensweise wird in Gefangenschaft nicht abgelegt, was es dem Halter nicht eben leichter macht. Daher ist genaues Beobachten unabdingbar und bei Veränderungen ein Tierarzt zu Rate zu ziehen.

Um Krankheiten weitestgehend zu vermeiden, sollte man die Haltungsbedingungen strikt einhalten, für ausreichende Hygiene sorgen und die Tiere ausgewogen ernähren. Regelmäßige Kotuntersuchungen geben zusätzlich Sicherheit, was den Gesundheitszustand der Tiere betrifft.

Vitamine und Mineralstoffe sind gerade für die Exoten ein absolutes Muss. Egal, ob pflanzliche oder tierische Nahrung – ohne Zugabe entsprechender Präparate treten Mangelerscheinungen auf, die lebensbedrohlich werden können. Der Handel bietet eine Vielzahl unterschiedlichster Produkte an, doch nicht jedes ist für alle Tiere geeignet. Reptilien und Amphibien gesund zu ernähren, erfordert ausreichende Sachkenntnis und so können hier nur grundlegende Informationen gegeben werden. Welches Produkt das Richtige ist, sollte beim

Eine ausgewogene Ernährung beugt Mangelerscheinungen vor.

Züchter und reptilienkundigen Tierarzt erfragt werden.

Für den Einsteiger sollte zunächst einmal wichtig sein zu erfahren, wie gesunde Ernährung überhaupt auszusehen hat. Dass dies in erster Linie davon abhängt, ob man einen Fleisch- oder Pflanzenfresser im Terrarium hält, dürfte klar sein. Auch Arten, die beide Futtervarianten zu sich nehmen, benötigen eine spezielle Zusammenstellung. Um zu wissen, was das richtige Futter ist, muss man zunächst darüber informiert sein, welche Inhaltsstoffe für sein Tier wichtig sind. Kenntnis darüber zu haben, welche Vitamine beispielsweise lebensnotwendig sind und welchen Nutzen die Tiere davon haben, bringt einen einen ganzen Schritt weiter.

Es gibt wasser- und fettlösliche Vitamine. Letztere werden in der Leber eingeschlossen und dürfen nicht im Übermaß zugeführt werden. Eine eventuelle Überdosis an wasserlöslichen Vitaminen hingegen wird über den Urin ausgeschieden.

Fettlösliche Vitamine

> Vitamin A kommt in tierischen Fetten und Karotin vor. Eine Überdosis drückt den Vitamin D_3-Wert, ein Mangel verursacht Augen- und Hautprobleme.

> Vitamin D_3 wird benötigt, um Calcium aufzunehmen und wird mittels UV-B-Strahlung produziert bzw. auch zum Teil noch zugegeben. Ein Mangel hieran führt zu Rachitis. Die Knochen werden weich und es kommt zu Deformierungen. Überdosierung führt hingegen u. a. zu Vergiftungen, da das D_3 sich in den Organen „festsetzt".

> Vitamin E ist hilfreich zur Bildung anderer Vitamine; Mangelerschei-

Eine Maus stillt den Hunger für einige Tage.

nungen zeigen sich beispielsweise in Form von Veränderungen des Bindegewebes.

Wasserlösliche Vitamine

> Vitamin B-Mangel führt zu Verdauungs- und Hautproblemen. Enthalten ist es u. a. in Hülsenfrüchten und Leber.

> Wenn dem Tier Vitamin B_1 fehlt, ist es träge und appetitlos, da dieses Vitamin wichtige Funktionen des Nervensystems beeinflusst.

> Vitamin C ist für die allgemeine Widerstandskraft verantwortlich und findet sich in Milch, Leber, Zitrusfrüchten, Grünpflanzen und Kartoffeln.

> Für den Stoffwechsel wird Vitamin H benötigt. Verlangsamtes Wachstum und Muskelschwäche sind einige Begleiterscheinungen eines Mangels. Häufig kommt dies bei Reptilien vor, die Eier fressen, da in rohen bzw. unbefruchteten Eiern ein Eiweißkörper vorhanden ist, der Vitamin H bindet. In diesem Fall ist es hilfreich, nur befruchtete oder gekochte Eier zu füttern.

Vitamine und auch Mineralstoffe haben also einen großen Einfluss auf die Gesundheit und das Wohlbefinden der Tiere. Neben der Zugabe der entsprechenden Präparate sollte die Ernährung an sich also dementsprechend ausgewogen gestaltet werden. Bei Pflanzenfressern und Tieren, die sowohl pflanzliche als auch tierische Nahrung zu sich nehmen, sollte man ruhig Nährwerttabellen zurate ziehen, wenn man die Futterzusammenstellung plant. So schafft man grundlegend gute Kombinationen, die dann – da dies meist nicht ausreicht – mit ergänzenden Vitamin-Mineralstoff-Pulvern aufgewertet werden.

Bei Fleischfressern gilt dies ebenso, hier können die Futtertiere eingestäubt werden. Oder aber man züchtet diese selbst, füttert sie entsprechend gehaltvoll und ergänzt dann, was noch notwendig ist, durch Bestäuben. Wichtig bei der Gabe von Lebendfutter ist es, nicht zu fettreiche Nahrung anzubieten.

Mehlwürmer, Wachsraupen und Rosenkäfer beispielsweise enthalten sehr viel Fett und können zu Leberverfettung oder Übergewicht bei unseren Pfleglingen führen.

Besser geeignet sind Heimchen, Grillen, Heuschrecken, Fruchtfliegen und Mäuse.

Nur gesunde Tiere sind agil und zeigen sich farbenprächtig.

Artenschutz

Viele Reptilien und Amphibien unterliegen strengen gesetzlichen Bestimmungen bezüglich Ein- und Ausfuhr, Vermarktung und Haltung. Sie sind gegliedert in Anhänge, Absätze und Anlagen, welche die jeweiligen Bestimmungen enthalten und gelten entweder national oder gar weltweit, was es dem Einsteiger nicht gerade leichter macht. Die Flut an Verordnungen und Richtlinien wirkt auf den ersten Blick zum Teil sehr kompliziert, da es mannigfaltige Kombinationen unterschiedlicher Einstufungen gibt. Dies liegt darin begründet, dass es nationale

Viele heimische Tiere, wie diese Grasfrösche, stehen unter Schutz.

und/oder europäische Abweichungen bei bestimmten Arten zu beachten gilt. Anders gesagt: Eine Tierart, der im Ausland zwar Gefährdung droht, kann in Deutschland fast ausgestorben sein. Dies führt dazu, dass sie anderenorts zwar meldepflichtig ist, hier allerdings nicht ohne Genehmigung gehalten werden darf.

Am bekanntesten dürfte auch für den Einsteiger das sogenannte Washingtoner Artenschutzabkommen sein, kurz WA genannt. Dahinter verbirgt sich eine internationale Organisation, deren Ziel es ist, den weltweiten Handel insoweit zu kontrollieren, dass wild lebende Tiere, aber auch Pflanzen, nicht gefährdet werden. Namensgebend für diese Verordnung war der Ort der Erstunterzeichnung, also Washington. In Deutschland gilt sie seit 1976. Sie enthält drei Anhänge, in denen Tiere und Pflanzen je nach Gefährdung eingestuft werden. Dies bedeutet, dass der Handel entweder eingeschränkt oder aber ganz verboten sein kann. Diese Einstufungen werden alle zwei Jahre überprüft und gegebenenfalls angepasst.

Seit 1984 ist es für alle EU-Mitgliedsstaaten Pflicht, das WA anzuwenden; seit dem 1. Juni 1997 gelten allerdings neue Rechtsgrundlagen, die die ursprünglichen ersetzt haben. Das europäische Artenschutzrecht setzt seitdem nicht nur das WA, sondern auch EU-Richtlinien um. Die Tiere und Pflanzen werden je nach Gefährdungsgrad in vier Anhänge eingeteilt. So kann es vorkommen, dass innerhalb der EU strengere Bedingungen gelten, als es das WA vorgibt. Nationale Besonderheiten werden hierzulande mittels Bundesartenschutzverordnung und Bundesnaturschutzgesetz umgesetzt. Hauptsächlich sind hiervon Arten betroffen, die laut Fauna-Flora-Habitat-Richtlinie der EU geschützt werden sollen. Außerdem stellt der Bundesartenschutz heimische Tier- und Pflanzenarten unter Schutz, deren Bestand durch menschlichen Zugriff gefährdet ist. Zu diesen Arten gehören u. a. viele europäische Reptilien und Amphibien.

Einteilung

Zur besseren Übersicht werden die Tiere nach Verwandtschaften in 9 Gruppen geteilt und innerhalb dieser – nach Familien geordnet – nach ihren wissenschaftlichen Namen alphabetisch genannt. Jede Gruppe wird in einer Einleitung vorgestellt, um grundlegende Informationen zu vermitteln bzw. auf interessante Details hinzuweisen.

Das Porträt

Jedes Tierporträt enthält eine Randspalte, in der mithilfe von Stichpunkten wichtige Informationen auf einen Blick vermittelt werden. Besonderheiten sind farbig unterlegt. Weitergehende Informationen und Details sind im Text selbst zu finden, etwa Beschreibungen zur einfacheren Bestimmung, zu Verbreitung, Haltungsbedingungen und geeignetem Futter.

Die Dreiecksnatter ist für Terraristik-Einsteiger geeignet.

Randspalte

Taxonomie

Sofern vorhanden, werden deutsche bzw. wissenschaftliche Bezeichnungen genannt, unter denen die jeweilige Art im Handel auch noch geführt und angeboten wird. Weiterhin erfährt der Leser, in welche Ordnungen, Unterordnungen und Familien das Tier taxonomisch einzuordnen ist.

Schwierigkeitsgrad/ Giftigkeit

Tiere sind Individuen und lassen sich nur schwer einordnen. Die Angaben zum Schwierigkeitsgrad gelten für die Allgemeinheit der jeweiligen Art. Im Einzelfall kann es jedoch vorkommen, dass ein 1er-Kandidat plötzlich zum 3er wird, nur weil das Tier sozusagen seinen „eigenen Kopf" hat. Einige Arten wurden hochgestuft. So kann z. B. eine anspruchslose Schlange, die aber sehr groß wird, einem Anfänger nicht empfohlen werden. Auch Gifttiere wurden automatisch eine Stufe höher eingeordnet, als es Verhalten, Größe oder Haltungsbedingungen erfordert hätten.

1 für Anfänger geeignet bzw. recht anspruchsloses Tier

2 etwas anspruchsvoller, aber für ambitionierte Anfänger geeignet

3 anspruchsvoll; für Terrarianer mit Erfahrung

4 sehr anspruchsvoll bzw. aufgrund von Haltungsbedingungen, Größe/Verhalten des Tieres oder starker Giftigkeit nur für sehr erfahrene Terrarianer geeignet

G giftig

Goldgeckos fressen Insekten, aber auch Obst.

Haltungsbedingungen

Zu den Haltungsbedingungen gehören die Angaben zur Temperatur, Luftfeuchtigkeit, Details zur Winterruhe und der Terrarientyp. Temperaturen und Luftfeuchtigkeitswerte können tages- und bereichsabhängig variieren.

T Tageslufttemperatur

N Nachtlufttemperatur

W Wassertemperatur

S Spotstrahler; besonders warmer, heller Bereich, der als Sonnenplatz dient

Artenschutz

Um verwirrende Kombinationen verschiedener nationaler und internationaler Bestimmungen zu vermeiden, wurde darauf verzichtet, die jeweiligen Richtlinien aufzulisten. Stattdessen wurden die Tiere in Schutzgruppen eingeteilt. Jede Zahl steht für die entsprechende Regelungen:

1 höchster Schutzstatus weltweit; Haltung genehmigungspflichtig, auch Nachzuchten; kennzeichnungspflichtig

2 für europäische Arten siehe 1; nicht europäische Arten dürfen ohne Genehmigung gehalten werden, sind aber meldepflichtig

3 Haltung der Natur entnommener Tiere nicht erlaubt; Nachzuchten siehe 4

4 Haltung ohne Genehmigung erlaubt, aber meldepflichtig

5 Tiere werden zurzeit von der EU überwacht; Schutzstatus kann sich jederzeit ändern und sollte vorsichtshalber vor dem Kauf bei der entsprechenden Behörde erfragt werden

6 nicht meldepflichtig, aber Belege aufbewahren

Die restlichen Angaben in der Randspalte sind selbsterklärend.

Amphibien *(Amphibia)*

Sämtliche heute lebenden Schwanz-, Froschlurche und Blindwühlen werden häufig in die Unterklasse *Lissamphibia* eingereiht, um eine Abgrenzung zu den Amphibien zu schaffen, die aus der Zeit vor und nach den Dinosauriern stammen und längst ausgestorben sind.

Umgangssprachlich werden **SCHWANZLURCHE** *(Urodela)* oftmals als Salamander und Molche bezeichnet. Dies geschieht, um zu verdeutlichen, ob eine Art stärker ans Wasser gebunden ist bzw. mehr an Land lebt. Doch diese Einteilung ist nicht korrekt. Einerseits verbringen auch Molche einen Teil ihres Lebens an Land und andererseits kommen Salamander bei Eiablage, Entwicklung und Aufrechterhaltung ihres Wasserhaushaltes nicht ohne Wasser aus. Schwanzlurche werden in drei Unterordnungen bzw. Überfamilien eingeteilt:

> Riesensalamander und Winkelzahnmolche
> Armmolche
> Salamanderverwandte

Charakteristische Merkmale aller Schwanzlurche sind der lang gestreckte Körper und der – je nach Art bzw. Jahreszeit – im Querschnitt runde oder seitlich abgeflachte Schwanz. Sie leben hauptsächlich in

Feuersalamander mit großem Gelbanteil.

Goldfröschchen sind Bodenbewohner des madegassischen Regenwaldes.

Rotaugenlaubfrösche bei der Paarung.

gemäßigten bis subtropischen Bereichen auf der Nordhalbkugel. Neun von zehn Familien sind in den USA vertreten. Nur wenige Schwanzlurche sind lebend gebärend; meist werden Eier gelegt, nachdem eine innere Befruchtung stattgefunden hat.

FROSCHLURCHE (*Anura*) pflanzen sich meist im Wasser fort. Hier legen sie auch ihren Laich ab, woraus sich zunächst Kaulquappen entwickeln; die Extremitäten wachsen später nach. Die Metamorphose zum Landtier dauert oftmals mehrere Monate. Alle Kröten, Frösche und Unken gehören zur Ordnung der Froschlurche und sie sind in großen Teilen der ganzen Welt verbreitet. Ihre Lebensräume sind ebenso vielfältig wie ihre Erscheinungsbilder. Es gibt insgesamt ungefähr 5400 Arten, deren Einordnung in Familien bzw. Unterfamilien aufgrund ständiger Forschung immer wieder Änderungen unterworfen ist.

Axolotl
Ambystoma mexicanum

Synonym Mexikanischer Querzahnmolch
Ordnung Schwanzlurche
Unterordnung Salamanderverwandte
Familie Querzahnmolche

Schwierigkeitsgrad 2
Terrarientyp Aquarium
Temperatur W: 12–23 °C
Haltung Paar oder Gruppe gleich großer Tiere
Aktivität tagaktiv
Lebensweise wasserlebend
Fortpflanzung eierlegend
Artenschutz für deutsche Nachzucht keiner; sonst 4

Aufgrund Schilddrüsenunterfunktion lebenslang im Larvenstadium (Neotonie). Keine Vergesellschaftung mit Barschen o. ä. Räubern.

VERBREITUNG Nur im Xochimilco-See in Mexiko.
MERKMALE Länge 24–30 cm. Weibchen werden mit 12 Monaten geschlechtsreif, Männchen erst mit 2 Jahren. Wildfärbung Grau oder Braun, es gibt aber auch in der Natur Albinos und in der Aquaristik diverse Farbschläge.
HALTUNG Axolotl werden in Becken ab 80 cm Länge gehalten; bei 5–6 Tieren muss es schon 1 m vorweisen (z. B. 100×40×50 cm = 200 l). Besonders wichtig ist die Wasserqualität: pH-Wert 7–7,5, Gesamthärte 6–16 °dH, maximaler Nitritgehalt 0,5 mg/l. Die nötige Filteranlage darf keine starke Strömung verursachen, am besten wäre gar keine. Die Tiere lieben es schattig und brauchen Halt am Boden. Geeignet ist Sand oder Zeolithgranulat, da Steine beim Fressen verschluckt werden können und zu inneren Verletzungen führen. Unbedingt notwendig sind dichte Pflanzenzonen, Wurzeln und Höhlen.
NAHRUNG Stör- und Lachszuchtpellets, Fliegenmaden, Regenwürmer, Süßwasserfisch (grätenlos), lebende Fische (Guppies, Mollys); ab und zu Mehlwürmer, Fliegen, Heimchen, Mückenlarven.

Tigersalamander
Ambystoma tigrinum

VERBREITUNG Nordamerika und Mexiko.

MERKMALE Länge maximal 33 cm. Er ist von bräunlicher, schwarzer oder olivgrüner Grundfarbe, die meist von vielen gelben Flecken übersät ist. Der Rumpf weist 11–13 Querfurchen auf. Männchen sind meist schlanker; ihr Schwanz ist länger.

HALTUNG Für ein Paar Tigersalamander ist ein Terrarium von 80×50×40 cm Größe nötig. Es sollte ein Gazegitter als Deckel haben, um für ausreichende Belüftung zu sorgen. Für den Bodengrund des Landteiles verwendet man Torf und Erde und gestaltet ein schräg abfallendes Ufer zum Wasser hin. Abgedeckt wird der Boden zum Teil mit Moos. Alternativ kann man auch eine Wurzel oder einen Stein so platzieren, dass ein Ausstieg aus dem Wasser möglich ist. Der Wasserstand sollte 10–15 cm betragen. Um die Einrichtung zu komplettieren, werden Verstecke aus Baumrinde und Steinen arrangiert. Keine direkte Lichtbestrahlung – die Tiere mögen es schattig.

NAHRUNG Grillen, Raupen, Maden, Heuschrecken und Fisch.

Synonyme Östlicher Tigersalamander, Östlicher Tiger-Querzahnmolch
Ordnung Schwanzlurche
Unterordnung Salamanderverwandte
Familie Querzahnmolche

Schwierigkeitsgrad 1
Terrarientyp Aquaterrarium mit 1/3 Wasserteil
Temperatur 14–20 °C, W: 18 °C
Haltung Paar oder Gruppe gleich großer Tiere
Aktivität dämmerungs- u. nachtaktiv
Lebensweise bodenlebend
Winterruhe bei 5 °C
Fortpflanzung eierlegend
Artenschutz nein

Winterabkühlung fördert die Paarungsbereitschaft.

Schwertschwanzmolch
Cynops ensicauda

Synonym Japanischer Feuerbauchmolch
Ordnung Schwanzlurche
Unterordnung Salamanderverwandte
Familie Echte Salamander und Molche

Schwierigkeitsgrad 1 G
Terrarientyp Aquaterrarium
Temperatur T u. N: 22–26 °C
Haltung Gruppe
Aktivität dämmerungs- u. nachtaktiv
Lebensweise wasser- u. bodenlebend
Winterruhe bei 15–18 °C
Fortpflanzung eierlegend
Artenschutz Ausfuhr aus Japan nicht erlaubt

Sondert giftiges Hautsekret zum Schutz vor Fressfeinden ab.

VERBREITUNG Japanische Inseln.

MERKMALE Länge 12–16 cm, maximal 20 cm. 2 Unterarten. Der Körper wirkt gedrungen, die Haut ist gekörnt. Auffallend sind die dunkelbraune bis schwarze Ober- und die gelbe bis orangefarbene Unterseite. An den Flanken trägt er oft einen gelblichen Längsstreifen und viele helle Flecken. In der Paarungszeit sind die Schwanzkanten verbreitert. Männchen sind meist kleiner und haben eine stärker gewölbte Kloake.

HALTUNG Für 3–5 Molche ist ein Becken von mindestens 80×35×25 cm Größe erforderlich; ein größeres wäre aber ratsam. Für den Landteil verwendet man Kies oder Ähnliches als Bodengrund. Wurzeln und größere Steine dienen als Versteckplätze. Das Wasserbecken sollte über dichte Bepflanzung und eine Krautschicht an der Oberfläche verfügen. Beides dient auch als Ausstiegshilfe zum Landteil. Auch im Wasser sollten Wurzeln und Steine nicht fehlen. Becken abdecken, da die Molche klettern.

NAHRUNG Tubifex, Mückenlarven, Wasserflöhe, Regenwürmer etc.

Echter Feuerbauchmolch
Cynops pyrrhogaster

VERBREITUNG Auf allen großen japanischen und einigen kleineren, vorgelagerten Inseln; fehlt nur auf Hokkaido.

MERKMALE Länge 9–12 cm. Der Echte Feuerbauchmolch verfügt über eine raue Haut, die auf der Oberseite dunkelbraun bis schwarz ist. Der Bauch ist orange bis tiefrot und hat oft schwarze und/oder weiße Flecken. Männchen sind deutlich kleiner und bilden einen Faden am Schwanzende aus.

HALTUNG Das Becken für 2–3 Molche muss 40×30 ×30 cm groß sein und über eine Abdeckung verfügen, da die Tiere sonst herausklettern. Beim Aquaterrarium muss der Landteil flach ansteigen und Wurzeln, Steine o. Ä. als Verstecke und Rückzugsorte aufweisen. Im Aquarium gestaltet man Steine als Inseln, sodass man gleichzeitig Verstecke unter Wasser schafft (einsturzgesichert!). Für beide Beckenvarianten wählt man als Bodengrund Kies; im Aquaterrarium auch für den Landteil.

NAHRUNG Wasserflöhe, Bachflohkrebse, Mückenlarven im Wasser; an Land Nacktschnecken, Regenwürmer, Asseln.

Ordnung Schwanzlurche
Unterordnung Salamanderverwandte
Familie Echte Salamander

Schwierigkeitsgrad 2 G
Terrarientyp Aquarium mit kleiner Insel oder Aquaterrarium mit 80–90 % Wasser
Temperatur W: 20 °C
Haltung Paar oder Gruppe
Aktivität tagaktiv
Lebensweise wasser- u. bodenlebend
Winterruhe W: 10 °C
Fortpflanzung eierlegend
Artenschutz nein

Sondert giftiges Hautsekret ab! Kann 30 Jahre alt werden.

Warzenmolch
Paramesotriton chinensis

Synonym Chinesischer Warzenmolch
Ordnung Schwanzlurche
Unterordnung Salamanderverwandte
Familie Echte Salamander

Schwierigkeitsgrad 1
Terrarientyp Aquaterrarium mit 15–20 % Landteil
Temperatur W: 15–25 °C
Haltung Paar
Aktivität tagaktiv
Lebensweise zu 99 % wasserlebend
Fortpflanzung eierlegend
Artenschutz nein

Kann auch im Aquarium mit Inseln aus Steinen und Wurzeln gehalten werden.

VERBREITUNG China.

MERKMALE Länge 15 cm. Die Grundfarbe des Warzenmolchs variiert von Olivgrau über Grauschwarz bis Dunkelbraun. Sein Bauch ist schwarz gefärbt und mit einigen kleinen, orangefarbenen Flecken versehen. Auch die Schwanzkante ist orange; die Unterseite der Extremitäten ist dunkelgrau. Meist trägt er eine horizontale, breite schwarze Querbinde durch das Auge. Senkrecht gibt es ebenfalls eine schwarze Markierung. Seine Haut ist sehr grob und warzig; der Körper massig. Männchen sind deutlich schlanker, mit silberweißem Streifen an den Schwanzseiten (Paarungstracht).

HALTUNG Ein Paar hält man in einem Becken der Größe 50×30×30 cm. Der Wasserstand sollte mindestens 15 cm betragen. Der Landteil sollte flach aus dem Wasser aufsteigen und ein paar Verstecke bieten, z. B. Wurzeln oder Korkrinden. Auch im Wasser sind Rückzugsmöglichkeiten wichtig.

NAHRUNG Kleine Fische oder -stückchen, Regenwürmer, Frostfutter aller Art, rote Mückenlarven, Enchyträen.

Algerischer Rippenmolch
Pleurodeles poiretti

VERBREITUNG Algerien und Tunesien.

MERKMALE Länge bis 16 cm.
Die Flossensäume (Paarungszeit) sind beim Männchen höher, außerdem verfügt es über Brunstschwielen.

HALTUNG Für ein Paar Algerische Rippenmolche wird ein Aquaterrarium von 40×40×20 cm Größe benötigt. Der Bodengrund des Landteils sollte mit Erde und Moos gestaltet werden und ein flach abfallendes Ufer haben. Im Wasserteil verwendet man zu diesem Zweck Kies. Es müssen ausreichend Versteckmöglichkeiten geboten werden, damit sich diese Molche richtig wohlfühlen. An Land kann man hierfür Korkrinde, Steine oder Wurzeln verwenden. Im Wasser bieten sich ebenfalls Steine und Wurzeln an. Es können aber auch Wasserpflanzen in größerer Zahl eingebracht werden. Bei der Errichtung von Steinaufbauten muss man in jedem Fall darauf achten, dass diese nicht einstürzen können.

NAHRUNG Tubifex, Insekten, Nacktschnecken, Regenwürmer und Fischstückchen.

Synonym Poiret'scher Rippenmolch
Ordnung Schwanzlurche
Unterordnung Salamanderverwandte
Familie Echte Salamander

Schwierigkeitsgrad 1
Terrarientyp Aquaterrarium mit 50 % Landteil
Temperatur W: 21–25 °C
Haltung Paar oder Gruppe
Aktivität dämmerungs- u. nachtaktiv
Lebensweise wasserlebend
Winterruhe W: ca. 10 °C
Fortpflanzung eierlegend
Artenschutz nein

Kann bis zu 10 Jahre alt werden.

Spanischer Rippenmolch
Pleurodeles waltl

Ordnung Schwanzlurche
Unterordnung Salaman-
derverwandte
Familie Echte Salamander

Schwierigkeitsgrad 1
Terrarientyp Aquaterrarium
mit 50 % Landteil
Temperatur W: 21–25 °C
Haltung Paar oder Gruppe
Aktivität dämmerungs- u.
nachtaktiv
Lebensweise wasserlebend
Winterruhe W: ca. 10 °C
Fortpflanzung eierlegend
Artenschutz 4

Kann bis zu 10 Jahre alt
werden.

VERBREITUNG Spanien bis Marokko.

MERKMALE Länge bis 31 cm.
Die Flossensäume (Paarungszeit) sind beim Männchen höher, außerdem verfügt es über Brunstschwielen.

HALTUNG Für ein Paar Spanische Rippenmolche
wird ein Aquaterrarium von 80×40×40 cm Größe
benötigt. Der Bodengrund des Landteils wird mit
Erde und Moos so gestaltet, dass ein flach abfallendes Ufer entsteht. Im Wasser nimmt man für den
Boden Kies. Es müssen ausreichend Rückzugs- und
Versteckmöglichkeiten geboten werden, damit sich
diese Rippenmolche richtig wohlfühlen. An Land
kann man hierfür Korkrinde, Steine oder Wurzeln
verwenden. Im Wasser bieten sich ebenfalls Steine
und Wurzeln an. Es können aber auch Wasserpflanzen in größerer Zahl eingebracht werden. Bei der
Errichtung von Steinaufbauten muss man in jedem
Fall darauf achten, dass diese nicht einstürzen
können.

NAHRUNG Tubifex, Insekten, Nacktschnecken,
Regenwürmer und Fischstückchen.

Feuersalamander
Salamandra salamandra

VERBREITUNG Weite Teile Europas.

MERKMALE Länge bis 25 cm. Kennzeichnend ist das gelbe Muster aus Punkten und/oder Linien auf der glatten, tiefschwarzen Haut. Farbliche Varianten in Rot oder Orange sind möglich. Männliche Feuersalamander sind etwas zierlicher. Diese Tiere können bis zu 50 Jahre alt werden.

HALTUNG Für ein Paar wird ein Becken von 80×40×40 cm Größe benötigt; für jedes weitere Tier rechnet man 25 % mehr Grundfläche. Der Bodengrund kann aus Kies oder Steinen bestehen; darüber gibt man Walderde und Moos. Eine Beleuchtung ist nicht nötig, wohl aber ein Wasserbehälter oder Wasserteil. Zum Klettern eignen sich Wurzeln, Mooshügel und flache Steine. Sie können auch als Rückzugsmöglichkeiten gebaut werden. Allerdings nehmen Feuersalamander nur flache Verstecke an.
Eine gute Belüftung ist ebenso wichtig wie eine Terrarienabdeckung, da die Tiere am Glas hochklettern können.

NAHRUNG Abwechslungsreich; Regenwürmer, Spinnen, Asseln, Heimchen, Grillen, Nacktschnecken.

Ordnung Schwanzlurche
Unterordnung Salamanderverwandte
Familie Echte Salamander

Schwierigkeitsgrad 1
Terrarientyp Halbfeuchtterrarium
Temperatur 20 °C
Luftfeuchtigkeit 80 %
Haltung Paar oder Gruppe gleich großer Tiere
Aktivität dämmerungs- u. nachtaktiv
Lebensweise bodenlebend
Winterruhe 4–5 Mon. bei 5 °C
Fortpflanzung lebend gebärend
Artenschutz 4

Bei Regen auch tagsüber aktiv.

Kalifornischer Rauhautmolch
Taricha torosa sierrae

Ordnung Schwanzlurche
Unterordnung Salaman-
derverwandte
Familie Echte Salamander

Schwierigkeitsgrad 2 G
Terrarientyp Aquaterrarium
mit ¼ Landteil
Temperatur W: 5–24 °C
(jahreszeitl. angepasst)
Haltung Gruppe
Aktivität nachtaktiv
Lebensweise wasser- u.
bodenlebend
Winterruhe W: 5–12 °C
Fortpflanzung eierlegend
Artenschutz nein

Das giftige Hautsekret
enthält Tetrodotoxin!

VERBREITUNG Kalifornien. Der Rauhautmolch ist immer im Wasser anzutreffen, außer während der Sommermonate.

MERKMALE Länge bis 20 cm. Sein Rücken ist braun, die Unterseite orange gefärbt. Männchen mit verbreitertem Schwanzsaum, dunkel verhornten Zehenspitzen und stärker gewölbter Kloake (Paarungszeit).

HALTUNG Für 2–3 ausgewachsene Molche ist ein Becken mit einer Grundfläche von 60×30 cm erforderlich. Der Wasserstand sollte 20–30 cm betragen; auf der Oberfläche sollten Korkinseln und schwimmende Rinde angeboten werden – über diese können die Tiere das Wasser verlassen. Dichte Wasserpflanzen schaffen Versteckplätze. Es ist eine Filterpumpe nötig, die die Fließbewegungen eines Baches simuliert. Den Landteil gestaltet man mit Kies oder einem Sand-Erde-Gemisch. Wurzeln oder Korkrinde dienen hier als Deckung.

NAHRUNG Nur sehr kleine Futtertiere oder vorher zerkleinertes Futter: rote Mückenlarven (lebend oder gefroren), Regenwürmer, Asseln, Heimchen etc.

Bergmolch
Triturus alpestris

VERBREITUNG Der Bergmolch ist in weiten Teilen Europas beheimatet.

MERKMALE Länge maximal 9 cm. Männliche Tiere haben einen bläulich-grau marmorierten Rücken; Weibchen sind eher braun. Die Flanken beider Geschlechter sind weiß mit schwarzen Sprenkeln und trennen den dunklen Rücken von der orange-roten Unterseite. Weiterhin kennzeichnend ist eine orangebraune Rückenlinie. Während der Paarungs-zeit tragen die Männchen eine buntere Wasser-tracht. Sie bleiben kleiner als die massiger wirken-den Weibchen.

HALTUNG Ein Paar Bergmolche hält man in einem Aquaterrarium von 40×40×30 cm Größe. Für die Einrichtung des Landteils werden Erde, Moos, Laub und Wurzeln benötigt, um den Bodengrund und erforderliche Versteckplätze sowie Rückzugsmög-lichkeiten zu gestalten. Während der Fortpflan-zungszeit muss der Wasserstand mindestens 20 cm betragen.

NAHRUNG Regenwürmer, Schnecken, kleine Heim-chen und Grillen.

Synonym Alpenmolch
Ordnung Schwanzlurche
Unterordnung Salaman-derverwandte
Familie Echte Salamander

Schwierigkeitsgrad 1
Terrarientyp Aquaterrarium mit 50 % Landteil
Temperatur T: 18–20 °C, N: 18 °C
Luftfeuchtigkeit 60–80 %
Haltung Gruppe
Aktivität nachtaktiv
Lebensweise boden- u. was-serlebend
Winterruhe 3–4 Mon. bei 2–5 °C
Fortpflanzung eierlegend
Artenschutz 4

Fortpflanzung im Wasser.

Nördlicher Kammmolch
Triturus cristatus

Synonym Kammmolch
Ordnung Schwanzlurche
Unterordnung Salamanderverwandte
Familie Echte Salamander

Schwierigkeitsgrad 2
Terrarientyp Aquaterrarium mit kleinem Landteil
Temperatur W: niemals über 25 °C
Haltung Paar oder Gruppe
Aktivität dämmerungs- bzw. nachtaktiv (Wasser bzw. Land)
Lebensweise wasser- u. bodenlebend
Winterruhe bis Feb./Mrz. an Land
Fortpflanzung eierlegend; im Wasser
Artenschutz 3

Lebt in kaltem Wasser.

VERBREITUNG Ganz Mitteleuropa, Britische Inseln, von Südskandinavien bis Westrussland.

MERKMALE Länge 12–16(–20) cm (Weibchen). Während der Landzeit sind die Tiere dunkelbraun bis schwarz gefärbt und ohne Rückenkamm. Weibchen haben eine orangene Kloake und Schwanzunterseite. Die Grundfarbe der Wassertracht ist dunkelbraun mit größeren, rundlichen schwarzen Flecken auf der körnigen Oberseite. Die Flanken tragen weiße Pünktchen und die gelbliche bis orangene Unterseite schwarze Flecken. Bei den Männchen bildet sich meist ab Kopfmitte ein tief gezackter, hoher Rückenkamm (Name).

HALTUNG Für ein Paar ist ein Becken von 50×30×30 cm Größe nötig. Der Landteil sollte ein flach ansteigendes Ufer vorweisen. Versteckmöglichkeiten wie Wurzeln und Steine sollten im Wasser wie auch an Land vorhanden sein. Wasserpflanzen sind nicht erforderlich, aber möglich. Eine Beheizung ist nicht notwendig.

NAHRUNG Wasserinsekten, Egel, Schnecken und Regenwürmer.

Marmormolch
Triturus marmoratus

VERBREITUNG Südwesteuropa.

MERKMALE Länge maximal 16 cm. Die Oberseite beider Geschlechter ist mit grüner und schwarz-grauer, marmorierter Fleckenzeichnung versehen; während der Landphase ist das Grün leuchtender und die Haut samtartig. Die Wassertracht des größeren Weibchens zeigt eine gelborangene bis rote Längslinie auf dem Rücken. Der männliche Marmormolch trägt einen schwarzbraun-gelblich gebänderten, hohen, mehr oder weniger ganzrandigen Rückenkamm.

HALTUNG Das Terrarium zur Paarhaltung muss mindestens 50×30×30 cm groß sein. Das Wasser wird nicht beheizt. Die Einrichtung ist identisch mit der für den Nördlichen Kammmolch; so wird auch hier ein Landteil mit einem flach ansteigenden Ufer benötigt. Versteckmöglichkeiten wie Wurzeln und Steine sollten im Wasser wie auch an Land vorhanden sein. Wasserpflanzen sind nicht erforderlich, aber möglich.

NAHRUNG Fliegenmaden, Tau- und Regenwürmer, Wachsraupen, Wasserinsekten.

Synonym Nördlicher Marmormolch
Ordnung Schwanzlurche
Unterordnung Salamanderverwandte
Familie Echte Salamander

Schwierigkeitsgrad 2
Terrarientyp Aquaterrarium mit kleinem Landteil
Temperatur W: nie über 25 °C
Haltung Paar oder Gruppe
Aktivität dämmerungs- bzw. nachtaktiv (Wasser bzw. Land)
Lebensweise wasser- u. bodenlebend
Fortpflanzung eierlegend; im Wasser
Artenschutz 3

Bewohnt während der Landzeit in der Natur unterschiedliche Habitate.

Asiatischer Zipfelfrosch
Megophrys nasuta

Synonym Zipfelkrötenfrosch
Ordnung Froschlurche
Unterordnung Neufrösche
Familie Asiatische Krötenfrösche

Schwierigkeitsgrad 2
Terrarientyp Aquaterrarium
Temperatur T: 22–24 °C,
N: 18–20 °C
Luftfeuchtigkeit 80–95 %
Haltung einzeln oder mehrere gleichen Geschlechts
Aktivität nachtaktiv
Lebensweise bodenlebend
Fortpflanzung eierlegend
Artenschutz nein

Nur gleichgeschlechtliche
Tiere zusammen halten!

VERBREITUNG Singapur, Malaysia, Indonesien.

MERKMALE Größe bis 16 cm (Weibchen) bzw. 10 cm (Männchen). Die Grundfarbe des Asiatischen Zipfelfrosches ist hell- bis dunkelbraun und erinnert an gefallenes Laub. Sie ist ebenso typisch für ihn wie die spitzen Auswüchse über den Augen und an der Schnauzenspitze. Männchen sind wesentlich kleiner.

HALTUNG Für die Einzelhaltung wird ein Terrarium von 60×60×50 cm Größe benötigt. Der Bodengrund muss aus einem feuchtigkeitsspeichernden Substrat bestehen, auf das man auch Moos geben kann. Notwendig sind viele Versteckmöglichkeiten (z. B. Korkrinden), die unbedingt geräumig sein müssen, damit der Frosch sich keine Verletzungen an den Nasen- und Augenzipfeln zuzieht. Zipfelfrösche neigen dazu, alles zu fressen, was kleiner ist als sie selbst. Deshalb muss man die Männchen unbedingt von den größeren Weibchen getrennt halten.

NAHRUNG Heimchen, Grillen, Heuschrecken, Regenwürmer, Nacktschnecken und Spinnen.

Goldbaumsteiger
Dendrobates auratus

VERBREITUNG Südliches Nicaragua, Kolumbien, Costa Rica.

MERKMALE Größe maximal 4,5 cm. Die Farben sind sehr variabel und reichen von Schwarzgrün über Goldbraun, Blauschwarz bis hin zu fast Gelb. Bei der ersten Variante gibt es zudem unterschiedliche Grüntöne und Abweichungen im Verhältnis beider Farben. Der Kopf der Männchen ist etwas spitzer und schlanker; ihre Haftscheiben sind größer.

HALTUNG Für ein Paar Goldbaumsteiger ist ein Terrarium von 50×50×50 cm erforderlich, dessen Bodengrund aus mit Laub bedeckter Erde bestehen sollte. Als Verstecke bietet man z. B. Wurzeln oder halbierte Kokosnussschalen an. Auch üppige Bepflanzung ist empfehlenswert, etwa Bromelien. Um die nötige Luftfeuchtigkeit zu erreichen, kann ein Vernebler oder eine Beregnungsanlage genutzt werden. Giftiges Hautsekret verliert sich in Gefangenschaft, da es über die Nahrung (Ameisen) aufgenommen wird.

NAHRUNG Mikroheimchen, Fruchtfliegen, Springschwänze.

Ordnung Froschlurche
Unterordnung Neufrösche
Familie Baumsteigerfrösche

Schwierigkeitsgrad 2
Terrarientyp Aquaterrarium mit 20 % Wasserteil; UV-Bestrahlung
Temperatur T: 25–28 °C, W: 24 °C, N: 23–26 °C
Luftfeuchtigkeit T: 70 %, morgens u. abends 100 %
Haltung Paar oder Gruppe mit 1 Männchen u. max. 2–3 Weibchen
Aktivität tagaktiv
Lebensweise bodenlebend
Fortpflanzung eierlegend
Artenschutz 4

Beide Geschlechter untereinander aggressiv. Nachzuchten ohne giftiges Hautsekret.

Klecks-Baumsteiger
Dendrobates galactonotus

Ordnung Froschlurche
Unterordnung Neufrösche
Familie Baumsteigerfrö-
sche

Schwierigkeitsgrad 2
Terrarientyp Aqua- oder
Feuchtterrarium mit großer
Badeschale, UV-Bestrahlung
Temperatur T: 25–28 °C,
N: 23 °C
Luftfeuchtigkeit 80–100 %
Haltung Paar
Aktivität tagaktiv
Lebensweise bodenlebend
Fortpflanzung eierlegend
Artenschutz 4

Giftiges Hautsekret ver-
liert sich in Gefangen-
schaft, da es über die Nahrung (Ameisen) aufge-
nommen wird. Klettert
sehr gern.

VERBREITUNG Brasilien.

MERKMALE Größe maximal 4 cm. Die Grundfärbung ist Schwarz mit gelbem, rotem oder orange-
nem „Klecks" auf dem Rücken. Die Oberseite der
Hinterbeine kann ebenfalls rot sein. Weibchen sind
größer und kräftiger, Männchen haben einige größere Haftscheiben.

HALTUNG In einem Becken mit den Maßen 50×50×
50 cm kann man ein Paar Klecks-Baumsteiger halten. Für den Bodengrund verwendet man Kies oder
Blähton als Drainage; darüber gibt man ein
Gemisch aus Kokosfaser und Erde. Die oberste
Schicht besteht aus Laub. Tropische Pflanzen wie
Bromelien dürfen ebenso wenig fehlen wie Äste
und Torfziegel zum Klettern. Auch Wurzeln als Verstecke sind ratsam. Wer kein Aquaterrarium verwendet, stellt eine große Wasserschale auf. Allerdings ist bewegtes Wasser zu bevorzugen – daher
sollte man einen Wasserfall oder flachen Bachlauf
simulieren.

NAHRUNG Tropische Asseln, Springschwänze,
Fruchtfliegen, Mikrogrillen und -heimchen.

Gelbgebänderter Pfeilgiftfrosch
Dendrobates leucomelas

VERBREITUNG Brasilien, Kolumbien, Venezuela, Guayana.

MERKMALE Größe maximal 4 cm. Die Grundfarbe des Gelbgebänderten Pfeilgiftfrosches ist Schwarz; er besitzt breite gelbe Querstreifen, die unregelmäßige Flecken aufweisen. Es gibt auch Farbvarianten mit grüner oder orangener Bänderung. Männchen sind minimal kleiner und haben größere Haftplatten an den Fingern.

HALTUNG Für ein Paar dieser Frösche ist ein Becken von 50×50×50 cm Größe erforderlich. Der Bodengrund sollte aus Erde bestehen, die Rückwand aus Kokosfaser. Üppige Bepflanzungen mit Moosen, Farnen, Ranken und z. B. Bromelien sind auch als Rückzugsmöglichkeiten nötig. Eine große, flache Wasserschale darf nicht fehlen. Für die notwendige Luftfeuchtigkeit ist der Einsatz einer Nebel- oder Beregnungsanlage ratsam. Giftiges Hautsekret verliert sich in Gefangenschaft, da es über die Nahrung (Ameisen) aufgenommen wird.

NAHRUNG Mikroheimchen, Drosophila, Wiesenplankton, Springschwänze.

Ordnung Froschlurche
Unterordnung Neufrösche
Familie Baumsteigerfrösche

Schwierigkeitsgrad 2
Terrarientyp Feuchtterrarium, UV-Bestrahlung
Temperatur T: 26–30 °C, N: 22–24 °C
Luftfeuchtigkeit 60 %, morgens u. abends 100 %
Haltung Paar oder Gruppe mit 1 Männchen u. max. 3 Weibchen
Aktivität tagaktiv
Lebensweise bodenlebend
Fortpflanzung eierlegend
Artenschutz 4

Klettert gern. Von Sept. bis Dez. Regenzeit simulieren.

Kleiner Erdbeerfrosch
Dendrobates pumilio

Synonyme Erdbeerfröschchen, Erdbeerfrosch
Ordnung Froschlurche
Unterordnung Neufrösche
Familie Baumsteigerfrösche

Schwierigkeitsgrad 2
Terrarientyp Feuchtterrarium, UV-Bestrahlung
Temperatur T: 29 °C, N: 23 °C
Luftfeuchtigkeit ca. 90 %
Haltung Gruppe mit 1 Männchen
Aktivität tagaktiv
Lebensweise boden- u. strauchbewohnend
Fortpflanzung eierlegend
Artenschutz 4

Männchen sehr territorial und aggressiv.

VERBREITUNG Der Kleine Erdbeerfrosch lebt in Panama, Nicaragua, Costa Rica.

MERKMALE Größe 2–2,5 cm. Meist rot gefärbt und mit schwarzen Sprenkeln versehen, erinnert dieser Frosch an eine Erdbeere. Es gibt jedoch viele andere Färbungen, z. B. Grün, Braun oder Blau. Männchen sind etwas kleiner, besitzen eine Schallblase und rufen laut.

HALTUNG Der Kleine Erdbeerfrosch ist sehr lebhaft und braucht viel Platz. Das Terrarium für die Haltung von 3–5 Exemplaren muss daher mindestens 70×50×50 cm groß sein. Für den Boden verwendet man Moos, Xaxim oder Kokosfaser. Dichte Bepflanzung, z. B. mit Bromelien oder Tillandsien, ist ebenso ein Muss wie eine Wasserschale oder besser gleich ein Wasserteil. In Nähe des Wassers sollten einige niedrige Zweige eingebracht werden. Giftiges Hautsekret verliert sich in Gefangenschaft, da es über die Nahrung (Ameisen) aufgenommen wird; Nachzuchten haben daher keins mehr.

NAHRUNG Kleine Spinnen, Käfer, Ameisen, Springschwänze und Drosophila.

Färberfrosch
Dendrobates tinctorius

VERBREITUNG Brasilien, Franz.-Guyana, Surinam.
MERKMALE Größe 3–4 cm. Die Färbungen sind recht variabel. So gibt es schwarze Frösche mit gelb- und grünlichen Akzenten auf dem Körper sowie Exemplare mit zusätzlich blauen Extremitäten, die schwarze Punkte aufweisen können. Dunkel- bis hellblaue Tiere mit schwarz gepunktetem Rücken galten sogar zeitweise als eigene Art (*D. azureus*), haben sich aber nach neuesten Erkenntnissen lediglich als Farbform herausgestellt. Männchen sind kleiner, Weibchen meist fülliger.
HALTUNG Für ein Paar Färberfrösche braucht man ein Terrarium von 50×50×50 cm Größe. Der Bodengrund wird zweischichtig angelegt. Zunächst gibt man Kies oder Blähton als Drainage ins Becken, darauf dann Eichenlaub und/oder Moos. Eine flache, größere Wasserschale oder ein Wasserteil darf nicht fehlen. Als Verstecke bietet man halbierte Kokosnussschalen, Wurzeln u. Ä. an; zum Klettern Äste und Pflanzen (Bromelien etc.).
NAHRUNG Springschwänze, Fruchtfliegen, Blattläuse, Mikrogrillen und -heimchen.

Synonyme Blauer Baumsteiger, *D. t. azureus, D. azureus*
Ordnung Froschlurche
Unterordnung Neufrösche
Familie Baumsteigerfrösche

Schwierigkeitsgrad 2
Terrarientyp Feuchtterrarium, UV-Bestrahlung
Temperatur T: 23–27 °C, N: 18–20 °C
Luftfeuchtigkeit 80 %
Haltung Paar
Aktivität tagaktiv
Lebensweise bodenlebend
Fortpflanzung eierlegend
Artenschutz 4

Giftiges Hautsekret verliert sich in Gefangenschaft, da es über die Nahrung (Ameisen) aufgenommen wird.

Afrikanischer Grabfrosch
Pyxicephalus adspersus

Synonym Afrikanischer Ochsenfrosch
Ordnung Froschlurche
Unterordnung Neufrösche
Familie Echte Frösche

Schwierigkeitsgrad 1
Terrarientyp Feuchtterrarium mit Wasserbecken oder Aquaterrarium
Temperatur T: 24–26 °C, N: 20–22 °C
Luftfeuchtigkeit 50–70 %
Haltung Paar
Aktivität nachtaktiv
Lebensweise bodenlebend
Fortpflanzung eierlegend
Artenschutz nein

Sehr gefräßig.

VERBREITUNG Afrika.

MERKMALE Größe 13 cm (Weibchen), 24 cm (Männchen). Der Afrikanische Grabfrosch lauert die meiste Zeit im Boden eingegraben auf Beute. Die fast doppelt so großen männlichen Tiere sind von gelber bis gelborangener Grundfarbe, die Weibchen erscheinen eher hellbraun bis cremefarben. Die Kehlregion beider Geschlechter ist olivgrün. Der Grabfrosch ist durch ein massives Skelett und einen sehr großen, schweren Schädel gekennzeichnet.

HALTUNG Für die Paarhaltung ist ein Becken von 120 ×60×60 cm Größe erforderlich. Die Einrichtung unterscheidet sich im Wesentlichen nicht von der des Afrikanischen Zwerggrabfrosches (*P. edulis*). Man sollte nur darauf achten, dass der Wasserteil bzw. das Wasserbecken etwas größer ist; der Bodengrund sollte mindestens 20 cm hoch sein und ebenfalls aus einem Sand-Lehm-Gemisch bestehen, in welchem sich die Tiere gut eingraben können. Zur Dekoration des Beckens eignen sich Steine, Wurzeln oder Korkrinden.

NAHRUNG Grillen, Heimchen und nestjunge Mäuse.

Afrikanischer Zwerggrabfrosch
Pyxicephalus edulis

VERBREITUNG Große Teile Afrikas.

MERKMALE Größe maximal 12 cm. Die Färbung des Afrikanischen Zwerggrabfrosches ist mehr oder weniger einheitlich gelbgrün, olivgrün oder -braun. Die Männchen sind zumeist eher grün, die kleineren und nur halb so schweren Weibchen olivbraun gefärbt.

HALTUNG Für ein Paar dieser Frösche braucht man ein Terrarium von 80×60×40 cm Größe. Der Bodengrund muss mindestens 15–20 cm hoch sein und aus einem Sand-Lehm-Gemisch bestehen. Wurzeln, Steine und Korkrinden kann man zu Dekorationszwecken ins Becken geben, notwendig ist dies aber nicht. Viel wichtiger ist ein großes Badebecken bzw. der Wasserteil, der gern einen sumpfigen Boden haben kann. Der Zwerggrabfrosch verbringt den Großteil des Jahres im Bodengrund eingegraben. Er ist nur während der Regenzeit und zur Jagd aktiv.

NAHRUNG Mehlkäfer, Zophobas, Regenwürmer, Grillen, Heimchen, Wachsmotten und Wachsraupen.

Synonym Afrikanischer Zwergochsenfrosch
Ordnung Froschlurche
Unterordnung Neufrösche
Familie Echte Frösche

Schwierigkeitsgrad 1
Terrarientyp Feuchtterrarium mit Wasserbecken oder Aquaterrarium
Temperatur T: 27–30 ℃, N: 24 ℃
Luftfeuchtigkeit 50–80 %
Haltung Paar
Lebensweise bodenlebend
Fortpflanzung eierlegend
Artenschutz nein

Kann bis 40 Jahre alt werden.

Teichfrosch
Rana esculenta

VERBREITUNG Ganz Europa außer Mittelmeerraum, Britische Inseln und weite Teile Skandinaviens.

MERKMALE Größe 9–12 cm. Ähnelt oft einer seiner Elternarten, kann sich ohne Rückkreuzung fortpflanzen. Meist ist er grün, doch es gibt auch braune Exemplare. Diese haben aber mindestens eine grüne Stelle. Seine Oberseite ist meist dunkel gefleckt. Männchen haben größere Fersenhöcker und eine Schallblase; Weibchen sind größer.

HALTUNG Für ein Paar wird ein Becken ($2/3$ Land) mit einer Grundfläche von 1 m^2 und einer Höhe von 60–70 cm benötigt. Bodengrund und Bepflanzung im Wasser sind nicht nötig; wichtiger sind Verstecke (z. B. Röhren aus Ton) – die Tiere mögen kein helles Licht. Der Wasserstand sollte mindestens 8 cm betragen, die Röhren o. Ä. wenigstens zum Teil bis knapp unter oder über die Oberfläche reichen (Sonnen- und Aussichtsplatz). EIne Abdeckung ist nötig, da die Frösche gut klettern. Der Landteil darf nicht zu trocken sein und muss ebenfalls Deckungsmöglichkeiten bieten.

NAHRUNG Insekten, Weichtiere, neugeborene Mäuse.

Seefrosch
Rana ridibunda

VERBREITUNG Mittel- und Osteuropa, Vorder- und Hinterasien.

MERKMALE Größe 10–16 cm. Die Oberseite ist olivgrün oder olivbraun; Seefrösche mit grasgrüner Farbe und dunklen Flecken sind eher selten. Meist trägt er auf der Rückenmitte eine grüne Linie. Die Innenseite seiner Oberschenkel ist weißgrau und schwarz marmoriert. Männchen haben eine paarige Schallblase; Weibchen sind größer.

HALTUNG Seefrösche können größtenteils wie Teichfrösche gehalten werden. Allerdings ist zu beachten, dass der Seefrosch stärker ans Wasser gebunden ist und daher nur etwa ⅓ des Beckens als Landteil eingerichtet wird. Weiterhin sollte das Aquaterrarium insgesamt über etwas mehr Grundfläche verfügen, da die Tiere größer sind. Versteck- und Deckungsmöglichkeiten, wie etwa Röhren aus Ton, sind sowohl im Wasser wie auch an Land erforderlich. Die Röhren dienen darüber hinaus als Aussichtsplatz. Ansonsten sind die Bedingungen identisch mit denen des Teichfrosches.

NAHRUNG Wie beim Teichfrosch.

Ordnung Froschlurche
Unterordnung Neufrösche
Familie Echte Frösche

Schwierigkeitsgrad 2
Terrarientyp Aquaterrarium, UV-Bestrahlung
Temperatur 15–20 °C, 27 °C (punktuell am Boden), W: 22 °C
Haltung Paar oder Gruppe mit 1 Männchen
Aktivität tagaktiv
Lebensweise wasser- u. bodenlebend
Winterruhe bei 2–3 °C Lufttemperatur
Fortpflanzung eierlegend
Artenschutz 4

Überwintert im Wasser.

Grasfrosch
Rana temporaria

Ordnung Froschlurche
Unterordnung Neufrösche
Familie Echte Frösche

Schwierigkeitsgrad 2
Terrarientyp Halbfeuchtterrarium
Temperatur 19–23 °C
Luftfeuchtigkeit 50–70 %
Haltung Paar
Aktivität nachtaktiv
Lebensweise Boden
Winterruhe bei 4–5 °C
Fortpflanzung eierlegend
Artenschutz 4

Verbringt in Freiheit den Winter am Gewässerboden oder eingegraben in frostsicheren Erdlöchern.

VERBREITUNG Weite Teile Europas; teilweise gefährdet, wie in Deutschland. Der Lebensraum des Grasfrosches ist breit gefächert, jedoch immer mit Wasser bzw. Feuchtigkeit verbunden.

MERKMALE Größe bis 10 cm. Weibchen sind etwas größer. Die Grundfärbung ist dunkelbraun bis rötlich-braun mit dunklen Flecken. Die Schnauze ist kurz und stumpf.

HALTUNG Für ein Paar sollte ein Terrarium mit den Mindestmaßen 80×60×60 cm zur Verfügung stehen. Ein Bereich muss durchgehend trocken bleiben. Er kann aus Kies oder Steinen bestehen und dient als Sonnenplatz. Weiterhin sollten eine Wasserschale sowie Rückzugsmöglichkeiten in Form von Wurzeln o. Ä. zur Verfügung gestellt werden. Der feuchte Teil des Beckens kann mit Moos, Gras usw. ausgestattet werden. Will man die Tiere auch während der Winterruhe in dieser Behausung halten, sollte ein Teil des Bodengrundes unbedingt grabfähig sein.

NAHRUNG Insekten und -larven (z. B. Käfer), Asseln, Nacktschnecken.

Südlicher Tomatenfrosch
Dyscophus guineti

VERBREITUNG Südlicher Teil Madagaskars.

MERKMALE Größe bis 12 cm. Die Färbung des Südlichen Tomatenfrosches variiert zwischen Orangerot und Gelborange. Tomatenfrösche gehören zu den wenigen Amphibien, die Zähne besitzen. Sie haben einen gedrungenen Körper mit breitem Kopf und sehr kurzer Schnauze. Die Hinterbeine haben Schwimmhäute und an der Unterseite umgebildete Grabschwielen. Männchen sind kleiner. Bei Gefahr bläht sich der Frosch auf. Das Hautdrüsensekret kann einige Zentimeter weit gespritzt werden.

HALTUNG Für ein Pärchen dieser sehr geselligen Frösche braucht man ein Terrarium von 80×50×50 cm Größe. Man benötigt entweder eine große Wasserschale oder verwendet ein Aquaterrarium mit ⅓ Wasserteil. Für den Bodengrund vermengt man Erde, Sand und Lehm und füllt das Gemisch 12–17 cm hoch ins Becken, denn die Frösche graben sich tagsüber dort ein. Als zusätzliche Deckungsmöglichkeiten kann man Wurzeln oder Korkrinde anbieten.

NAHRUNG Heuschrecken, Grillen, Heimchen, Regenwürmer, Schnecken und nestjunge Mäuse.

Synonym Falscher Tomatenfrosch
Ordnung Froschlurche
Unterordnung Neufrösche
Familie Engmaulfrösche

Schwierigkeitsgrad 2 G
Terrarientyp Feucht- oder Aquaterrarium
Temperatur T: 23–28 °C, N: 20–21 °C, W: 25 °C
Luftfeuchtigkeit 70–100 %
Haltung Paar oder 1 Männchen + 2 Weibchen
Aktivität nachtaktiv
Lebensweise bodenlebend
Fortpflanzung eierlegend
Artenschutz nein

Minder giftig (Hautsekret). Insgesamt 3 Arten; *D. antongilli* fällt unter Artenschutz 1.

Indischer Ochsenfrosch
Kaloula pulchra

Synonym Ochsenfrosch
Ordnung Froschlurche
Unterordnung Neufrösche
Familie Engmaulfrösche

Schwierigkeitsgrad 1
Terrarientyp Feuchtterrarium
Temperatur T: 27–28 °C, N: 24 °C
Luftfeuchtigkeit 70–80 %
Haltung Paar
Aktivität nachtaktiv
Lebensweise bodenlebend
Fortpflanzung eierlegend
Artenschutz nein

Tiere graben gerne.

VERBREITUNG Südostasien und Indonesien.
MERKMALE Größe 5–7 cm. Bei Gefahr bläst der Indische Ochsenfrosch sich auf und streckt die Extremitäten von sich. Männchen haben eine schwarze, raue Kehle und rufen sehr laut; Weibchen sind größer.
HALTUNG Ein Pärchen dieser Art hält man in einem Terrarium von 80×40×40 cm Größe. Für den Bodengrund, der feucht, aber nicht nass gehalten wird, mischt man Torfmull, Rindenschrot und ungedüngte Erde. Da die Tiere gern graben, muss die Schicht 15–20 cm hoch sein. Weiterhin benötigt man für die Einrichtung Versteckmöglichkeiten in Form von Wurzeln, Kork oder Ähnlichem und eine Badeschale.
Für die Zucht hält man die Indischen Ochsenfrösche 4 Wochen lang bei 22 °C und abgesenkter Luftfeuchtigkeit. Danach setzt man sie in ein Terrarium mit beheiztem Wasserteil (25 °C).
NAHRUNG Indische Ochsenfrösche fressen Wachsmaden, Asseln sowie kleine Grillen, Heimchen, Schaben und Würmer.

Zweistreifiger Wendehalsfrosch
Phrynomantis bifasciatus

VERBREITUNG Süd- und Ostafrika.

MERKMALE Größe bis 7 cm. Alter bis 10 Jahre. Die Grundfarbe ist schwarz; auf dem Rücken verlaufen 2 orangene bis rote Bänder, die vom Kopf bis an den Hinterleib reichen. Die Beine haben rote Punkte. Springt nicht, sondern läuft und klettert gern. Mit dem langen Hals kann der Kopf in alle Richtungen gedreht werden. Männchen sind kleiner, haben eine schwarze Kehle und einen melodischen Ruf.

HALTUNG Für 2–3 Tiere benötigt man ein Terrarium mit den Maßen 60×50×50 cm. Der Boden aus Torf-Sand-Gemisch sollte eine Höhe von mindestens 7–8 cm haben, da sich die Frösche in der trockeneren Zeit gern eingraben. Korkstücke als Verstecke müssen für die lichtempfindlichen Tiere unbedingt vorhanden sein. Pflanzen sind nicht notwendig, eignen sich aber als zusätzliche Rückzugsorte. Keinesfalls darf eine Wasserschale fehlen; sie sollte sehr flach sein.

NAHRUNG Jungtiere erhalten täglich Fruchtfliegen, Ameisen und Mikroheimchen, Adulte alle 2–3 Tage kleine Heimchen, Grillen und Asseln.

Synonym Wendehalsfrosch
Ordnung Froschlurche
Unterordnung Neufrösche
Familie Engmaulfrösche

Schwierigkeitsgrad 1
Terrarientyp Halbfeucht-terrarium
Temperatur 18–22 °C (Okt.–Apr.), 25–28 °C (Mai–Sept.)
Luftfeuchtigkeit 60–70 % (Okt.–Apr.), 80–90 % (Mai–Sept.)
Haltung Paar oder Gruppe mit 1 Männchen
Aktivität nachtaktiv
Lebensweise bodenlebend
Fortpflanzung eierlegend
Artenschutz nein

Die Haut wild lebender Tiere ist sehr giftig, in Gefangenschaft verliert sich diese Eigenschaft.

Rotaugenlaubfrosch
Agalychnis callidryas

Ordnung Froschlurche
Unterordnung Neufrösche
Familie Laubfrösche

Schwierigkeitsgrad 1
Terrarientyp Aqua- oder
Feuchtterrarium mit großer
Wasserschale
Temperatur T: 25–30 °C,
N: ca. 20 °C, W: 25 °C
Luftfeuchtigkeit 60–80 %
Haltung Gruppe
Aktivität nachtaktiv
Lebensweise bodenlebend
Fortpflanzung eierlegend
Artenschutz nein

Simulierte Regenzeit mit
Luftfeuchte von fast 100 %
fördert die Paarungsbereitschaft.

VERBREITUNG Mittelamerika.

MERKMALE Größe maximal 7 cm (Weibchen). Besonders charakteristisch sind seine kräftig orangefarbenen Füße und Zehen sowie die deutlich hervorstechenden, roten Augen. Die Grundfarbe des Rotaugenlaubfrosches ist grün mit weißlichem bis gelbem Linienmuster an den Flanken und einer weißlichen Bauchseite. Männchen sind kleiner und haben eine dunklere Kehle aufgrund der zusammengefalteten Schallblase. Diese Laubfroschart lebt gesellig.

HALTUNG Das Becken für die Haltung von bis zu 6 Fröschen sollte 100×80×120 cm groß sein. Als Bodengrund eignen sich sowohl Korkplatten als auch Kokoshumus. Die Tiere brauchen entweder eine große Wasserschale oder einen Wasserteil mit 15 cm Wasserstand. Eingerichtet wird ansonsten mit zahlreichen robusten und großblättrigen Pflanzen, die als Kletter- und Versteckmöglichkeiten dienen sollen.

NAHRUNG Der Rotaugenlaubfrosch frisst Fliegen, Grillen und Wachsmotten.

Surinamclownfrosch
Dendropsophus leucophyllatus

VERBREITUNG Surinam; in tropischen Waldgebieten in der Nähe stehender oder fließender Gewässer.
MERKMALE Größe 2,7–3,6 cm. Männchen sind kleiner.

HALTUNG Für 2–3 Surinamclownfrösche ist ein Terrarium mit den Maßen 40×40×60 cm erforderlich (gern auch größer). Für den Bodengrund verwendet man feuchten Humus oder ähnliches Substrat, das Feuchtigkeit speichert. Stellenweise sollte auch Moos vorhanden sein. Die Tiere brauchen viele Kletterpflanzen; Bromelien o. Ä. sind gut geeignet. Die Bepflanzung der Rückwand ist ebenfalls empfehlenswert. Die Pflanzen müssen dickblättrig bzw. stabil genug sind, damit die Frösche darauf sitzen können. Eine flache Trinkschale sollte nicht fehlen. Um die nötige Luftfeuchtigkeit zu erreichen, muss häufiger gesprüht werden. Einfacher wird das Ganze aber durch Verwendung eines Verneblers oder einer Regenanlage. Nachts sind diese Frösche sehr lebhaft, manche Exemplare wirken fast „hyperaktiv".
NAHRUNG Kleine Heimchen, Fliegen und Grillen, auch kleinere bis mittlere Heuschrecken.

Synonyme früher *Hyla leucophyllata*; Leuchtender Laubfrosch
Ordnung Froschlurche
Unterordnung Neufrösche
Familie Laubfrösche

Schwierigkeitsgrad 1
Terrarientyp Feuchtterrarium
Temperatur T: 20–25 °C, S: 30 °C, N: 18–20 °C
Luftfeuchtigkeit 70–90 %
Haltung Paar oder Gruppe mit 1 Männchen
Aktivität nachtaktiv
Lebensweise baum- u. strauchbewohnend
Fortpflanzung eierlegend
Artenschutz nein

Paarungsruf der Männchen ist sehr laut.

Bunter Laubfrosch
Hyla chinensis

Synonym Chinesischer Laubfrosch
Ordnung Froschlurche
Unterordnung Neufrösche
Familie Laubfrösche

Schwierigkeitsgrad 1
Terrarientyp Feucht- oder Aquaterrarium
Temperatur T: 25–30 °C, N: 22 °C
Luftfeuchtigkeit T: 70–80 %, N: 90–100 %
Haltung Paar oder Gruppe mit 1 Männchen
Aktivität dämmerungs- u. nachtaktiv
Lebensweise baum- u. strauchbewohnend
Winterruhe bei 15 °C
Fortpflanzung eierlegend
Artenschutz nein

Kein Größenunterschied der Geschlechter.

VERBREITUNG China.

MERKMALE Größe 2,5 cm. Die Grundfarbe ist grün mit den typischen Streifen an der Seite. Die Flanken sind gelborange und mit schwarzen Punkten versehen. Männchen haben eine leicht orangegelbe Kehle.

HALTUNG Für ein Paar Bunte Laubfrösche ist ein Terrarium von mindestens 30×30×50 cm Größe erforderlich. Man kann ein Aquaterrarium oder ein Becken mit zusätzlicher Badegelegenheit anbieten. Für den Boden an Land braucht man entweder Erde oder Erde-Sand-Gemisch. Bei der weiteren Einrichtung muss man berücksichtigen, dass die Tiere gern klettern: Wichtig sind Klettergelegenheiten in großer Anzahl. Hierfür bieten sich nicht nur Äste, sondern auch Pflanzen an. Auch wenn die Tiere recht klein und leicht sind, dürfen die Pflanzen nicht zu zart gewählt werden. Sie müssen stabil sein und über robuste Blätter verfügen, damit die Tiere darauf sitzen können.

NAHRUNG Mikroheimchen, Frucht- und Stubenfliegen.

Amerikanischer Laubfrosch
Hyla cinerea

VERBREITUNG Südosten der USA bis Südtexas. Der Amerikanische Laubfrosch bewohnt Bäume oder dichte Vegetation in feuchten Wäldern.

MERKMALE Größe bis 6,3 cm. 3 Unterarten. Er ist gelbgrün bis dunkelbraun gefärbt und trägt jeweils eine dünne, seitliche Linie, die am Kopf beginnt und sich über den ganzen Körper zieht. Seine Färbung ist abhängig von Stimmung und Temperatur. Männchen sind kleiner, schlanker und haben aufgrund der zusammengefalteten Schallblase eine dunklere Kehle. Wie alle Laubfrösche besitzt er Haftscheiben an den Zehen, die zum Klettern dienen.

HALTUNG In einem Becken von 70×60×100 cm Größe kann man bis zu 2 Tiere halten. Der Boden besteht aus Laub, Erde, Moos oder Sand. Wichtig ist eine gute Belüftung und dichte, üppige Bepflanzung vom Boden bis fast zur Decke des Terrariums. Zusätzlich werden Kletteräste und Verstecke in Form von Korkrinden benötigt sowie ein großes, flaches Badebecken.

NAHRUNG Grillen, Fliegen, kleine Heuschrecken, ab und zu Wachsmotten.

Synonyme Karolina-Laubfrosch, Gestreifter Laubfrosch
Ordnung Froschlurche
Unterordnung Neufrösche
Familie Laubfrösche

Schwierigkeitsgrad 1
Terrarientyp Feuchtterrarium
Temperatur T: 23–27 °C, N: 21–25 °C
Luftfeuchtigkeit 50–80 %
Haltung Paar oder Gruppe
Aktivität dämmerungs- u. nachtaktiv
Lebensweise baum- u. strauchbewohnend
Fortpflanzung eierlegend
Artenschutz nein

Winterruhe fördert Paarungsbereitschaft. Männchen rufen gern während der Dämmerung.

Australischer Korallenfingerlaubfrosch
Litoria caerulea

Synonyme Riesenlaub-
frosch, Korallenfinger
(-laubfrosch)
Ordnung Froschlurche
Unterordnung Neufrösche
Familie Laubfrösche

Schwierigkeitsgrad 1
Terrarientyp Feuchtterra-
rium
Temperatur T: bis 28 °C,
N: 24 °C
Luftfeuchtigkeit 70 %
Haltung Gruppe
Aktivität dämmerungs-
u. nachtaktiv
Lebensweise wassernah
Fortpflanzung eierlegend
Artenschutz nein

Zur Paarungsbereitschaft
Trockenperiode mit an-
schließender Regenzeit
simulieren; Beleuchtung
dabei auf 7–9 h reduzieren.

VERBREITUNG Australien und Neuguinea.
MERKMALE Größe 10–12 cm. Am grinsenden
Gesichtsausdruck ist der Korallenfinger sofort zu
erkennen. Er ist massiger als andere Laubfrösche,
wirkt sehr plump, klettert aber hervorragend. Die
Grundfarbe schwankt zwischen Grün und Braun,
was u. a. umgebungs- und temperaturabhängig ist.
Männchen lassen zur Paarungszeit und bei Regen-
wetter ein knurrendes Rufen hören.

HALTUNG Für 3 Tiere wird ein Becken von 100×60×
60 cm Größe benötigt (besser höher). Der Bodengrund sollte aus Erde bestehen. Äste und robuste,
großblättrige Pflanzen dienen zum Klettern und als
Sitzfläche, Korkrinde oder halbierte Kokosnussschalen als Verstecke. Eine große, nicht zu tiefe Badeschale komplettiert das Ganze. Ein- bis zweimal täglich
muss gesprüht werden, um die nötige Luftfeuchtigkeit zu halten; einfacher geht das mit einem Vernebler oder einer Regenanlage. Die Beleuchtungsdauer
beträgt 10–12 h/Tag; Schattenplätze sind wichtig.
NAHRUNG Alle 2–3 Tage Heimchen, Grillen, Heuschrecken, Asseln, Wachsmaden, Mehlwürmer.

Kuba-Laubfrosch
Osteapilus septentrionalis

VERBREITUNG Kuba und Bahamas; auf Hawaii und in Florida eingeschleppt. Dieser Laubfrosch lebt im Geäst der Bäume.

MERKMALE Größe 7 cm (Männchen) bzw. über 10 cm (Weibchen). Der Kuba-Laubfrosch kann bis 12 Jahre alt werden. Er ist beige oder olivbraun gefärbt, seine Seiten gelblich oder hellbraun. Der Bauch ist weißlich und ungefleckt. Er besitzt warzige Haut und große Haftscheiben an den Zehen und Fingern. Der Kopf ist mäßig groß und breit, die Augen sind sehr groß. Männchen rufen laut und schnarrend.

HALTUNG Ein Paar dieser anpassungsfähigen Tiere hält man in einem Terrarium von 80×40×100 cm Größe. Der Wasserteil muss beheizt werden; für den Bodengrund des Landteiles verwendet man am besten Kokosfaser. Versteckmöglichkeiten in Form von Korkröhren und dichter, robuster Bepflanzung sollten vorhanden sein. Kletteräste und eventuell eine Kletterrückwand komplettieren das Ganze.

NAHRUNG Heimchen, Grillen und Fliegen. Auch Motten und deren Larven, kleine Schaben sowie kleinere bis mittlere Heuschrecken sind geeignet.

Synonym *Hyla septentrionalis*
Ordnung Froschlurche
Unterordnung Neufrösche
Familie Laubfrösche

Schwierigkeitsgrad 1
Terrarientyp Aquaterrarium
Temperatur T: 27 °C, W: 24 °C, N: 22 °C
Luftfeuchtigkeit um 80 %
Haltung Paar oder Gruppe mit 1 Männchen
Aktivität dämmerungsaktiv
Lebensweise baumbewohnend
Fortpflanzung eierlegend
Artenschutz nein

Für erfolgreiche Zucht Regenzeit bei etwas abgesenkter Temperatur simulieren.

Pazifik-Laubfrosch
Pseudacris regilla

Synonyme früher *Hyla regilla*; Königslaubfrosch
Ordnung Froschlurche
Unterordnung Neufrösche
Familie Laubfrösche

Schwierigkeitsgrad 3
Terrarientyp Feucht- oder Aquaterrarium
Temperatur Apr.-Mai 15–25 °C, Juli–Sept. 20–30 °C, Okt.–Nov. 15–25 °C
Luftfeuchtigkeit 60–80 %
Haltung Paar oder Gruppe mit 1 Männchen
Aktivität dämmerungs- u. nachtaktiv
Lebensweise baum- u. strauchbewohnend
Winterruhe Dez.–Mrz. bei 10–20 °C
Fortpflanzung eierlegend
Artenschutz nein

Männchen sind kleiner.

VERBREITUNG USA: Kalifornien, Oregon, Washington, British Columbia, Montana, Nevada.

MERKMALE Größe ca. 5 cm. Die Grundfarbe des Pazifik-Laubfrosches variiert von Grün, Grau bis Braun. Er hat in der Regel variationsreiche Flecken oder Zeichnungen auf dem Rücken. Von der Nase über die Augen bis hin zur Schulter zieht sich ein dunkler Streifen. Männchen haben einen dunklen Fleck auf der Kehle.

HALTUNG Für 2–3 Frösche ist ein Terrarium von 60×40×60 cm Größe nötig. Es darf auch größer sein, vor allem mehr Höhe ist ratsam. Ein Wasserteil mit sumpfigem Boden muss vorhanden sein. Alternativ kann man den Bodengrund zum Teil sehr feucht halten und eine größere Wasserschale ins Terrarium stellen. Als Kletter- und Versteckmöglichkeiten dienen Äste, Pflanzen, Korkröhren und Steine.

Obwohl Pazifik-Laubfrosche klimatisch sehr anpassungsfähig sind , sollten die Haltungsbedingungen in jedem Fall beachtet werden.

NAHRUNG Alle handelsüblichen Insekten.

Goldfröschchen
Mantella aurantiaca

VERBREITUNG Nordosten Madagaskars. Das Goldfröschchen bewohnt den Bodenbereich des Regenwaldes.

MERKMALE Größe 2–2,5 cm. Die leuchtende Grundfarbe, deren Spektrum von Gelborange bis Rotorange reicht, ist kennzeichnend. Weibchen sind etwas größer.

HALTUNG Zum Wohlfühlen wird ein Terrarium von 50×50×50 cm Größe für 3 Exemplare benötigt. Die Beleuchtung sollte nicht ganz so grell sein, da Goldfrösche eher schwächeres Licht bevorzugen. Sie benötigen einen Wasserteil von 3 cm Tiefe mit abfallendem Ufer. Ob man dies durch ein Aquaterrarium bewerkstelligt oder eine entsprechende Wasserschale in den Bodengrund „einbaut", ist unerheblich. Moose, Laub, Pflanzen (z. B. *Dracaena*), Wurzeln und Korkstücke dienen u. a. auch als Rückzugsmöglichkeit.

NAHRUNG Fruchtfliegen, Mikroheimchen, weiße Asseln, Blattläuse. Goldfröschchen gehen bevorzugt morgens auf Beutefang, also sollte man zu dieser Zeit füttern.

Synonym Madagassisches Goldfröschlein
Ordnung Froschlurche
Unterordnung Neufrösche
Familie Madagaskarfrösche

Schwierigkeitsgrad 4
Terrarientyp Regenwaldterrarium, UV-Bestrahlung nötig
Temperatur T: 23–28 °C, N: 18–23 °C
Luftfeuchtigkeit 80–100 % W: 70 %
Haltung Paar oder Gruppe mit 1 Männchen
Aktivität tagaktiv
Lebensweise bodenlebend
Winterruhe T: 15–22 °C, N: bis unter 10 °C
Fortpflanzung eierlegend
Artenschutz 4

Tiere sind stressanfällig.

Brauner Mantella
Mantella betsileo

Synonyme Betsileo-Mantella, Betsileo-Goldfrosch
Ordnung Froschlurche
Unterordnung Neufrösche
Familie Madagaskarfrösche

Schwierigkeitsgrad 2
Terrarientyp Feuchtterrarium, UV-Bestrahlung
Temperatur T: 23–25 °C, N: 20 °C
Luftfeuchtigkeit 80–100 %
Haltung Paar oder Gruppe mit 1 Männchen
Aktivität tagaktiv
Lebensweise bodenlebend
Fortpflanzung s. u.
Artenschutz 4

Es erfolgt eine innere Befruchtung; der Laich ist bei der Ablage dann schon weiterentwickelt.

VERBREITUNG Norden und Osten Madagaskars; immer in der Nähe kleiner Wasseransammlungen.

MERKMALE Größe 2,5 cm. Von der Schnauzenspitze bis zum Rücken ist der Braune Mantella hell- bis rotbraun gefärbt. Die Seiten sind schwarz abgesetzt, getrennt durch einen schmalen, weißen Streifen. Ein weiterer weißer Streifen erstreckt sich von der Unterlippe bis zu den Vorderbeinen. Männchen rufen zur Paarungszeit.

HALTUNG Ein Pärchen dieser Frösche hält man in einem 40×30×30 cm großen Terrarium. Den Bodengrund bilden Kokosfaser, Erde und Eichenlaub. Die Seitenwände werden mit Presskorkplatten, Kokospaneelplatten oder Xaxim verkleidet. Bepflanzt wird mit Bromelien und anderen tropischen Pflanzen. Mit Ästen und Torfziegeln schafft man verschiedene Ebenen. Ein kleiner Wasserteil oder Wasserfall darf nicht fehlen; das Wasser muss alle 2 Tage gewechselt werden. Der Laich wird in der Laubschicht abgelegt.

NAHRUNG Fruchtfliegen, Springschwänze, tropische Asseln sowie kleine Grillen und Heimchen.

Zweifarbenblattsteiger
Phyllobates bicolor

VERBREITUNG Kolumbien.

MERKMALE Größe 3,2–4,2 cm. Die Grundfarbe ist gelb, die Extremitäten sind grün bis bläulich gefärbt. Der Zweifarbenblattsteiger unterscheidet sich äußerlich manchmal nur wenig vom Goldenen Blattsteiger, sodass es zu Verwechslungen kommen kann. Er ist sehr neugierig. Männchen sind etwas kleiner, Weibchen fülliger.

HALTUNG Für die Paarhaltung wird ein Terrarium von 50×50×50 cm benötigt. Der Bodengrund besteht aus Torf auf einer Kies- oder Blähtonschicht. Die Frösche brauchen einen Wasserfall, Bachlauf oder Springbrunnen. Als Alternative bietet sich eine Beregnungsanlage an. Das Terrarium selbst wird mithilfe von Torfziegeln in verschiedene Ebenen unterteilt. Zur Bepflanzung eignen sich z.B. Bromelien, Orchideen, Farne und *Ficus benjamini*; auch die Terrarienwände sollten bepflanzt werden. Die Tiere nutzen die Pflanzen als Kletter- und Rückzugsmöglichkeiten. Zum Ablaichen kann man z.B. halbierte Kokosnussschalen anbieten.

NAHRUNG Asseln und Fruchtfliegen.

Ordnung Froschlurche
Unterordnung Neufrösche
Familie Pfeilgiftfrösche

Schwierigkeitsgrad 2
Terrarientyp Feuchtterrarium, UV-Bestrahlung
Temperatur T: 23–26 °C, N: 20–23 °C
Luftfeuchtigkeit T: 70–80 %, N: 100 %
Haltung Paar
Aktivität tagaktiv
Lebensweise bodenlebend
Fortpflanzung eierlegend
Artenschutz 4

Nimmt Hautgift in der Natur über Nahrung auf. Nachzuchten sind ungiftig, da Tiere in Gefangenschaft, bedingt durch hiesiges Futter, ihr Gift verlieren.

Goldener Blattsteiger
Phyllobates terribilis

Synonym Goldener Giftfrosch
Ordnung Froschlurche
Unterordnung Neufrösche
Familie Pfeilgiftfrösche

Schwierigkeitsgrad 2
Terrarientyp Feuchtterrarium, UV-Bestrahlung
Temperatur T: 25–28 °C, N: 20–23 °C
Luftfeuchtigkeit T: 70–80 %, N: 100 %
Haltung Paar
Aktivität tagaktiv
Lebensweise bodenlebend
Fortpflanzung eierlegend
Artenschutz 4

Gehört in der Natur zu den giftigsten Fröschen überhaupt! Nachzuchten ungiftg.

VERBREITUNG Kolumbien.

MERKMALE Größe 4,5–5 cm. Charakteristisch ist seine gelbgoldene Grundfarbe. Männchen sind etwas kleiner.

HALTUNG Für die Paarhaltung ist ein Terrarium von 50×50×50 cm erforderlich. Der Bodengrund besteht aus Torf auf einer Kies- oder Blähtonschicht. Die Frösche benötigen einen Wasserfall, Bachlauf oder Springbrunnen. Alternativ kann eine Regenanlage verwendet werden. Legt man einen Bachlauf an, verwendet man für das Ufer größere Steine. Das Becken selbst sollte mittels Torfziegeln in verschiedene Ebenen unterteilt werden. Zur Bepflanzung eignen sich z. B. Bromelien, Orchideen, Farne und *Ficus benjamini*; auch die Terrarienwände sollten bepflanzt werden. Die Tiere nutzen die Pflanzen als Kletter- und Rückzugsmöglichkeiten. In natürlicher Umgebung nimmt der Frosch das Hautgift über die Nahrung auf. Tiere in Gefangenschaft verlieren ihr Gift aufgrund des hiesigen Futters.

NAHRUNG Asseln, Fruchtfliegen. Frösche sind sehr gierig und neigen zu Verfettung.

Gestreifter Blattsteigerfrosch
Phyllobates vittatus

VERBREITUNG Costa Rica und Panama.

MERKMALE Größe 2,7–3 cm. Der Gestreifte Blattsteigerfrosch ist schwarz mit 2 seitlichen, goldenen, gelben oder orangegelben Streifen, die sich von der Schnauze über Kopf und Rücken ziehen. Männchen sind etwas kleiner und schlanker.

HALTUNG Für ein Pärchen ist ein Terrarium von 50×50×50 cm Größe notwendig. Der Bodengrund besteht aus Torf auf einer Kies- oder Blähtonschicht. Die Frösche benötigen bewegtes Wasser, also einen Wasserfall, Bachlauf oder Springbrunnen. Alternativ kann eine Beregnungsanlage verwendet werden. Legt man einen Bachlauf an, verwendet man für das Ufer größere Steine. Das Becken selbst sollte mittels Torfziegeln in verschiedene Ebenen unterteilt werden. Zur Bepflanzung eignen sich z. B. Bromelien, Orchideen, Farne und *Ficus benjamini*; auch die Terrarienwände sollten bepflanzt werden, um auf diese Weise Kletter- und Rückzugsmöglichkeiten zu schaffen.

NAHRUNG Asseln, kleine Grillen, Fruchtfliegen und Springschwänze.

Ordnung Froschlurche
Unterordnung Neufrösche
Familie Pfeilgiftfrösche

Schwierigkeitsgrad 2
Terrarientyp Feuchtterrarium, UV-Bestrahlung
Temperatur T: 25–30 °C, N: 20 °C
Luftfeuchtigkeit 80–100 %
Haltung Paar oder Gruppe mit 1 Männchen
Aktivität tagaktiv
Lebensweise bodenlebend
Fortpflanzung eierlegend
Artenschutz 4

Nimmt Hautgift in der Natur über Nahrung auf, verliert es in Gefangenschaft. Nachzuchten sind daher ungiftig.

Ostafrikanischer Bananenfrosch
Afrixalus fornasini

Synonym (Kleiner) Bananenfrosch
Ordnung Froschlurche
Unterordnung Neufrösche
Familie Riedfrösche

Schwierigkeitsgrad 1
Terrarientyp Halbfeucht-terrarium
Temperatur T: 24–28 °C, N: 3–5 °C weniger
Luftfeuchtigkeit 50–70 %
Haltung Paar oder Gruppe mit 1 Männchen
Aktivität nachtaktiv
Lebensweise bodenlebend
Fortpflanzung eierlegend
Artenschutz nein

Sehr lebhaft.

VERBREITUNG Ostafrika. Der Bananenfrosch bewohnt Boden und Blattwerk in dichten Savannen-gebieten.

MERKMALE Größe 4 cm. Kennzeichnend sind 2 weiß-liche bis silberne Streifen auf dem Rücken, die ihn jedoch bedecken können. Ansonsten ist er braun gefärbt. An Fingern und Zehen befinden sich Haft-scheiben. Männchen haben ausgeprägtere, kleine, dunkle Erhöhungen vom Kopf bis zum Rücken und einen gelben Fleck auf der weißen Kehle.

HALTUNG Für 2–3 Bananenfrösche braucht man ein Terrarium von mindestens 40×40×60 cm Größe. Als Bodengrund wird ein Sand-Erde-Gemisch ver-wendet. Neben einer großen, flachen Wasserschale werden zahlreiche kleine Äste sowie eine dichte Bepflanzung zum Klettern und Springen benötigt. Eine Korkrinde als Versteck sollte ebenfalls vorhan-den sein. Diese Frösche ruhen tagsüber auf Blättern oder sogar im Wasser – im Terrarium auch an den Scheiben.

NAHRUNG Kleine Grillen, Essigfliegen, Heimchen, Heuschrecken, Mehl- und Wachsmotten.

Blaufuß-Waldsteigerfrosch
Leptopeltis vermiculatus

VERBREITUNG Tansania.

MERKMALE Größe maximal 8 cm (Weibchen), Männchen deutlich kleiner. Jungtiere sind grün mit schwarzen Sprenkeln. Mit dem Alter wandelt sich die Farbe immer mehr in Braun mit dunkelbraunem Muster. Adulte Männchen behalten manchmal einen Teil des Grüns und sind daher unregelmäßig zweifarbig. An Maul und Beinen haben alle Tiere ein weißgrünes Zebramuster, das bei Jungtieren aber auch bläulich schimmert.

HALTUNG 120×120×80 cm groß sollte das Terrarium für die Unterbringung von 3 Tieren sein; mehr Höhe wäre besser. Kokoshumus oder lockerer Torf bildet den Bodengrund. Wichtig ist ein Wasserbecken oder gleich ein Wasserteil (Aquaterrarium). Als Einrichtung verwendet man viele Kletteräste und -pflanzen. Letztere dienen als Versteck- und Rückzugsmöglichkeiten. Für die hohe Luftfeuchtigkeit ist ein Vernebler oder eine Beregnungsanlage zu empfehlen.

NAHRUNG Fliegen, Mehlwürmer, kleine Heimchen und Grillen.

Synonyme Juwelenlaubfrosch, Grüner Waldbaumsteigerfrosch
Ordnung Froschlurche
Unterordnung Neufrösche
Familie Riedfrösche

Schwierigkeitsgrad 1
Terrarientyp Halbfeuchtterrarium
Temperatur T: 26–28 °C, N: 22–24 °C
Luftfeuchtigkeit T: 70 %, N: 90–100 %
Haltung Gruppe mit 1 Männchen
Aktivität nachtaktiv
Lebensweise baumlebend
Fortpflanzung eierlegend
Artenschutz nein

Von Dez. bis Ende Jan. Trockenzeit simulieren; danach mit Regenzeit Paarung fördern.

Weißbartruderfrosch
Polypedates leucomystax

Ordnung Froschlurche
Unterordnung Neufrösche
Familie Ruderfrösche

Schwierigkeitsgrad 1
Terrarientyp Aqua- oder
Halbfeuchtterrarium mit
Wasserbecken
Temperatur T: 27 °C,
N: 22 °C
Luftfeuchtigkeit ca. 70 %
Haltung Paar oder 1 Männ-
chen + 2 Weibchen
Aktivität nachtaktiv
Lebensweise boden- u.
strauchbewohnend
Fortpflanzung eierlegend
Artenschutz nein

Dieser Frosch baut
Schaumnester.

VERBREITUNG Indonesien, Südost-Asien, Indien.
MERKMALE Größe 9–11 cm. Charakteristisch für den
Weißbartruderfrosch sind 4 Linien auf grünlich-
grauer Grundfarbe. Die Farben können aber variabel
sein. An Fingern und Zehen befinden sich Haftscheiben. Männchen sind kleiner. Die Tiere können
6 Jahre alt werden.
HALTUNG Für 2–3 Frösche benötigt man ein 80×
100×60 cm großes Terrarium. Für den Bodengrund
eignen sich Kokosfaserbriketts oder Ähnliches.
Pflanzen, Verstecke (Korkrinde) und Klettermöglichkeiten in Form von kleinen Ästen komplettieren die
Einrichtung. Der Frosch ist recht anspruchslos, aber
sehr vermehrungsfreudig. Er baut seine Nester in
Gefangenschaft gern an die Ecken der Scheiben.
Aus diesem Grund sollte der Wasserteil bzw. das
Wasserbecken auch dort angeboten werden. Um die
erforderliche Luftfeuchtigkeit zu halten, wird täglich gesprüht.
NAHRUNG Kleine Grillen, Heimchen, kleine Heuschrecken, Fliegen und deren Maden, kleine Schaben und Käferlarven sind geeignet.

Chaco-Hornfrosch
Ceratophrys cranwelli

VERBREITUNG Brasilien und Argentinien.

MERKMALE Größe maximal 17 cm. Der Chaco-Hornfrosch ähnelt in der Gestalt dem Argentinischen Hornfrosch, ist aber weniger kräftig gefärbt und zeigt eher bräunliche Farbtöne. Trotz seiner Masse ist er sehr flink. Männchen sind kleiner, schlanker und haben eine Schallblase; ihr Kehlbereich ist mit dunklen Punkten gesprenkelt.

HALTUNG Für ein Tier braucht man ein Terrarium von 50×50×50 cm Größe. Für den Bodengrund nimmt man eine 2 cm-Schicht Korkrindenstückchen mit 10 cm Kokoshumus, Torf oder ein Laub-Erde-Gemisch oben drauf. Der Frosch hält sich halb eingegraben im Boden auf und lauert dort auf Beute. Zur weiteren Einrichtung gehören Versteckmöglichkeiten in Form von Wurzeln, Rinden und Steinen. Ebenfalls wichtig ist eine flache Wasserschale, da Hornfrösche nicht gut schwimmen können. Der Boden wird feucht gehalten und es wird täglich gesprüht.

NAHRUNG Übliche Insekten und junge Mäuse (jedes Tier hat andere Vorlieben).

Synonym Schmuck-Hornfrosch
Ordnung Froschlurche
Unterordnung Neufrösche
Familie Südfrösche

Schwierigkeitsgrad 1
Terrarientyp Feuchtterrarium, UV-Bestrahlung
Temperatur T: 26–28 °C, N: 22 °C
Luftfeuchtigkeit 70 %
Haltung einzeln wegen Kannibalismus
Aktivität tagaktiv
Lebensweise bodenlebend
Fortpflanzung eierlegend
Artenschutz nein

Ruhepause ohne Futteraufnahme für 2 Monate bei 12 °C (langsam absenken) und geringerer Luftfeuchte; anschließend Regenzeit simulieren.

Argentinischer Hornfrosch
Ceratophrys ornata

Synonym Argentinischer Schmuck-Hornfrosch
Ordnung Froschlurche
Unterordnung Neufrösche
Familie Südfrösche

Schwierigkeitsgrad 1
Terrarientyp Feuchtterrarium, UV-Bestrahlung
Temperatur T: 26–28 °C, N: 22 °C
Luftfeuchtigkeit 70 %
Haltung einzeln wegen Kannibalismus
Aktivität tagaktiv
Lebensweise bodenlebend
Fortpflanzung eierlegend
Artenschutz nein

Ruhepause ohne Futteraufnahme für 2 Monate bei 12 °C (langsam absenken) und geringerer Luftfeuchte; anschließend Regenzeit simulieren.

VERBREITUNG Brasilien, Argentinien, Uruguay.
MERKMALE Größe maximal 15 cm. Der Körper ist massig, kugelig, leuchtend orange bis dunkelgrün gefärbt, mit rötlich-schwarzen Flecken, die meist gelb umrandet sind. Der Rücken ist mit Hornwarzen übersät; unter der Haut befinden sich bis zur Hälfte des Rückens starke Hornplatten. Der Kiefer ist kräftig, Bisse sind sehr schmerzhaft. Trotz seiner Masse ist der Hornfrosch sehr flink. Männchen sind kleiner, schlanker und haben eine Schallblase; ihr Kehlbereich ist mit dunklen Punkten gesprenkelt.
HALTUNG Für ein Tier braucht man ein Terrarium von 50×50×50 cm Größe. Für den Bodengrund verwendet man eine 2 cm-Schicht Korkrindenstückchen, darauf kommen 10 cm Kokoshumus, Torf oder ein Laub-Erde-Gemisch. Der Frosch hält sich halb eingegraben im Boden auf und lauert auf Beute. Wurzeln, Rinden und Steine dienen als Verstecke. Wichtig ist eine flache Wasserschale, da Hornfrösche nicht gut schwimmen können. Der Boden wird feucht gehalten und es wird täglich gesprüht.
NAHRUNG Übliche Insekten und junge Mäuse.

Erdkröte
Bufo bufo

VERBREITUNG Ganz Europa und Teile Nordwest-Afrikas.

MERKMALE Größe 9–11 cm. Die meist braune oder graue Haut ist sehr warzig. Männliche Erdkröten sind kleiner, haben kräftigere Vorderbeine und einen flacheren Kopf.

HALTUNG Für 2 adulte Tiere sollte ein Terrarium von 100×60×60 cm angeschafft werden, das mit Sand, Steinen, Moos, Torf und Laub ausgestattet wird. Erdkröten graben sehr gern, daher sollten für eine mögliche Bepflanzung widerstandsfähige Arten gewählt werden. Die nötige Luftfeuchtigkeit erreicht man durch Sprühen und Aufstellen einer kleinen Wasserschale. Zur Laichzeit im Frühjahr muss der Wasserteil mindestens 50 cm tief sein. Robuste Wasserpflanzen oder Zweige sollten ebenfalls vorhanden sein, denn nach dem Ablaichen schwimmt das Weibchen umher und wickelt dabei die Laichschnüre um Pflanzen etc.

NAHRUNG Nur Lebendfutter, z. B. Regenwürmer, Nacktschnecken, Wachsmotten, Raupen, Mehlwürmer und Spinnen.

Ordnung Froschlurche
Unterordnung Neufrösche
Familie Echte Kröten

Schwierigkeitsgrad 2 G
Terrarientyp Halbfeuchtterrarium; Wasserteil zur Fortpflanzung
Temperatur 10–24 °C; herkunftsabhängig
Luftfeuchtigkeit 50 %
Haltung Paar oder Gruppe
Aktivität dämmerungs- u. nachtaktiv
Lebensweise bodenlebend
Winterruhe Okt.–Mrz./Apr.
Fortpflanzung eierlegend
Artenschutz 4

Sondert zur Abwehr von Fressfeinden Hautgift ab.

Agakröte
Bufo marinus

Synonym Riesenkröte
Ordnung Froschlurche
Unterordnung Neufrösche
Familie Echte Kröten

Schwierigkeitsgrad 3 G
Terrarientyp Aquaterrarium mit $\frac{1}{3}$ Wasserteil oder Halbfeuchtterrarium mit großer Wasserschale
Temperatur T: 22–27 °C, N: 20 °C; W: 25 °C
Luftfeuchtigkeit 50–60 %
Haltung Paar oder Gruppe
Aktivität dämmerungs- u. nachtaktiv
Lebensweise bodenlebend
Fortpflanzung eierlegend
Artenschutz nein

Giftig – kann Gift bis zu 1 m weit spritzen; nur Tiere gleicher Größe zusammen halten – Kannibalismusgefahr!

VERBREITUNG Südamerika; in vielen Ländern zur Schädlingsbekämpfung eingeführt. Die Agakröte lebt in (sub-)tropischen Wäldern in Wassernähe, ist aber recht anpassungsfähig.

MERKMALE Größe bis 25 cm, Gewicht bis 1 kg. In Gefangenschaft erreicht sie ein Alter von 15–20 Jahren. Männchen sind deutlich schlanker und kleiner. Die Tiere verfügen über einen ausgeprägten Geruchssinn.

HALTUNG Für die paarweise Haltung wird ein Terrarium von mindestens 200×100×60 cm Größe benötigt. Da sich die Tiere tagsüber gern unter Baumstümpfen, Steinen und Laub verstecken bzw. im Boden eingraben, sollte die Einrichtung diesbezüglich angepasst werden. Der Wasserstand sollte 10 cm betragen; bei Haltung im Halbfeuchtterrarium muss die Wasserschale entsprechend groß gewählt werden.

NAHRUNG Können an Totfutter gewöhnt werden, auch wenn sie Lebendes bevorzugen, z. B. Spinnen, Schnecken, Würmer und nestjunge Mäuse – je nach Größe der Kröte.

Pantherkröte
Bufo regularis

VERBREITUNG Savannen Afrikas mit Ausnahme des Nordwestens und Südens.

MERKMALE Größe maximal 13 cm. Die Pantherkröte kann bis 7 Jahre alt werden. Die Haut ist einheitlich hell- bis dunkelbraun gefärbt. Auf dem Rücken befinden sich einige dunkle Flecken und viele warzige Auswüchse. Männchen sind kleiner, schlanker und haben eine dunklere Kehle. Ihre Färbung geht zur Paarungszeit deutlich ins Gelbliche über.

HALTUNG Für 2 ausgewachsene Kröten wird ein Becken von 80×60×40 cm Größe benötigt. Ein Bodengrund aus Torf oder einem Sand-Erde-Gemisch ist ideal, da beide Varianten Feuchtigkeit speichern. Genügend Versteckmöglichkeiten in Form von Korkrinden oder Steinen gehören ebenso zur Einrichtung wie eine große Wasserschale. Um die erforderliche Luftfeuchtigkeit zu erreichen, ist es notwendig, mehrmals täglich zu sprühen.

NAHRUNG Hauptsächlich Insekten und -larven, z. B. Ameisen, Zophobas, Grillen, Heimchen, Wachsmaden, Käfer, Mehlwürmer; auch Spinnen und nestjunge Mäuse.

Ordnung Froschlurche
Unterordnung Neufrösche
Familie Echte Kröten

Schwierigkeitsgrad 2 G
Terrarientyp Feuchtterrarium
Temperatur T: 24–30 °C, N: 18–22 °C
Luftfeuchtigkeit 60–80 %
Haltung Paar oder Gruppe
Aktivität dämmerungs- u. nachtaktiv
Lebensweise bodenlebend
Fortpflanzung eierlegend
Artenschutz nein

Sondert zur Abwehr von Fressfeinden giftiges Hautsekret ab.

Wechselkröte
Bufo viridis

Schwierigkeitsgrad 2 G
Terrarientyp Halbtrockenterrarium
Temperatur T: 20–25 °C, N: Zimmertemp.
Luftfeuchtigkeit 50–60 %
Haltung Paar oder Gruppe
Aktivität dämmerungs- u. nachtaktiv
Lebensweise bodenlebend
Winterruhe für die Zucht förderlich
Fortpflanzung eierlegend
Artenschutz 3

Sondert zur Abwehr von Fressfeinden giftiges Hautsekret ab.

VERBREITUNG Naher Osten, Norden Afrikas. Als „Sammelart" auch östl. Mitteleuropa, Süd- und Osteuropa, viele Mittelmeerinseln, Balearen.

MERKMALE Größe 8–9 cm. Auf heller Grundfarbe trägt die Wechselkröte an den Seiten und auf dem Rücken ein Muster aus grünen Flecken. Männchen sind etwas kleiner, besitzen eine dunklere Grundfarbe sowie eine Schallblase. Als Steppenart ist die Wechselkröte relativ unempfindlich gegenüber Trockenheit, Wärme und Kälte.

HALTUNG Das Terrarium für die Paarhaltung sollte 80×60×50 cm groß sein und über eine 15–20 cm hohe Sand-Erde-Mischung als Bodengrund verfügen. Einige Stellen sollten aus Kies bestehen und trocken gehalten werden. Eine Bepflanzung ist nicht notwendig. Falls man diese dennoch in Erwägung zieht, sollte man nur wenige Pflanzen einbringen. Neben den üblichen Steinen, Wurzeln o. Ä. als Versteckplätze darf eine flache Wasserschale nicht fehlen.

NAHRUNG Insekten, -larven, Würmer, kleine Nacktschnecken.

Chinesische Rotbauchunke
Bombina orientalis

VERBREITUNG Nordost-China bis Korea; sporadisch im östlichen Sibirien. Diese Rotbauchunke lebt in und an stehenden bis leicht fließenden Gewässern und auf Feuchtwiesen.

MERKMALE Länge 4–6 cm. Auffallend ist die leuchtend grüne Färbung der Oberseite, die mit schwarzen Tupfen versehen ist. Die Unterseite ist kräftig rot bis orangegelb und dunkel marmoriert. Männchen sind kleiner; haben in der Paarungszeit Brunstschwielen an der Innenseite der Vorderbeine.

HALTUNG Für 2–3 adulte Tiere wird ein Becken von 80×40×40 cm Größe benötigt. Die Ufer des 5–10 cm tiefen Wasserteils sollten flach auslaufen. Die Tiere brauchen sumpfige Zonen aus Sand und Torfmoos; Pflanzen und Kletteräste dienen auch als Versteckmöglichkeiten. In der Regel benötigt man keine Heizung, wohl aber einen Filter. Da sich die Unken gerne sonnen, ist ein Spotstrahler empfehlenswert. Die tägliche Beleuchtung sollte 10–12 Stunden erfolgen.

NAHRUNG Grillen, Nacktschnecken, Regenwürmer, Fliegen und Heimchen.

Synonym Orientalische Rotbauchunke
Ordnung Froschlurche
Unterordnung Altfrösche
Familie Unken

Schwierigkeitsgrad 2 G
Terrarientyp Aquaterrarium mit ⅓ Wasserteil
Temperatur T: 20–25 °C; S: 28 °C; N: 10–20 °C; W: 22–24 °C
Luftfeuchtigkeit 60–80 %
Haltung Paar oder Gruppe
Aktivität tagaktiv
Lebensweise wasser- u. bodenlebend
Winterruhe 3–6 Wochen bei 5–15 °C
Fortpflanzung eierlegend
Artenschutz 4

Sondert zur Abwehr von Fressfeinden Hautgift ab.

Gelbbauchunke
Bombina variegata variegata

Synonym Berg-Unke
Ordnung Froschlurche
Unterordnung Altfrösche
Familie Unken

Schwierigkeitsgrad 2 **G**
Terrarientyp Aquaterrarium mit ²/₃ Wasserteil
Temperatur T: 20–25 °C; S: 28 °C; N: 10–20 °C; W: 22–24 °C
Luftfeuchtigkeit 60–80 %
Haltung Paar oder Gruppe
Aktivität tagaktiv
Lebensweise wasser- u. bodenlebend
Winterruhe 3–6 Wochen bei 5–15 °C
Fortpflanzung eierlegend
Artenschutz 3

Sondert zur Abwehr von Fressfeinden Hautgift ab.

VERBREITUNG Mittel- und Südeuropa.

MERKMALE Größe 5 cm. Die Gelbbauchunke hat herzförmige Pupillen. Ihre Oberseite ist grau bis dunkelgrau gefärbt; die Unterseite gelbschwarz gefleckt. Männchen sind kleiner, haben in der Paarungszeit dunkel pimentierte Brunstschwielen an der Innenseite der kräftig ausgeprägten Vorderbeine.

HALTUNG Für 2–3 adulte Tiere ist ein Becken mit den Maßen 80×40×40 cm erforderlich. Die Ufer des 5–10 cm tiefen Wasserteils sollten flach auslaufen. Die Tiere benötigen sumpfige Zonen aus Sand und Torfmoos; Pflanzen und Kletteräste dienen auch als Versteckmöglichkeiten. In der Regel braucht man keine Heizung, aber einen Filter. Da Gelbbauchunken Wärme lieben und sich gerne sonnen, ist ein Spotstrahler empfehlenswert. Die tägliche Beleuchtung sollte 10–12 Stunden erfolgen.

NAHRUNG Grillen, Nacktschnecken, Regenwürmer, Fliegen und Heimchen. Es empfiehlt sich, das Futter an mehreren Plätzen einzubringen, um Futterneid zu vermeiden.

Zwergkrallenfrosch
Hymenochirus spec.

VERBREITUNG Afrika. Der Zwergkrallenfrosch lebt ganzjährig im Wasser und kommt nur zum Atmen an die Oberfläche.

MERKMALE Größe 3–4 cm. 3 Arten, 3 Unterarten. Weibchen sind etwas größer und gedrungener; ihr Stummelschwanz ist etwas länger.

HALTUNG Für ein Paar reicht ein 25 l-Aquarium (L= 40 cm) aus; ab 3 Exemplaren muss es schon 54 l (L = 60 cm) oder mehr fassen. Eine Abdeckung des Beckens ist unumgänglich. Der Bodengrund sollte teilweise weich sein; am besten kombiniert man Sand und Kies. Eine dichte Bepflanzung muss stellenweise vorhanden sein, da die Tiere diese als Rückzugsmöglichkeit nutzen. Weiterhin ist eine Regelheizung erforderlich sowie ein nicht zu starker Filter. Der Teilwasserwechsel erfolgt wöchentlich – 20–30 % Frischwasser sind ausreichend.

NAHRUNG Frost- und Lebendfutter: Wasserflöhe, Artemia, Tubifex, weiße u. schwarze Mückenlarven, Welspellets, Fruchtfliegen. Rote Mückenlarven nur selten, wenige und *nur gefroren*, sonst Gefahr der Ballonkrankheit!

Ordnung Froschlurche
Unterordnung Altfrösche
Familie Zungenlose Frösche

Schwierigkeitsgrad 2
Terrarientyp Aquarium
Temperatur W: 24–25 °C
Haltung Paar oder Gruppe
Aktivität tagaktiv
Lebensweise wasserlebend
Fortpflanzung eierlegend
Artenschutz nein

Wird oft mit Jungtier vom Krallenfrosch verwechselt (*Xenopus l.*), das jedoch keine Schwimmhäute zwischen den Fingern hat. Abgestorbene Pflanzenteile täglich entfernen.

Große Wabenkröte
Pipa pipa

Synonyme Amazonas-
Wabenkröte, Surinami-
sche Wabenkröte
Ordnung Froschlurche
Unterordnung Altfrösche
Familie Zungenlose Frö-
sche

Schwierigkeitsgrad 2
Terrarientyp Aquarium
Temperatur W: 24–26 °C
Haltung Paar oder Gruppe
Aktivität dämmerungs- u.
nachtaktiv
Lebensweise wasserlebend
Fortpflanzung eierlegend
Artenschutz nein

Neigt bei Futterüber-
schuss zur Verfettung.

VERBREITUNG Nördliches Südamerika bis Bolivien.
Die Große Wabenkröte lebt das ganze Jahr über im
Wasser.

MERKMALE Größe 13(–20) cm. Der Körper ist extrem
abgeflacht und hat eine dreieckige Form. Die Augen
sind winzig und lidlos. Männchen sind etwa 1 cm
kleiner.

HALTUNG 200–300 l Fassungsvermögen muss das
Aquarium für 2 Tiere vorweisen, denn Wabenkröten
sind bei der Nahrungssuche sehr lebhaft. Im Zwei-
felsfall sollte das Becken größer gewählt werden. Für
die im Bodengrund wühlenden Tiere ist Sand oder
feiner Kies ideal; als Bepflanzung kommen nur
robuste Arten in Betracht, die gegen das Heraus-
wühlen geschützt werden müssen. Als Alternative
eignen sich Schwimmpflanzen. Versteckmöglichkeiten in Form von Wurzeln oder Steinaufbauten sind
für das Wohlbefinden notwendig.

NAHRUNG Sehr anspruchsvoll, frisst oft nur kleine,
lebende Fische. Schwarze und weiße Mückenlarven
sowie aufgelöste Futtertabletten sind ebenfalls
geeignet.

Glatter Krallenfrosch
Xenopus laevis

VERBREITUNG Afrika, südlich der Sahara. Die Art lebt in ruhigen Gewässern.

MERKMALE Größe 10–13 cm. Alter maximal 30 Jahre. Die Tiere kommen nur zum Luftholen an die Wasseroberfläche. Die Naturfarbe ist olivbraun, an der Unterseite hellbeige, doch im Handel sind vorwiegend Albinos erhältlich. Als Jungtiere sehen sie den Zwergkrallenfröschen (s. S. 73) zum Verwechseln ähnlich, doch im Gegensatz zu diesen haben Glatte Krallenfrösche keine Schwimmhäute zwischen den Zehen der Vorderbeine.

HALTUNG Pro Tier im Aquarium rechnet man mit 20 l Fassungsvermögen; eine Mindestgröße von 50×40×40 cm sollte jedoch eingehalten werden. Da die Frösche gern im Boden nach Nahrung wühlen, ein zu schlammiger Grund jedoch den Filter zu schnell verstopft, sollte ein grober, aber nicht scharfkantiger Untergrund gewählt werden. Ein Felsaufbau als Versteck ist notwendig.

NAHRUNG Kleine Fische, Schlammröhrenwürmer, Mückenlarven, Regenwürmer. Bevorzugt Lebendfutter, kann aber an totes Futter gewöhnt werden.

Synonyme Afrikanischer Krallenfrosch, Apothekerfrosch
Ordnung Froschlurche
Unterordnung Altfrösche
Familie Zungenlose Frösche

Schwierigkeitsgrad 2 G
Terrarientyp Aquarium
Temperatur W: 22 °C
Haltung Paar oder Gruppe
Aktivität dämmerungs- u. nachtaktiv
Lebensweise wasserlebend
Fortpflanzung eierlegend
Artenschutz nein

Sondert zum Schutz vor Fressfeinden giftiges Hautsekret ab. Sehr gefräßig; neigt zur Verfettung.

Schildkröten *(Testudines, Testudinata)*

Schildkröten existierten schon vor den Dinosauriern und ihre heute ca. 300 Arten sind nahezu auf der ganzen Welt verbreitet. Auch klimatisch gesehen sind sie überall anzutreffen, denn sie haben ihre Lebensweise an die unterschiedlichsten Bedingungen angepasst.

Brust- (Plastron) und Rückenpanzer (Carapax) der Schildkröte sind durch eine Art Knorpel- oder Knochenbrücke miteinander verbunden und bestehen aus Knochenplatten und

Männchen der Rotwangen-Schmuckschildkröte mit deutlich verlängerten Krallen an den Vorderfüßen.

einer darüber befindlichen Hautschicht. Diese ist nur bei den Weichschildkröten lederartig; andere Arten bilden darauf die charakteristischen Hornschilde aus Keratin.

Mit den für Reptilien typischen Bewegungen kommen sie vorwärts, wobei der Panzer als Stütze dient. Ihre Gliedmaßen sind an den jeweiligen Lebensraum angepasst.

Je nach Art, ihren Kopf einzuziehen, teilt man alle Schildkröten in zwei Unterordnungen ein. Die **HALSWENDER**-Schildkröten legen ihren Kopf in horizontaler, S-förmiger Bewegung seitlich unter den Panzer, die **HALSBERGER** ziehen ihn senkrecht zur Panzeröffnung ein. Doch es gibt weitere Unterschiede: Während bei den Halswendern das Becken mit dem Panzer verwachsen ist und ihre Halswirbel für den Ansatz der Muskulatur kräftige Seiten- und Dornfortsätze tragen, sind Letztere bei den Halsbergern stark zurückgebildet und das Becken ist nicht mit dem Panzer verwachsen.

Schildkrötensinne sind gut ausgebildet. So können sowohl Land- als auch Wasserschildkröten sehr gut riechen und sehen. Sie differenzieren Farben sogar besser als der Mensch. Orientierungs-, Zeit-, Gleichgewichtssinn und Schmerzempfinden sind ebenfalls gut entwickelt. Weiterhin verfügen Schildkröten über die Fähigkeit, sich z. B. Futterquellen zu merken. Schildkröten können ein hohes Lebensalter erreichen; das älteste bekannte Exemplar soll sogar über 200 Jahre alt geworden sein.

Wenn man über die Größe der Tiere spricht, ist in der Regel die Panzerlänge gemeint. Die Extremitäten, Kopf und Schwanz werden nicht mitgemessen. Schildkröten gibt es in den unterschiedlichsten Größen – von 10 bis 250 cm sind alle Varianten vertreten.

Fransenschildkröte
Chelus fimbriatus

VERBREITUNG Nördliches Südamerika.

MERKMALE Größe bis 40 cm. Der sehr flache Panzer ist mit höckerartigen Erhebungen versehen. Diese sind bräunlich; der Rest ist hauptsächlich schwarz gefärbt ist. Kopf, Hals und Beine sind graubraun. Die fransenartigen Hautlappen an Kopf und Hals gaben ihr den Namen. Auf dem Gewässerboden ist sie gut getarnt, da sie einem vertrockneten Blatt ähnelt.

HALTUNG Für ein Tier wird ein Becken von mindestens 20-facher Fläche des Bauchpanzers benötigt. Bei Verwendung eines Aquaterrariums muss der Anstieg zum Landteil, der nur zur Eiablage notwendig ist, flach sein. Das Wasser darf nur so tief sein, dass die Schildkröte zum Luftholen nicht aufschwimmen muss. Als Bodengrund eignet sich eine 10–15 cm hohe Sandschicht. Das Wasser muss weich und sauer sein sowie über einen hohen Gerbstoffgehalt verfügen (Schwarzwasser).

NAHRUNG Fische, große Regenwürmer, evtl. in Streifen geschnittenes Rinderherz. Totfutter nur, wenn schon als Jungtier daran gewöhnt.

Synonym *Mata mata*
Ordnung Schildkröten
Unterordnung Halswender
Familie Schlangenhalsschildkröten

Schwierigkeitsgrad 3
Terrarientyp Aquarium oder Aquaterrarium mit 80 % Wasserteil
Temperatur W: 24 °C
Haltung Paar oder Gruppe
Aktivität dämmerungs- u. nachtaktiv
Lebensweise wasserlebend
Fortpflanzung eierlegend
Artenschutz nein

Tiere sind Saugschnapper, d. h. sie saugen ihre Beute blitzschnell ein.

Sternschildkröte
Geochelone elegans

Synonym Indische Stern-
schildkröte
Ordnung Schildkröten
Unterordnung Halsberger
Familie Landschildkröten

Schwierigkeitsgrad 3
Terrarientyp Halbfeuchtter-
rarium mit Badebecken, UV-
Bestrahlung
Temperatur 22 °C (am Bo-
den), S: 38 °C
Haltung einzeln, Paar oder
Gruppe nach Verträglich-
keitsprüfung
Aktivität tagaktiv
Lebensweise bodenlebend
Fortpflanzung eierlegend
Artenschutz 4

Empfindlich gegen Tem-
peraturabstürze, neigt zu
Atemwegsproblemen.

VERBREITUNG Indien, Südost-Pakistan, Sri Lanka.
MERKMALE Größe 22 cm (Männchen), 38 cm (Weib-
chen). Männchen haben schmalere, kleinere
Rückenpanzer mit einer gelben sternförmigen
Zeichnung (Name).
HALTUNG Für ein Jungtier ist ein Terrarium mit den
Maßen 60 × 60 × 80 cm, für eine ausgewachsene
Sternschildkröte eines mit 120 × 120 × 120 cm not-
wendig. Der Bodengrund sollte aus einem Erde-
Sand-Gemisch im Verhältnis 9:1 bestehen. Zusätz-
lich ist ein Bereich mit Buntsandsteinen zur
Kurzhaltung der Krallen ratsam. Zum Verstecken
und Klettern dienen Korkröhren, Heuhaufen, hal-
bierte Tontöpfe und Erdhügel. Das Wasser im Bade-
becken wird täglich gewechselt. Die Größe des
Beckens richtet sich nach der Rückenpanzerlänge.
Besonders wichtig ist eine Terrarienabdeckung, da
die Tiere sehr gut klettern. Im Sommer können sie
im geräumigen Außengehege gehalten werden.
NAHRUNG Gräser, Löwenzahn, Klee, Endivie, Maul-
beeren- u. Weinblätter, Wildkräuter, Kakteen (ohne
Dornen!).

Pantherschildkröte
Geochelone pardalis

VERBREITUNG Südafrika.

MERKMALE Größe bis 70 cm. Der überwiegend hoch gewölbte Panzer ist beige bis hellbraun und trägt die typische Streifen-, Sprenkel- und Fleckenzeichnung. Bei adulten Pantherschildkröten ist der Bauchpanzer meist hell und ohne dunklere Sprenkel. Beine und Kopf sind gelb, gelb- oder hellbraun. Männchen haben einen längeren Schwanz und einen konkaven Bauchpanzer, Weibchen kräftigere Krallen an den Hinterbeinen.

HALTUNG Es sind mindestens 9–10 m² Terrarienfläche erforderlich (besser mehr). Da die Tiere gut klettern, muss das Becken 60–80 cm hoch sein und über eine Abdeckung verfügen. Es werden Klettermöglichkeiten und Verstecke benötigt (Korkrinde, Heuhaufen, Erdhügel). Der Boden sollte aus einem Erde-Sand-Gemisch im Verhältnis 9:1 bestehen; ein Bereich Buntsandsteine zum Abwetzen der Krallen ist ratsam. Ein Badebecken sollte nicht fehlen. Im Sommer können die Tiere im Freiland gehalten werden (30 m² für 1 Paar).

NAHRUNG Heu, frische Kräuter, Gräser, Karotten.

Ordnung Schildkröten
Unterordnung Halsberger
Familie Landschildkröten

Schwierigkeitsgrad 3
Terrarientyp Halbtrockenterrarium, UV-Bestrahlung
Temperatur T: 20–30 °C, S: ca. 45 °C, N: 18–20 °C
Haltung Paar oder Gruppe
Aktivität tagaktiv
Lebensweise bodenlebend
Fortpflanzung eierlegend
Artenschutz 4

Untereinander sehr verträglich; erhöhtes Bewegungsbedürfnis.

Spornschildkröte
Geochelone sulcata

Ordnung Schildkröten
Unterordnung Halsberger
Familie Landschildkröten

Schwierigkeitsgrad 3
Terrarientyp Trockenterrarium; Freilandanlage
Temperatur T: 22–25 °C
(Boden). S 35–40 °C, N: 18 °C
Haltung Paar oder Gruppe
Aktivität tagaktiv
Lebensweise bodenlebend
Fortpflanzung eierlegend
Artenschutz 4

Drittgrößte Landschildkröte überhaupt; kann nur als Jungtier im Terrarium gehalten werden. Wird sehr zahm und anhänglich.

VERBREITUNG Sahelzone.

MERKMALE Größe bis 85 cm. Der Rückenpanzer ist stark abgeflacht mit gebogenen Randschilden und trägt Färbungen von Beige bis Hellbraun. Der Bauchpanzer ist ebenso gefärbt, die Haut ist beige und geht ins Gelbliche über. Die Schilde sind an den Rändern dunkel abgesetzt. Am Oberschenkel der Hinterbeine befindet sich ein auffälliger Sporn (Name!). Männchen haben einen längeren Schwanz und leicht konkaven Bauchpanzer; Randschilde und Oberschenkelsporn sind ausgeprägter.

HALTUNG Die Terrariengröße wird wie folgt berechnet: L × B × H = (15 × Carapax) × (6 × Carapax) × (6 × Carapax). Als Einrichtung dienen 5 cm hohe Buchenholzspäne und viele Verstecke (Wurzeln etc.). Es wird kein Wassernapf benötigt, aber die Spornschildkröte nimmt gern alle 2 Wochen ein Bad. Ab 25 cm Größe muss sie in ein Freilandgehege umziehen und den Winter im Haus verbringen.

NAHRUNG Löwenzahn, Wiesenkräuter, Wegerich, Fette Henne, Endivie, Gras, Heu, Zucchini. Karotte, Brennnessel; alle 2–3 Mon. etwas Obst.

Maurische Landschildkröte
Testudo graecea spec.

VERBREITUNG Atlantikküste im Westen Marokkos bis in den Osten des Iran, auch im europäischen Mittelmeerraum mit Unterarten vertreten.

MERKMALE Größe maximal 16–30 cm. Die Maurische Landschildkröte ist in über 10 Unterarten vertreten; entsprechend variieren Erscheinungsbild und Größe sowie die Ansprüche an den Lebensraum. Männliche Tiere sind kleiner, haben einen kräftigeren Schwanz und einen konkaven Bauchpanzer.

HALTUNG Das Terrarium muss mindestens 4–5 m² Fläche aufweisen. Da die Tiere gut klettern, sollte es ca. 60 cm hoch sein und über eine Abdeckung verfügen. Es werden Klettermöglichkeiten und Verstecke benötigt (Korkrinde, Heuhaufen, Erdhügel). Der Boden sollte aus einem Erde-Sand-Gemisch (Verhältnis 9:1) bestehen; ein Bereich Buntsandsteine zum Abwetzen der Krallen ist empfehlenswert. Ein Badebecken sollte nicht fehlen. Diese Schildkröten sind krankheitsanfällig.

NAHRUNG Heu, frische Kräuter, Gräser und Karotten sind geeignet.

Ordnung Schildkröten
Unterordnung Halsberger
Familie Landschildkröten

Schwierigkeitsgrad 3
Terrarientyp Trockenterrarium, UV-Bestrahlung
Temperatur T: 20–30 °C, S: ca. 45 °C, N: 18–20 °C
Haltung Paar
Aktivität tagaktiv
Lebensweise bodenlebend
Fortpflanzung eierlegend
Artenschutz 2

Im Sommer im Freiland halten (15 m² für 1 Paar).

Griechische Landschildkröte
Testudo hermanni

Ordnung Schildkröten
Unterordnung Halsberger
Familie Landschildkröten

Schwierigkeitsgrad 2
Terrarientyp Halbtrocken-
terrarium, UV-Bestrahlung
Temperatur T: 20–30 °C,
S: ca. 45 °C, N: 18–20 °C
Haltung Paar oder Gruppe
Aktivität tagaktiv
Lebensweise bodenlebend
Fortpflanzung eierlegend
Artenschutz 2

Im Sommer im Freiland
halten (15 m² für 1 Paar).
Sehr lebhaft, gräbt und
klettert gern.

VERBREITUNG Balkan bis Südfrankreich. Diese Landschildkröte besiedelt fast alle Vegetationsformen bis
in eine Höhe von 1500 m.

MERKMALE Größe maximal 20 cm. 2 Unterarten.
Der Rückenpanzer der Griechischen Landschildkröte ist oliv bis gelb mit dunklen Flecken, die je nach
Unterart verschieden stark ausgeprägt sind. Männchen sind kleiner, haben einen längeren und kräftigeren Schwanz sowie einen konkaven Bauchpanzer.
Die Tiere werden etwa fünfmal so alt wie ein Säuge-
tier vergleichbarer Größe.

HALTUNG 4–5 m² Grundfläche muss das Terrarium
zur Paarhaltung mindestens aufweisen. Da die Tiere
gut klettern, sollte es ca. 60–80 cm hoch sein und
über eine Abdeckung verfügen. Es werden Klettermöglichkeiten und Verstecke benötigt (Korkrinde,
Heuhaufen, Erdhügel). Der Boden sollte aus einem
Erde-Sand-Gemisch (Verhältnis 9:1) bestehen; ein
Bereich Buntsandsteine zum Abwetzen der Krallen
ist ratsam. Ein Badebecken sollte nicht fehlen.

NAHRUNG Gefüttert werden Heu, frische Kräuter,
Gräser, Karotten.

Vierzehenschildkröte
Testudo horsfieldii

VERBREITUNG Westlich des Kaspischen Meeres.
MERKMALE Größe bis 28 cm (weibliche Tiere). Der ovale bis kreisrunde Rückenpanzer ist deutlich flacher als bei anderen *Testudo*-Arten. Die Färbung reicht von Gelblich über Oliv bis hin zu Braun, mit unterschiedlich großen, dunklen Flecken. Sehr alte Exemplare können fast schwarz oder gelbbraun (ohne Zeichnungen) sein. Schwanzschild ist ungeteilt. Sie hat nur 4 Zehen, die kräftige Krallen tragen. Männchen der Vierzehenschildkröte sind wesentlich kleiner und leichter.
HALTUNG Ein Terrarium für ein Paar dieser Schildkröten sollte die Mindestmaße von 200 × 100 × 80 cm aufweisen. Zum Klettern und Verstecken verwendet man Korkrinden, Erdhügel und Steine. Der Erde-Sand- oder Lehm-Sandboden muss mindestens 40 cm hoch sein, da die Tiere gern graben. Ein Bereich Buntsandsteine zum Abwetzen der Krallen ist ebenfalls ratsam. Ein Badebecken sollte nicht fehlen.
NAHRUNG Heu und frische Kräuter, Gräser und Karotten.

Synonym Steppenschildkröte
Ordnung Schildkröten
Unterordnung Halsberger
Familie Landschildkröten

Schwierigkeitsgrad 2
Terrarientyp Halbtrockenterrarium, UV-Bestrahlung
Temperatur T: 40 °C (einige h), N: 15 °C
Haltung Paar oder Gruppe mit 1 Männchen
Aktivität tagaktiv
Lebensweise bodenlebend
Fortpflanzung eierlegend
Artenschutz 4

Hält in besonders heißen Herkunftsgebieten zusätzlich zur Winterruhe noch eine Sommerruhe von 1–2 Monaten.

Breitrandschildkröte
Testudo marginata

Ordnung Schildkröten
Unterordnung Halsberger
Familie Landschildkröten

Schwierigkeitsgrad 2
Terrarientyp Trockenterrarium, UV-Bestrahlung
Temperatur T: 25–30 °C, S: 45 °C
Luftfeuchtigkeit 60–85 %
Haltung Paar oder Gruppe
Aktivität tagaktiv
Lebensweise bodenlebend
Winterruhe Ende Okt. bis Mitte Mrz.
Fortpflanzung eierlegend
Artenschutz 2

Von Mitte März bis Ende Oktober wäre Freilandhaltung wünschenswert.

VERBREITUNG Südliches Albanien bis zum Peloponnes. Auf einigen Ägäischen Inseln, Sardinien und in der Toskana eingeschleppt. In Höhenlagen bis zu 1600 m anzutreffen.

MERKMALE Größe maximal 40 cm. 2 Unterarten. Sie ist die größte europäische Landschildkröte und erreicht ein Maximalgewicht von 5 kg. Männchen der Breitrandschildkröte sind größer, haben eine dickeren und längeren Schwanz sowie einen konkaven Bauchpanzer. Ihre beiden Panzer sind tailliert.

HALTUNG Für die Paarhaltung ist ein Terrarium (oder eine Freilandanlage) von 280 × 140 × 80 cm notwendig. Eine Unterbringungsmöglichkeit mit mehr Grundfläche wäre aber wünschenswert. Die Einrichtung besteht aus Sand-Lehmboden oder einem Gemisch aus Sand und Erde. Verstecke in Form von Korkrinden, Erdhügeln und Steinen dürfen ebenso wenig fehlen wie eine Badegelegenheit. Die Breitrandschildkröte verlässt den nächtlichen Unterschlupf am frühen Vormittag und beginnt den Tag gern mit einem Sonnenbad.

NAHRUNG Frische Kräuter, Karotten, Gräser, Heu.

Prachterdschildkröte
Rhinoclemmys pulcherrima manni

VERBREITUNG Nordwesten Costa Ricas, Süden Nicaraguas. Die Prachterdschildkröte lebt immer in Wasser- oder Sumpfnähe.

MERKMALE Größe bis 20 cm lang. Der Rückenpanzer trägt kreisähnliche, augenförmige Linien und Punkte, die meist schwarz umrahmt sind. Der Bauchpanzer zeigt mittig ein schmales, schwarzes Band. Augen, Hals und Maul sind von roten, schwarz umrandeten Linien umgeben. Männchen sind kleiner, der Schwanz ist länger, die Kloake befindet sich näher am Schwanzende und der Bauchpanzer ist konkav.

HALTUNG Für ein Paar ist ein Terrarium der Größe 100 × 100 × 50 cm erforderlich. Der Bodengrund sollte aus einer Rindenmulch-Erde-Mischung bestehen, auf der Laub und Moos ausgelegt werden. Wurzeln oder Korkröhren dienen als Verstecke. Das Wasser muss regelmäßig gereinigt bzw. gewechselt werden.

NAHRUNG Tierisch und pflanzlich, abwechslungsreich: Regenwürmer, Grillen, Zophobas, Heimchen, Heuschrecken, Löwenzahn, Klee, Bananen etc.

Synonyme Costa Rica-Prachterdschildkröte; *R. pulcherima manni*
Ordnung Schildkröten
Unterordnung Halsberger
Familie Altwelt-Sumpfschildkröten

Schwierigkeitsgrad 1
Terrarientyp Aquaterrarium, UV-Bestrahlung
Temperatur T: 26 °C, S: ca. 30 °C, N: 22 °C, W: ca. 26 °C
Haltung einzeln, Paar oder Gruppe mit 1 Männchen
Aktivität tagaktiv
Lebensweise bodenlebend
Winterruhe Nov.–Feb. nur alle 3–4 Tage sprühen
Fortpflanzung eierlegend
Artenschutz nein

Kann im Sommer auch im Freiland gehalten werden.

Europäische Sumpfschildkröte
Emys orbicularis

Ordnung Schildkröten
Unterordnung Halsberger
Familie Neuwelt-Sumpf-
schildkröten

Schwierigkeitsgrad 1
Terrarientyp Aquaterrarium
oder Aquarium mit Insel,
UV-Bestrahlung
Temperatur Tu. N: Zimmer-
temp., S: 40 °C, W: 25–27 °C
(nachts ungeheizt)
Haltung Paar oder Gruppe
mit 1 Männchen
Aktivität tagaktiv
Lebensweise wasserlebend
Winterruhe 8–12 Wo. 4–8 °C
(nördl. Arten) bzw. 12–15 °C
(südl. Arten)
Fortpflanzung eierlegend
Artenschutz 3

Temperaturen anpassen:
14 Unterarten unter-
schiedlicher Herkunft!

VERBREITUNG Mittel-, Osteuropa, Nordafrika, bis in
den nördlichen Iran.

MERKMALE Größe 13–20 cm, selten 23 cm – je nach
Unterart variabel; selbiges gilt für die Färbung.
Männchen sind kleiner, die Kloake ist näher am
Schwanzende, dickerer Schwanz, Bauchpanzer klei-
ner und konkav, die Vorderkrallen sind gekrümmt.

HALTUNG Für 3 Tiere wird ein Becken von 150 × 60 ×
50 cm Größe benötigt. Wichtig für den Wasserteil ist
ein guter Außenfilter mit nur langsamer Strömung.
Wurzeln und Wasserpflanzen dienen als Verstecke,
auch direkt unter der Wasseroberfläche. Nutzt man
ein Aquarium, sollten die Wurzeln aus dem Wasser
herausragen (Sonnenplatz!); Alternative: eine Schildkröteninsel (Fachhandel). Bei Haltung von Weibchen
ist ein Landteil mit sandigem Hügel nötig, sonst
kann hier der Boden aus Erde-Sand-Gemisch bestehen; im Wasser nimmt man Quarz- oder Flusssand.

NAHRUNG Abwechslungsreich (lebenswichtig): Was-
serschnecken, Asseln, Bachflohkrebse, Fisch, Löwenzahn, Wasserlinsen, Zucchini, Fleisch (z. B. Rinderherz). Möglichst kein Fertigfutter!

Falsche Landkarten-Höckerschildkröte
Graptemys pseudogeographica pseudogeographica

VERBREITUNG Nur USA, im Mississippi und Zuflüssen – dort nur nördlich vom Missouri.

MERKMALE 15–27 cm. Männchen sind kleiner; der Schwanz ist länger, die Kloake weit vom Panzer entfernt, der Kopf schmaler.

HALTUNG Für ein Paar wird ein Becken in der Größenordnung von 160 × 80 × 80 cm benötigt. Der Wasserstand sollte der Panzerlänge entsprechen. Der Sonnenplatz aus Kork oder Holz sollte sich unter dem Spotstrahler befinden. Damit sich diese Höckerschildkröten richtig wohlfühlen, sollte man besonders auf die Wasserqualität achten. Hilfreich ist ein guter Filter, der aber nur wenig Strömung erzeugt. Zur Einleitung der Winterruhe werden die Temperaturen ab Herbst monatlich ein paar Grad gesenkt. Nach 2–3 Monaten bei 4–12 °C erhöht man die Temperaturen langsam wieder auf die Ausgangswerte.

NAHRUNG Breit gefächert: Fische, Schnecken, Erdwürmer aller Art, Venusmuscheln, Heimchen, grüner Salat. Auf Fertigfutter möglichst komplett verzichten.

Synonym Falsche Landkartenschildkröte
Ordnung Schildkröten
Unterordnung Halsberger
Familie Neuwelt-Sumpfschildkröten

Schwierigkeitsgrad 2
Terrarientyp Aquarium mit schwimmendem Landteil, UV-Bestrahlung
Temperatur W: 25–27 °C (Sommer), S: 40–45 °C
Haltung einzeln, Paar, Gruppe nur nach Verträglichkeitstest
Aktivität tagaktiv
Lebensweise wasserlebend
Winterruhe s. Text
Fortpflanzung eierlegend
Artenschutz 6

Sehr weicher Bauchpanzer; daher kein Sonnenplatz aus Stein.

Rotwangen-Schmuckschildkröte
Trachemys scripta elegans

Synonyme *Pseudemys s. e.;*
Rotwangenschildkröte
Ordnung Schildkröten
Unterordnung Halsberger
Familie Neuwelt-Sumpf-
schildkröten

Schwierigkeitsgrad 2
Terrarientyp Aquarium mit
schwimmendem Landteil,
UV-Bestrahlung
Temperatur S: 40 °C (nachts
aus), W: 27 °C (Juli/Aug.)
Haltung einzeln oder Grup-
pe (1 Männchen + 2 Weib-
chen)
Aktivität tagaktiv
Lebensweise wasserlebend
Winterruhe ab Sept. Temp.
monatl. ein paar Grad sen-
ken; dann 2–3 Mon. bei 4–
8 °C; danach wieder lang-
sam erhöhen
Fortpflanzung eierlegend
Artenschutz 6

VERBREITUNG USA, entlang des Mississippi von Illi-
nois bis zum Golf von Mexiko.

MERKMALE Größe 20–30 cm oder mehr. Typisch für
diese Art ist ein großer roter Fleck in waagerechter
Lage hinter dem Auge. Männchen sind kleiner, ihr
Schwanz ist sehr lang, die Kloake weit vom Panzer
entfernt, und die Krallen der Vorderfüße sind deutlich verlängert.

HALTUNG Für ein Tier wird ein Becken mit 200 l Fassungsvermögen benötigt. Der Wasserstand muss
der Panzerlänge des Tieres entsprechen; als Bodengrund wird Kies oder Sand gewählt. Besonders wichtig ist ein guter Filter. Als Sonneninsel eignet sich
ein Stück Kork oder eine Schildkröteninsel aus dem
Fachhandel, die unter dem Spotstrahler fixiert werden sollte.

NAHRUNG Bachflohkrebse, (Regen-)Würmer, Amei-
senpuppen, Heuschrecken, Süßwasserfische u.
Fischstückchen, Wasserpflanzen, Löwenzahn, Enten-
grütze, Römersalat, Vogelmiere. Mit zunehmendem
Alter wird der Anteil pflanzlicher Nahrung größer.
Von Fertigfutter ist abzuraten!

Gelbwangen-Schmuckschildkröte
Trachemys scripta scripta

VERBREITUNG USA, von Südost-Virginia bis Nord-Florida.

MERKMALE Größe 20–27 cm. Typisch für diese Art ist der senkrechte, gelbe Balken auf den Wangen hinter dem Auge. Männchen sind kleiner, ihr Schwanz ist sehr lang, die Kloake weit vom Panzer entfernt, und die Krallen der Vorderfüße sind deutlich verlängert.

HALTUNG Für ein Tier wird ein Becken mit 200 l Fassungsvermögen benötigt. Der Wasserstand muss der Panzerlänge des Tieres entsprechen; als Bodengrund wird Kies oder Sand gewählt. Besonders wichtig ist ein guter Filter. Als Sonneninsel eignet sich ein Stück Kork oder eine Schildkröteninsel aus dem Fachhandel, die unter dem Spotstrahler fixiert werden sollte.

NAHRUNG Bachflohkrebse, (Regen-)Würmer, Ameisenpuppen, Heuschrecken, Süßwasserfische und Fischstückchen, Wasserpflanzen, Löwenzahn, Entengrütze, Römersalat, Vogelmiere. Mit zunehmendem Alter wird der Anteil pflanzlicher Nahrung größer. Von Fertigfutter ist abzuraten!

Synonyme *Pseudemys s. s.*; Gelbwangenschildkröte
Ordnung Schildkröten
Unterordnung Halsberger
Familie Neuwelt-Sumpfschildkröten

Schwierigkeitsgrad 2
Terrarientyp Aquaterrarium mit schwimmendem Landteil, UV-Bestrahlung
Temperatur S: 40 °C (nachts aus), W: 27 °C (Juli/Aug.)
Haltung einzeln oder Gruppe (1 Männchen + 2 Weibchen)
Aktivität tagaktiv
Lebensweise wasserlebend
Winterruhe ab Sept. Temp. monatl. ein paar Grad senken; dann 2–3 Mon. bei 4–8 °C; danach wieder langsam erhöhen
Fortpflanzung eierlegend
Artenschutz nein

Leguanartige *(Iguania)*

Zu den Leguanartigen (*Iguania*) gehören die Familien der Leguane (*Iguanidae*), Agamen (*Agamidae*) und Chamäleons (*Chamaeleonidae*). Es gibt über 700 Arten von **LEGUA-NEN**, von denen die meisten aus Süd- und Nordamerika stammen. In der Regel handelt es sich um Echsen von 10–30 cm Länge. Doch einige Arten, z. B. der Grüne Leguan, werden bis zu oder gar über 2 m groß. Häufig macht der Schwanz ⅔ der Gesamt-länge aus. Viele Arten besitzen stach-lige Kämme auf Schwanz und Rücken und haben Kehlsäcke, die beim Balz- und Drohverhalten eine große Rolle spielen.

Ähnliches gilt auch für **AGAMEN**, die wahrscheinlich sogar mit den Legu-anen verwandt sind. Dies ist zwar bis-lang nicht abschließend geklärt, jedoch gibt es einige Arten, wo Ver-wechslungen auf den ersten Blick nicht ausgeschlossen sind. Hier ist das Gebiss das entscheidende Merk-mal. Besitzt das Tier einzeln stehen-de Zähne auf der Innenseite der Kie-fer, handelt es sich um einen Leguan, dem verlorene Zähne auch nach-wachsen. Bei Agamen befinden sich die Zähne auf den Kieferknochenrän-dern in verbundenen Reihen und werden nicht reproduziert.

Sowohl Agamen als auch Leguane können ausgesprochen gut sehen und haben ein sehr gut ausgebildetes Gehör.

Man zählt heutzutage über 370 Aga-menarten, deren Verbreitungsgebiet sich über Afrika, sowie Südwest- bis Zentralasien erstreckt. Dort findet man sie in den unterschiedlichsten Lebensräumen. So gibt es Agamen, die Steppen- oder Wüstenlandschaf-ten bevorzugen; andere wiederum trifft man eher in Wäldern an.

Es gibt etwa 160 Arten von **CHAMÄ-LEONS**, die ursprünglich aus Ostafri-ka stammen. Doch heute sind sie in ganz Afrika, Indien, der Türkei, auf Sri Lanka und der Arabischen Halbinsel vertreten. Chamäleons variieren stark in ihrer Körperform, was die Bestimmung einzelner Arten erschwert. Ihre Formen sind näm-lich abhängig von Alter und

Grüne Leguane können auch eine bräunliche Färbung aufweisen.

Jemen-Chamäleon

Dass alle Arten dieser Familie wahre Farbwechselwunder sind, ist ein Irrglaube. Es gibt durchaus Chamäleons, die dazu entweder gar nicht in der Lage sind oder nur zwei unterschiedliche Farben annehmen können. Gesteuert wird der Farbwechsel mittels kleinster Muskeln, die Farbpigmente freilegen oder überdecken. Jene befinden sich in drei untereinander liegenden, optischen Hautzellentypen, von denen jede einzelne nur bestimmte Töne oder Farben darstellen kann. Für den Wechsel der Farbe sind verschiedene Faktoren verantwortlich, wie z. B. Licht, Luftfeuchtigkeit, Tageszeit, Temperatur oder unterschiedliche Stimmungen. Mit dem Alter werden die Farben allerdings blasser; auch kranke Tiere verlieren ihre Pracht bis zur Genesung.

Geschlecht. Die meisten Arten sind Baum- oder Buschbewohner und imitieren mit ihren Körperteilen Pflanzen. So erinnern sie oftmals an ein großes Blatt; andere Arten, z. B. die bodenbewohnenden Erdchamäleons, wirken eher wie altes Holz oder Laub.

Die Augen aller Arten sind hoch entwickelt; genauer gesagt: Chamäleons sehen besser als der Mensch! Das bedeutet, sie nehmen sowohl potenzielle Beutetiere als auch mögliche Fressfeinde sehr schnell wahr. Gejagt wird mit der Zunge, die sich im Kehlsack auf dem Zungenbein befindet. Kommt Beute in Sichtweite, wird das Zungenbein mittels zweier Gelenke nach vorn geschoben und die Zungenmuskulatur angespannt. Dann schnellt die Zunge innerhalb einer Zehntelsekunde heraus und umklammert die Beute. Anschließend zieht sich die Zunge in den Kehlsack zurück, wobei das Futtertier im Maul verbleibt, um anschließend komplett hinuntergeschluckt zu werden.

Ritteranolis

Maskennackenstachler
Acanthosaura crucigera

Synonyme Kleine Winkel-kopfagame, Kleiner Na-ckenstachler
Ordnung Schuppenkriech-tiere
Unterordnung Echsen
Familie Agamen

Schwierigkeitsgrad 3
Terrarientyp Feuchtterra-rium, UV-Bestrahlung
Temperatur T: 24–26 °C, N: 18–22 °C
Luftfeuchtigkeit 60–80 %
Haltung Paar
Aktivität tagaktiv
Lebensweise boden- u. strauchbewohnend
Winterruhe T: 16–20 °C, N: bis auf 10 °C runtergehen
Fortpflanzung eierlegend
Artenschutz nein

Bei sehr geräumigem Ter-rarium Gruppe möglich.

VERBREITUNG Birma, Nordmalaysia, Kambodscha, Thailand und Südvietnam.

MERKMALE Länge 30–38 cm. Typisch für den Mas-kennackenstachler sind die beiden Stachelschuppen über den Augen sowie jene im Nacken- und Rücken-bereich. Durch die lebhafte Tarnfärbung ist seine Grundfarbe sehr variabel. Männchen haben häufig eine dunkle Augenmaske und eine dickere Schwanz-wurzel.

HALTUNG 120×60×120 cm groß sollte das Terra-rium für ein Paar sein; ein größeres wäre besser. Als Bodengrund verwendet man mindestens 15–20 cm hohes Sand-Blumenerde-Gemisch. Dichte Bepflan-zung ist lebensnotwendig – die Tiere sind sehr stressanfällig und brauchen genügend Verstecke. Der Wasserteil bzw. das Wasserbecken sollte maxi-mal 15 cm Wasserstand aufweisen, da die Tiere keine guten Schwimmer sind. Sie brauchen bewegtes Was-ser; ideal ist ein Wasserlauf. Senk- und waagerechte Kletteräste sind ebenfalls wichtig.

NAHRUNG Würmer jeglicher Art zu 90 %; 10 % Gril-len und kleinen Heuschrecken.

Siedleragame
Agama agama agama

VERBREITUNG Zentralafrika.

MERKMALE Länge 30–40 cm. Die Siedleragame lebt in Gruppen von bis zu 25 Tieren mit einem dominierenden Männchen. Es gibt einen ausgeprägten Farbwechsel: Nachts sind beide Geschlechter unscheinbar grau. Tagsüber sind Weibchen, Jungtiere und rangniedere Männchen braun bis grau. Das dominierende Männchen präsentiert sich tagsüber auf einem erhöhten Platz und zeigt seine ganze Farbenpracht – stahlblauer oder olivgrüner Körper und gelber, orangener oder roter Kopf.

HALTUNG Für eine Gruppe von bis zu 5 Tieren ist ein Terrarium von 350×60×170 cm Größe erforderlich. Neben Sandboden wird eine Felsrückwand mit waagerechten Liegeplätzen benötigt. Höhlen zum Verstecken und Kletteräste sollten ebenso vorhanden sein wie eine Wasserschale oder ein Zimmerbrunnen. Einmal täglich wird lauwarm gesprüht. Ein erhöhter Platz (Steinaufbau) für das Männchen ist wichtig.

NAHRUNG Insekten, Spinnen; ab und zu pflanzliche Kost.

Ordnung Schuppenkriechtiere
Unterordnung Echsen
Familie Agamen

Schwierigkeitsgrad 3
Terrarientyp Trockenterrarium, UV-Bestrahlung
Temperatur T 30–35 °C, S: 40–45 °C, N: 18–20 °C
Haltung nur Gruppe mit 1 Männchen
Aktivität tagaktiv
Lebensweise baum-, busch- und felsbewohnend
Fortpflanzung eierlegend
Artenschutz nein

Zur Förderung der Paarungsbereitschaft Regenzeit simulieren: öfter sprühen, verkürzte Beleuchtungszeit.

Blaue Siedleragame
Agama agama lionotus

Synonym Ostafrikanische
Siedleragame
Ordnung Schuppenkriechtiere
Unterordnung Echsen
Familie Agamen

Schwierigkeitsgrad 3
Terrarientyp Trockenterrarium, UV-Bestrahlung
Temperatur T: 30–35 °C,
S: 40–45 °C, N: 18–20 °C
Haltung nur Gruppe mit
1 Männchen
Aktivität tagaktiv
Lebensweise baum-, busch-
u. felsbewohnend
Fortpflanzung eierlegend
Artenschutz nein

Zur Förderung der Paarungsbereitschaft Regenzeit simulieren: öfter sprühen, verkürzte Beleuchtungszeit.

VERBREITUNG Uganda und Kenia.

MERKMALE Länge 30–40 cm. Die Blaue Siedleragame lebt in großen Gruppen mit einem dominierenden Männchen. Die Farben zeigen einen ausgeprägten Wechsel im Tag- und Nachtrhythmus. Die nächtliche Färbung sowie die von Weibchen, Jungtieren und untergeordneten männlichen Tieren gleicht im Wesentlichen der der Siedleragame; sie ist braun bis grau. Die Präsentationsfärbung des dominierenden Männchens ist jedoch ein blauer Körper und roter Kopf.

HALTUNG Für bis zu 5 Agamen ist ein Terrarium von 350×60×170 cm Größe erforderlich. Neben Sandboden wird eine Felsrückwand mit waagerechten Liegeplätzen benötigt. Höhlen zum Verstecken und Kletteräste sollten ebenso vorhanden sein wie eine Wasserschale oder ein Zimmerbrunnen. Einmal täglich wird mit lauwarmem Wasser gesprüht. Ein erhöhter Platz (Steinaufbau) für das Männchen ist wichtig.

NAHRUNG Insekten, Spinnen, ab und zu pflanzliche Kost.

Blaukehlagame
Agama atricollis

VERBREITUNG Süd- und Ostafrika. Die Blaukehlagame lebt auf Büschen, Sträuchern und umgestürzten Bäumen.

MERKMALE Länge maximal 30 cm. Besonders Männchen können ihre Kehle bei Erregung blau färben, bei Weibchen ist diese Fähigkeit nicht so ausgeprägt. Der grüne Rücken trägt einen hellgrünen oder gelben Längsstreifen, die Grundfarbe ist beige.

HALTUNG 100×80×120 cm Größe sollte das Terrarium für die Haltung eines Paares mindestens aufweisen; ein größeres wäre besser. Es werden viele Kletteräste benötigt; dichte Bepflanzung an Ästen und Rückwand wird als Rückzugsmöglichkeit genutzt. Ein paar Steine zum Sonnen und/oder als Verstecke sind ebenfalls ratsam. Nicht fehlen darf ein kleiner Trinknapf. Eine Winterruhe ist nicht erforderlich, allerdings sind die natürlichen, jahreszeitlich bedingten Phasen mit etwas kühleren Temperaturen zu berücksichtigen.

NAHRUNG Heimchen, Grillen, Schaben und Heuschrecken.

Ordnung Schuppenkriechtiere
Unterordnung Echsen
Familie Agamen

Schwierigkeitsgrad 2
Terrarientyp Trockenterrarium, UV-Bestrahlung
Temperatur T: 28–30 °C, S: bis 40 °C, N: 22–25 °C
Luftfeuchtigkeit 20-40 %
Haltung einzeln oder Paar
Aktivität tagaktiv
Lebensweise strauchbewohnend
Fortpflanzung eierlegend
Artenschutz nein

Männchen äußerst revierbildend.

Blutsaugeragame
Calotes versicolor

Synonym Verschiedenfarbige Schönechse
Ordnung Schuppenkriechtiere
Unterordnung Echsen
Familie Agamen

Schwierigkeitsgrad 3
Terrarientyp Halbfeuchtterrarium, UV-Bestrahlung
Temperatur T: 25–30 °C, S: bis 45 °C, N: 17–20 °C – herkunftsabhängig
Luftfeuchtigkeit 60–70 %; abends kurzfristig 90 %
Haltung Paar
Aktivität tagaktiv
Lebensweise fels- u. baumbewohnend
Winterruhe s. Text
Fortpflanzung eierlegend
Artenschutz nein

Wildfänge stress- und krankheitsanfällig.

VERBREITUNG Südchina, Nordwestasien, Vorder- und Hinterindien. Blutsaugeragamen bewohnen Bäume und steiniges Gelände.

MERKMALE Länge bis 50 cm, davon ⅔ Schwanz. Die Grundfarbe variiert je nach Herkunftsort, ist aber meist braun. Bei Männchen reicht der Nackenkamm bis zur Schwanzwurzel, bei Weibchen nur bis zur Hälfte des Rückens. Männchen sind territorial.

HALTUNG Für ein Paar muss das Terrarium mindestens 150×80×150 cm groß sein. Die agilen Tiere klettern nicht nur gern, sie sitzen auch bevorzugt in großen Höhen. Deshalb müssen die zahlreichen Kletteräste sehr weit oben angebracht werden bzw. bis dorthin reichen. Weiterhin ist eine Kletterrückwand ratsam. Für den Bodengrund nimmt man Torf, Blumenerde oder Terrarienhumus. Dichte Bepflanzung als Versteck- und Rückzugsmöglichkeit darf ebenfalls nicht fehlen. Winterruhe mit gesenkter Temperatur, Luftfeuchte und Beleuchtungsdauer ist zur Zucht nötig.

NAHRUNG 2–3-mal pro Woche Wachsmaden, Heimchen, Heuschrecken, Zophobas, Mehlwürmer.

Kragenechse
Chlamydosaurus kingii

VERBREITUNG Nordwesten bis Nordosten Australiens, Süden Neuguineas.

MERKMALE Länge knapp 1 m, davon ⅔ Schwanz. Die Kragenechse öffnet bei Gefahr das Maul und stellt so den grell gefärbten Kragen auf. Sie stellt sich auf die Hinterbeine, zischt, schlägt mit dem Schwanz.

HALTUNG 200×100×200 cm groß sollte das Terrarium mindestens sein, wenn man ein Paar adulter Kragenechsen pflegen möchte – ein größeres wäre besser. Für die Einrichtung wählt man Sand als Bodengrund; die Rückwand sollte als Kletterwand gestaltet werden. Dicke senkrechte Kletteräste und Wurzeln werden so platziert, dass die Tiere von Ast zu Ast springen können. Als Rückzugsorte und Verstecke dienen Korkröhren mit großem Durchmesser und großblättrige Kunstpflanzen. Steine zum Klettern und Abwetzen der Krallen sind ebenso wichtig wie eine flache Badeschale am Boden und ein flacher Wassernapf auf erhöhter Position.

NAHRUNG Grillen, Heimchen, Heuschrecken. Mehlwürmer, Zophobas, Wachsmotten- und Rosenkäferlarven nur selten.

Ordnung Schuppenkriechtiere
Unterordnung Echsen
Familie Agamen

Schwierigkeitsgrad 3
Terrarientyp Trockenterrarium, UV-Bestrahlung
Temperatur T: 28–30 °C, S: 35 °C, N: 18–20 °C
Luftfeuchtigkeit 50 %
Haltung Paar oder Gruppe mit 1 Männchen
Aktivität tagaktiv
Lebensweise baumlebend
Winterruhe ab 18. Lebensmon.; 6–8 Wo. bei 12–18 °C
Fortpflanzung eierlegend
Artenschutz nein

Weibchen sind oft filigraner gebaut und leichter.

Große Winkelkopfagame
Gonocephalus grandis

Ordnung Schuppenkriech-
tiere
Unterordnung Echsen
Familie Agamen

Schwierigkeitsgrad 3
Terrarientyp Feuchtterra-
rium, UV-Bestrahlung
Temperatur T: 27–30 °C,
N: 20 °C
Luftfeuchtigkeit 75–95 %
Haltung Paar
Aktivität tagaktiv
Lebensweise baumbewoh-
nend
Fortpflanzung eierlegend
Artenschutz nein

Sehr stressanfällig, ausge-
prägtes Fluchtverhalten;
daher keine Vergesell-
schaftung mit anderen
Tieren.

VERBREITUNG Sumatra, Borneo, Malaysia und Thailand.

MERKMALE Länge etwa 55 cm, davon ⅔ Schwanz.
Männliche Winkelkopfagamen haben eine grünliche Oberseite und einen blau gefärbten Bauch; die
Seiten sind mit gelben Flecken gezeichnet. Sie sind
größer und haben einen höheren Rückenkamm. Die
Oberseite der Weibchen ist braun, der Bauch weiß
bis gelblich.

HALTUNG Ein Paar adulte Winkelkopfagamen hält
man in einem Terrarium von 180×100×180 cm
Größe. Der Boden aus Erde-Torf-Gemisch sollte 10–
15 cm hoch sein und leicht feucht gehalten werden.
Zumindest die Rückwand richtet man zum Klettern
her; günstiger wären zusätzlich auch die Seitenwände. Weiterhin werden senkrechte und waagerechte
Kletteräste benötigt und dichte Bepflanzung als
Deckungs- und Rückzugsmöglichkeit. Wichtig ist
ein größeres Wasserbecken oder ein Wasserlauf
(empfohlen!).

NAHRUNG Heimchen, Grillen, Heuschrecken,
Zophobas; z.T. auch Nacktmäuse.

Chinesische Bergagame
Japalura splendida

VERBREITUNG China, Südosten Tibets, in Bergregenwäldern bis 3000 m.

MERKMALE Länge 35 cm. Männchen sind größer, haben eine braune Grundfarbe und 2 hellgrüne Streifen vom Hals bis zum Schwanzansatz; die Grundfarbe der Weibchen ist eher grün.

HALTUNG Für ein Paar Bergagamen ist ein Terrarium von 100×50×100 cm Größe notwendig. Neben der Einrichtung mit waagerechten und senkrechten Kletterästen sowie vielen Pflanzen ist absolute Sauberkeit unumgänglich, um Infektionen zu vermeiden – Chinesische Bergagamen sind nämlich extrem anfällig für (Darm-)Krankheiten. Weiterhin benötigen die Tiere einen Bachlauf – ein Wasserfall aus dem Fachhandel oder ein kleiner Zimmerspringbrunnen leisten gute Dienste. Der „Bach" sollte allerdings langsam fließen und das Wasser nur etwa einen Zentimeter tief sein, damit die Tiere nicht ertrinken.

NAHRUNG Abwechslungsreich: Wachsmotten, Grillen, mittelgroße Heimchen, Heuschrecken und Würmer.

Synonym Grüne Bergagame
Ordnung Schuppenkriechtiere
Unterordnung Echsen
Familie Agamen

Schwierigkeitsgrad 4
Terrarientyp Regenwaldterrarium, UV-Bestrahlung
Temperatur T: 25–28 °C; S: ca. 40 °C; N: 22 °C
Luftfeuchtigkeit T: 70 %; N: 80 %
Haltung Paar oder Gruppe mit 1 Männchen
Aktivität Tag
Lebensweise baum- u. felsbewohnend
Winterruhe 10–12 Wo. bei 6–8 °C
Fortpflanzung eierlegend
Artenschutz nein

Sehr stressanfällig.

Schwarze Felsenagame
Laudakia melanura

Synonyme Schwarzagame, Schwarze Pakistanagame
Ordnung Schuppenkriechtiere
Unterordnung Echsen
Familie Agamen

Schwierigkeitsgrad 2
Terrarientyp Trockenterrarium, UV-Bestrahlung
Temperatur T: 26–35 °C, S: bis 50 °C, N: 16–20 °C
Haltung einzeln oder Paar
Aktivität tagaktiv
Lebensweise felsbewohnend
Fortpflanzung eierlegend
Artenschutz nein

Sehr flink, kletterfreudig; kann handzahm werden.

VERBREITUNG Pakistan.

MERKMALE Länge bis 40 cm (Männchen) bzw. 30 cm (Weibchen). Männchen der Schwarzen Felsenagame haben eine rundum schwarze oder dunkelbraune Grundfärbung und einen dreieckigen Kopf. Weibchen sind an ihrer Unterseite und um die Augen herum hell gefärbt.

HALTUNG 150×50×150 cm Größe sind das Minimum für ein Paar; ein größeres, vor allem höheres Terrarium ist aber ratsam. Besonders wichtig sind Felswände und einsturzsichere Steinaufbauten. Auch dicke Äste können weitere Klettermöglichkeiten bieten. Der Bodengrund ist nicht so wichtig; man kann Sand einbringen und zusätzlich ein paar Steine platzieren. Künstliche Bepflanzung sollte an den Kletterwänden angebracht werden; sie muss stabil und dicht genug sein, um als Schlafplatz dienen zu können. Wichtig ist auch ein Trinkgefäß. Männchen sind sehr wählerisch und akzeptieren zur Paarung nicht jedes Weibchen.

NAHRUNG Heimchen, Grillen, junge Heuschrecken, junge Schaben.

Schleuderschwanzechse
Laudakia stellio spec.

VERBREITUNG Südosteuropa, Südwestasien, Nord-ostafrika.

MERKMALE Länge 20–35 cm, davon 50 % Schwanz. 6 Unterarten. Die Färbung ist je nach Lebensraum und Unterart variabel. Das dominierende Männchen zeigt sich in der Gruppe in den kräftigsten Farben.

HALTUNG Für 3 sehr agile Schleuderschwanzechsen erscheint die Mindestterrariengröße viel zu klein. Mit einem Becken von 200×100×100 cm schafft man genügend Bewegungsfreiraum. Für die Einrichtung werden Wurzeln, große Steine (fest verankert), Baumstämme und ein Trinkgefäß benötigt. Außerdem müssen mit Steinen Terrassen angelegt werden, damit dahinter und darunter Höhlen zum Verstecken entstehen. Die Tiere brauchen sehr helles Licht; es sollte mehrmals in der Woche gesprüht werden. Die Temperaturen müssen unbedingt an die des Herkunftsgebietes angepasst werden.

NAHRUNG Typische Insekten; auch pflanzliche Kost, wie Blüten, Wegerichblätter, Vogelmiere, Klee, Löwenzahn, Wildkräuter.

Synonyme früher *Agama stellio*; Hardun
Ordnung Schuppenkriechtiere
Unterordnung Echsen
Familie Agamen

Schwierigkeitsgrad 2
Terrarientyp Trockenterrarium, UV-Bestrahlung
Temperatur herkunftsabh.; T: 25–35 °C, S: 45–55 °C, N: Zimmertemp.
Luftfeuchtigkeit 30–50 %
Haltung Gruppe mit 1 Männchen
Aktivität tagaktiv
Lebensweise felsbewohnend
Winterruhe herkunftsabh.; europ. Tiere 2–3 Mon. bei 8–12 °C
Fortpflanzung eierlegend
Artenschutz 3

Einzige europ. Agamenart.

Schmetterlingsagame
Leiolepis belliana belliana

Synonym Echte Schmetterlingsagame
Ordnung Schuppenkriechtiere
Unterordnung Echsen
Familie Agamen

Schwierigkeitsgrad 2
Terrarientyp Trockenterrarium, UV-Bestrahlung
Temperatur T: 28–35 °C, S: 45–55 °C, N: 22 °C
Haltung Paar oder Gruppe
Aktivität tagaktiv
Lebensweise bodenlebend
Fortpflanzung eierlegend
Artenschutz nein

Lebt monogam, doch Männchen sind sehr wählerisch. So kann es bei Paarhaltung vorkommen, dass sich niemals Nachwuchs einstellt.

VERBREITUNG Thailand und Malaysia.

MERKMALE Länge bis 45 cm. Charakteristisch ist die Farbenpracht der Schmetterlingsagame: Gelbe Längsstreifen und Punkte zieren den Rücken, orangerote und schwarze Streifen die Flanken. Die Grundfarbe variiert zwischen Oliv und Dunkelgrau. Männchen haben zur Paarungszeit vergrößerte Femoralporen.

HALTUNG Ein Paar kann man in einem Terrarium mit den Maßen 200×70×100 cm halten. Für die sehr agilen Tiere, die auch atemberaubende Sprints hinlegen können, wäre jedoch mehr Bodenfläche ratsam. Als Bodengrund dient 30–50 cm hohes Sand-Lehm-Gemisch; ein Teil sollte feuchter gehalten werden. Hier sollten die Temperaturen etwas unter 28 °C liegen. Weiterhin werden Äste, Wurzeln und Steinaufbauten (einsturzsicher) zum Klettern benötigt. Auch eine Kletterrückwand ist von Vorteil. Wichtig ist eine Trinkschale. Die Tiere brauchen einen Tag/Nacht-Rhythmus mit 12–14 h sehr heller Beleuchtung.

NAHRUNG Insekten und Pflanzen.

Grüne Wasseragame
Physignathus cocincinus

VERBREITUNG Südostasien.

MERKMALE Länge maximal 1 m. Die Grundfarbe variiert von Blatt- über Oliv- bis hin zu Blaugrün und zeigt eine creme- oder beigefarbene Bänderung. Diese wird am Schwanz von dunkelbraunen Streifen unterbrochen, die zur Schwanzspitze hin immer breiter werden. Männchen sind deutlich größer und haben einen ausgeprägteren Rückenkamm.

HALTUNG Für ein Paar Grüne Wasseragamen benötigt man ein Terrarium von mindestens 200×100× 200 cm Größe. Dicke Kletteräste sind wichtig und sollten teilweise waagerecht über dem Wasserteil angebracht werden. Das Wasser muss mindestens 25 cm tief sein, da sich die Agamen bei Gefahr oder Stress dort hineinfallen lassen. Den Spotstrahler richtet man auf die Äste über dem Wasser. Die Tiere liegen gern faul in der Sonne, können aber sehr flink sein. Die Weibcen benötigen einen grabfähigen Bodengrund.

NAHRUNG Insekten, Würmer, kleine Säuger. Fische und Obst oftmals nur, wenn die Tiere schon seit Jugend daran gewöhnt sind.

Ordnung Schuppenkriechtiere
Unterordnung Echsen
Familie Agamen

Schwierigkeitsgrad 2
Terrarientyp Aquaterrarium mit 60–70 % Wasseranteil, UV-Bestrahlung
Temperatur T: 25–29 °C, S: 40–45 °C, W: 25 °C, N: 22 °C
Luftfeuchtigkeit 80–90 %
Haltung Paar oder Gruppe mit 1 Männchen
Aktivität tagaktiv
Lebensweise baumbewohnend
Fortpflanzung eierlegend
Artenschutz nein

Kann recht zahm werden und frisst dem Halter aus der Hand.

Australische Wasseragame
Physignathus lesueurii

Ordnung Schuppenkriech-
tiere
Unterordnung Echsen
Familie Agamen

Schwierigkeitsgrad 2
Terrarientyp Aquaterrarium
mit 50 % Wasseranteil, UV-
Bestrahlung
Temperatur T: 26–28 °C,
S: 40 °C, W: 25 °C, N: 20 °C
Luftfeuchtigkeit T: 70 %,
N: 90 %
Haltung Paar oder Gruppe
mit 1 Männchen
Aktivität tagaktiv
Lebensweise baumbewoh-
nend
Winterruhe Okt.–Dez. bei
18 °C
Fortpflanzung eierlegend
Artenschutz nein

Neigt zu Übergewicht.

VERBREITUNG Östliches Australien. Diese Art ist
immer in Wassernähe anzutreffen.

MERKMALE Länge bis 95 cm, 2 Unterarten. Färbung
und Zeichnungen dieser Wasseragame variieren je
nach Unterart. Charakteristisch sind kräftige, zum
Schwimmen geeignete Gliedmaßen und ein auffälliger Rückenkamm. Männchen sind größer und
haben einen massigeren Kopf.

HALTUNG Für ein Paar ist ein Becken mit den Maßen
160×100×160 cm erforderlich; größer und vor
allem höher darf es gern sein. Am wichtigsten sind
dicke Kletteräste; die waagerechten sollten über
dem Wasserteil angebracht und direkt vom Sonnen-
spot angestrahlt werden. Ist Gefahr im Verzug, lassen sich die Tiere vom Ast ins Wasser fallen. Dichte,
stabile Bepflanzung darf nicht giftig sein, da sich die
Tiere teilweise pflanzlich ernähren. Man kann auch
Kunstpflanzen verwenden.

NAHRUNG Jedes Exemplar dieser Art hat seine eigenen Vorlieben – also alles testen: Muscheln, Stinte,
große Insekten, Krebstiere, junge Mäuse, Löwenzahnblüten o. Ä. und Obst.

Zwergbartagame
Pogona henrylawsoni

VERBREITUNG Australien: Queensland und daran angrenzende Gebiete. Die Zwergbartagame lebt in der Halbwüste auf sog. Schwarzerdeböden.

MERKMALE Länge 25–30 cm, davon 50 % Schwanz. Die Tiere sind sandfarben mit Musterung und haben kurze, kräftige Gliedmaßen. Männchen sind meist kleiner, schlanker, aber mit breiterem Kopf, sichtbaren Hemipenistaschen und stärkeren Femoralporen.

HALTUNG Für ein Paar wird ein Terrarium von mindestens 150×80×80 cm Größe benötigt. Der Bodengrund aus einem Sand-Lehm-Gemisch muss zumindest 15 cm (besser 20 cm) hoch sein, denn Zwergbartagamen graben sehr gern. Zum Klettern und Springen sollten zahlreiche Äste und Steine in entsprechenden Abständen vorhanden sein. Versteck- und Rückzugsmöglichkeiten, wie z. B. Korkrinden, dürfen ebenso nicht fehlen. Wichtig ist eine Badegelegenheit, die jedoch nicht tief sein sollte.

NAHRUNG Heuschrecken, Grillen, Zophobas, Obst, Gemüse, Klee, Löwenzahn und Wachsmaden. Keinen Kohl oder Salate füttern – Gefahr von Blähungen.

Synonym Lawson's Bartagame
Ordnung Schuppenkriechtiere
Unterordnung Echsen
Familie Agamen

Schwierigkeitsgrad 1
Terrarientyp Trockenterrarium, UV-Bestrahlung
Temperatur T: 27–35 °C, S: bis 40 °C, N: 20–22 °C
Haltung einzeln, Paar oder Gruppe mit 1 Männchen + 2–3 Weibchen
Aktivität tagaktiv
Lebensweise bodenlebend
Winterruhe 8–10 Wo. bei 16–20 °C
Fortpflanzung eierlegend
Artenschutz nein

Klettert, rennt und springt gern. Wird recht zahm.

Bartagame
Pogona vitticeps

Synonym Streifenköpfige Bartagame
Ordnung Schuppenkriechtiere
Unterordnung Echsen
Familie Agamen

Schwierigkeitsgrad 2
Terrarientyp Trockenterrarium, UV-Bestrahlung
Temperatur T: 30–35 °C (Durchschnitt), S: 45–55 °C
Luftfeuchtigkeit T: 30–40 %, N: 60 %
Haltung Gruppe 1 Männchen + 2 Weibchen
Aktivität tagaktiv
Lebensweise bodenlebend
Fortpflanzung eierlegend
Artenschutz nein

Männchen haben sehr starken Fortpflanzungstrieb, der ein einzelnes Weibchen stressen kann.

VERBREITUNG Australien, Binnenland des Ostens bis zur östlichen Hälfte des Südens, südöstlicher Teil des Nordterritoriums.

MERKMALE Länge 55–60 cm. Alter bis 15 Jahre. Männchen haben meist einen breiteren Kopf und eine dickere Schwanzwurzel. Diverse farbliche Zuchtvarianten im Handel.

HALTUNG Für ein Paar adulter Bartagamen benötigt man ein Terrarium von 150×120×90 cm Größe. Als Bodengrund nimmt man Sand oder Sand-Lehm-Gemisch von 15–20 cm Höhe, da die Tiere gern graben. Steine, Äste und Rinde werden als Sonnen- und Aussichtsplatz in erhöhter Position platziert. Als Verstecke eignen sich z. B. Korkröhren – eine für jedes Tier; sie muss genügend Bewegungsspielraum bieten. Eine Kletterrückwand ist ratsam. Wichtig ist eine flache Wasserschale, die manchmal auch zum Baden genutzt wird.

NAHRUNG Jungtiere erhalten 90 % tier. u. 10 % pflanzl. Kost, Adulte 70 % pflanzl u. 30 % tier. Futter, z. B. Heimchen, Grillen, Heuschrecken, Salat, Gemüse, ab und zu mundgerecht zerkleinertes Obst.

Geyr's Dornschwanzagame
Uromastyx geyri

VERBREITUNG Süd-Algerien, Nord-Mali, Norden des Niger.

MERKMALE Länge bis 38 cm. Es gibt 2 unterschiedliche Farbformen. So ist ihre Grundfärbung entweder leuchtend rot oder gelb; an den Unterseiten meistens intensiver. Der Rücken ist mit graubraunen Schnörkeln versehen. Männchen sind größer, intensiver gefärbt und verfügen über ausgeprägte Femoralporen.

HALTUNG Mindestens 130×80×120 cm groß sollte das Terrarium für ein Paar dieser Dornschwanzagamen sein. Für den Bodengrund mischt man Sand mit etwas Lehm. Einsturzsichere Fels- und Steinaufbauten werden zum Teil auch als Höhlen gebaut. Die Rückwand sollte ebenfalls felsig gestaltet werden. Weiterhin sind Wurzeln und eine Wasserschale erforderlich. 3–4-mal pro Woche wird mit lauwarmem Wasser gesprüht.

NAHRUNG Hauptsächlich vegetarisch, z. B. Salat, Reis, Möhren, Löwenzahn und Blüten. Wenig tierische Kost, wie etwa Heimchen, Grillen und Heuschrecken.

Ordnung Schuppenkriechtiere
Unterordnung Echsen
Familie Agamen

Schwierigkeitsgrad 2
Terrarientyp Trockenterrarium, UV-Bestrahlung
Temperatur T: 30–35 °C, S: 40–50 °C, N: 24–26 °C
Haltung Paar
Aktivität tagaktiv
Lebensweise boden- u. felsbewohnend
Fortpflanzung eierlegend
Artenschutz 4

Im Terrarium muss ein Temperaturgefälle geschaffen werden, sodass es auch Stellen mit Temperaturen knapp unter 30 °C gibt.

Geschmückte Dornschwanzagame
Uromastyx ocellata

Synonym Geschmückter Dornschwanz
Ordnung Schuppenkriechtiere
Unterordnung Echsen
Familie Agamen

Schwierigkeitsgrad 2
Terrarientyp Halbfeuchtterrarium, UV-Bestrahlung
Temperatur T: 28–35 °C, S: bis 45 °C, N: 18–20 °C
Luftfeuchtigkeit 50–60 %
Haltung Paar
Aktivität tagaktiv
Lebensweise bodenlebend
Winterruhe 3 Mon. bei 10–15 °C
Fortpflanzung eierlegend
Artenschutz 4

Scheidet überflüssige Salze über Nasendrüsen aus.

VERBREITUNG Wüstengebiete im Sudan östlich des Nils.

MERKMALE Länge 31 cm. Die Färbung der Männchen ist entweder olivgrün oder rot mit schwarzen Flecken; bei den Weibchen ist niemals rote Färbung vorhanden. Männchen sind größer, haben einen größeren Kopf und eine spitzere Schnauze. Auch Weibchen sind häufig territorial.

HALTUNG Ein Paar Geschmückte Dornschwanzagamen hält man in einem Terrarium von 120×80×60 cm Größe. Für den Bodengrund wird grabfähiges Substrat von bis zu 30 cm Höhe benötigt; kein feiner Sand, denn die Tiere graben gern Wohnhöhlen. Korkäste und -rinden als Verstecke und zum Klettern dürfen nicht fehlen. Zusätzlich können Steinbauten (einsturzsicher!) errichtet werden. Eine helle Beleuchtung ist unabdingbar und sollte bis zu 14 h täglich erfolgen.

NAHRUNG Vorwiegend vegetarisch, z. B. Reis, Hirse, Wegerich- und Weinblätter, Sonnenblumenkerne, Löwenzahn, Mais. Tierische Kost: Heuschrecken, Grillen, Schaben.

Große Biberschwanzagame
Xenagama batilifera

VERBREITUNG Hond-Hochebene in Äthiopien (2000 bis über 3000 m Höhe).

MERKMALE Länge 15–20 cm. Männchen zeigen eine deutlichere, blaue Kehlfärbung, gelbliche Flanken und ockergelbe Präanalporen.

HALTUNG Für ein Paar Große Biberschwanzagamen braucht man ein Terrarium mit den Maßen 100× 60×50 cm und einem mindestens 20 cm hohen Erde-Sand-Boden. Jedes Tier braucht seinen eigenen Sonnenplatz wie auch eine Höhle für sich. Als Rückzugs- und Deckungsmöglichkeiten eignen sich Steine, Wurzeln und Felsaufbauten, die unbedingt einsturzsicher angelegt werden müssen. Die Rückwand sollte nicht nur felsig gestaltet werden, sondern dazu auch noch Spalten aufweisen. Die Biberschwanzagame flüchtet nämlich bei Gefahr in Felsspalten oder selbst gegrabene Höhlen, die im Winkel von fast 30° in die Tiefe führen. Komplettiert wird die Einrichtung durch ein kleines, flaches Wassergefäß.

NAHRUNG Insekten, pflanzliche Kost in Form von Blüten und Blättern.

Synonym *Xenagama batilifera*
Ordnung Schuppenkriechtiere
Unterordnung Echsen
Familie Agamen

Schwierigkeitsgrad 2
Terrarientyp Trockenterrarium, UV-Bestrahlung
Temperatur T: 30–32 °C, S: 40 °C, N: 25–27 °C
Luftfeuchtigkeit T: 40 %, N: bis 70 % ansteigend
Haltung Paar
Aktivität tagaktiv
Lebensweise boden- u. felsbewohnend
Fortpflanzung eierlegend
Artenschutz nein

Gruppenhaltung nur in Großterrarien mit senkrechten Sichtblenden, da innerartlich aggressiv.

Taylor's Biberschwanzagame
Xenagama taylori

Ordnung Schuppenkriech-tiere
Unterordnung Echsen
Familie Agamen

Schwierigkeitsgrad 2
Terrarientyp Trockenterra-rium, UV-Bestrahlung
Temperatur T: 26–30°C, S: bis 50 °C, N: 20–22 °C
Luftfeuchtigkeit 50–60 %
Haltung einzeln, Paar oder Gruppe mit 1 Männchen
Aktivität tagaktiv
Lebensweise bodenlebend
Fortpflanzung eierlegend
Artenschutz nein

Legt Wohnröhren an.

VERBREITUNG Äthiopien und Somalia. Diese Aga-menart ist in trockenen, sandigen Gebieten in 1000–1200 m Höhe anzutreffen.

MERKMALE Länge maximal 14 cm. Die Grundfarbe von Taylor's Biberschwanzagame besteht aus ver-schiedenen Brauntönen. Männchen sind in der Lage, Teile des Kopfes bis zur Brust hin blau zu färben.

HALTUNG Mindestens 100×50×50 cm groß sollte das Terrarium für ein Paar dieser Art sein. Für den Bodengrund verwendet man z. B. Sand oder eine Mischung aus Sand und Erde. Wichtig ist, dass das Substrat 10–20 cm hoch und grabfähig, aber fest genug ist, damit angelegte Wohnröhren nicht ein-stürzen. Dieses Wohnröhrensystem kann beachtli-che Ausmaße erreichen. Zum Klettern werden Äste, Korkrinde und ähnliche Gegenstände verwendet. Als Sonneninseln eignen sich mehrere Steine.

NAHRUNG Sowohl tierisch als auch pflanzlich: Gril-len, Heuschrecken, Heimchen, Wachsraupen, Löwenzahn, Taubnesseln, Vogelmiere, Wildkräuter, Breit- und Spitzwegerich.

Jemenchamäleon
Chamaeleo calyptratus

VERBREITUNG Arabische Halbinsel von Saudi-Arabien bis Jemen.

MERKMALE Länge bis 60 cm. Typisch sind der schmale, recht hohe Körper und der bis zu 8 cm große Helm auf dem Kopf. Es gibt farblich und in der Größe abweichende Lokalvarietäten. Das Jemenchamäleon ändert seine Farbe zu Tarnzwecken und auch stimmungsabhängig. Männchen tragen einen Fersensporn an den Hinterbeinen.

HALTUNG Für ein Exemplar wird ein großes Terrarium mit den Maßen 120×60×150 cm benötigt; höher wäre besser. Erde oder ein Torf-Erde-Gemisch ist als Bodengrund geeignet. Viele Pflanzen und waage- und senkrechte Äste dienen zum Klettern wie auch als Rückzugs- und Versteckmöglichkeit. Stehendes Wasser wird verschmäht – die Tiere brauchen daher zur Trinkwasseraufnahme einen Dripper oder Wasserfall. Besonders wichtig ist ausreichende Belüftung (Gazedeckel für das Terrarium).

NAHRUNG Fruchtfliegen, Heimchen, Heuschrecken, ab und zu Salat und Obst. Mehlwürmer und Maden nur äußerst selten!

Ordnung Schuppenkriechtiere
Unterordnung Echsen
Familie Chamäleons

Schwierigkeitsgrad 4
Terrarientyp Halbfeuchtterrarium, UV-Bestrahlung
Temperatur T: 25–30 °C, S: bis 40 °C, N: um 20 °C
Luftfeuchtigkeit 50–60 %
Haltung einzeln
Aktivität tagaktiv
Lebensweise baumbewohnend
Winterruhe 2–3 Mon. bei 20–25 °C
Fortpflanzung eierlegend
Artenschutz 4

Bei zu eiweiß- und fetthaltiger Nahrung und zu häufiger Fütterung anfällig für Organverfettung und Gicht.

Lappenchamäleon
Chamaeleo dilepis

Ordnung Schuppenkriech-
tiere
Unterordnung Echsen
Familie Chamäleons

Schwierigkeitsgrad 3
Terrarientyp Halbfeuchtter-
rarium, UV-Bestrahlung
Temperatur T: 25–30 °C,
S: 32–35 °C, N: 18–22 °C
Luftfeuchtigkeit T: 50–60 %,
N: 80–90 %
Haltung einzeln
Aktivität tagaktiv
Lebensweise baumlebend
Fortpflanzung eierlegend
Artenschutz 4

Untereinander sehr unver-
träglich; daher einzeln
halten.

VERBREITUNG Ostafrika.

MERKMALE Länge maximal 42 cm. Die Färbung ist
recht variabel, da sie auch herkunftsabhängig ist. Es
gibt Lappenchamäleons mit grüner, brauner, gelber
oder gar hellblauer Grundfarbe und unterschiedlicher Zeichnung, die aber oftmals aus Punkten
besteht. Weibchen sind größer, Männchen haben
einen Fersensporn.

HALTUNG Für ein Exemplar sollte ein Terrarium von
60×60×100–120 cm Größe zur Verfügung stehen.
Die Mindestgröße (50×50×80 cm) ist nicht empfehlenswert. Auch hier wird ausreichend Frischluft
benötigt, sodass ein Gazedeckel für das Becken notwendig ist. Ebenso wichtig ist ein Dripper oder Wasserlauf zur Trinkwasserversorgung; stehendes Wasser ignorieren die Tiere. Die weitere notwendige
Einrichtung besteht aus 10 cm Sand-Lehm-Boden,
Ästen, Zweigen und einem Pflanzendickicht zum
Klettern und Verstecken. Es sollte täglich lauwarm
gesprüht werden.

NAHRUNG Fliegen, Heuschrecken, Grillen, Heimchen, Insektenlarven.

Zierliches Chamäleon
Chamaeleo gracilis

VERBREITUNG Ostafrika. Das Zierliche Chamäleon bewohnt Buschwerk und Gestrüpp in Savannen wie auch in Randbereichen des tropischen Regenwaldes. **MERKMALE** Länge maximal 33 cm (Weibchen 31 cm). Grüne, graue oder braune Farbtöne machen die Grundfärbung aus. Zusätzlich sind dunkle Zeichnungen auf dem Körper vorhanden.

HALTUNG Für ein Tier empfiehlt sich ein Terrarium von 50×50×80 cm Größe. Sowohl die Seitenwände als auch die Rückwand sollten mit Kork- oder Kokosplatten versehen werden. Zahlreiche Äste und dichte Bepflanzung zum Klettern und als Rückzugsmöglichkeit sind ebenfalls notwendig. Die Terrarienabdeckung sollte aus Gaze bestehen, um ausreichende Belüftung zu gewährleisten. Für die nötige Luftfeuchtigkeit muss einmal täglich gesprüht werden. Ein Dripper oder Zimmerbrunnen zur Trinkwasserversorgung darf nicht fehlen. Die Beleuchtung muss 14 Stunden am Tag erfolgen.

NAHRUNG Heuschrecken und Heimchen, Spinnen, Schaben sowie nestjunge Mäuse sind als Futter geeignet.

Synonyme Fleckenchamäleon, Fersenspornchamäleon
Ordnung Schuppenkriechtiere
Unterordnung Echsen
Familie Chamäleons

Schwierigkeitsgrad 3
Terrarientyp Halbfeuchtterrarium, UV-Bestrahlung
Temperatur T: 28 °C, S: 32 °C, N: 20 °C
Luftfeuchtigkeit T: 50–60 %, N: ca. 80 %
Haltung einzeln
Aktivität tagaktiv
Lebensweise strauchbewohnend
Fortpflanzung eierlegend
Artenschutz 4

Sehr lebhaft und zutraulich.

Dreihornchamäleon
Chamaeleo jacksoni

Synonyme *Ch. jacksonii,*
Jackson's Dreihornchamä-
leon, Ostafr. Dreihornch.
Ordnung Schuppenkriech-
tiere
Unterordnung Echsen
Familie Chamäleons

Schwierigkeitsgrad 3
Terrarientyp Feuchtterra-
rium, UV-Bestrahlung
Temperatur T: 24–28 °C,
N: 14–18 °C
Luftfeuchtigkeit T: 60–70 %,
N: 80–90 %
Haltung einzeln
Aktivität tagaktiv
Lebensweise baumbewoh-
nend
Fortpflanzung lebend gebä-
rend
Artenschutz 4

Winterruhe bei etwas ab-
gesenkter Temperatur.

VERBREITUNG Kenia und Tansania; auf Hawaii und
in Kalifornien eingeschleppt.

MERKMALE Länge maximal 35 cm. Das Dreihorncha-
mäleon hat einen ausgeprägten Rückenkamm. Die
territorialen Männchen haben drei Hörner auf der
Schnauze, Weibchen kleinere bzw. gar keine. Die Färbung variiert je nach Unterart von Gelb- bis Dunkelgrün. Teilweise ist eine schwarze oder gelbe Zeichnung vorhanden. Weibliche Tiere können zweimal
im Jahr gebären.

HALTUNG Das Terrarium für ein Dreihornchamä-
leon sollte 80×60×120 cm groß sein; im Großter-
rarium ist auch Paarhaltung möglich. Für die Einrichtung werden Kletteräste und Pflanzen benötigt.
Die Bepflanzung sollte dicht sein, da sie als weitere
Klettermöglichkeit und auch zum Verstecken genutzt wird. Eine Tropftränke oder ein Zimmerbrunnen für die Trinkwasseraufnahme ist lebensnotwendig. Für eine gute Belüftung kann ein Gazedeckel verwendet werden. Bitte Zugluft unbedingt
vermeiden!

NAHRUNG Insekten und Schnecken.

Meller's Riesenchamäleon
Chamaeleo melleri

VERBREITUNG Ostafrika.

MERKMALE Länge bis 60 cm. Alter bis 12 Jahre. Die Grundfarbe von Meller's Riesenchamäleon ist meist schmutzig grün mit gelben Querstreifen und dunkelgrünen Punkten. Auf dem Rücken und dem Schwanz trägt es einen gewellten, niedrigen Hautkamm.

HALTUNG Als Minimum für ein Tier sollte ein Terrarium mit den Maßen 120×100×120 cm verfügbar sein; mehr Höhe wäre allerdings ratsam. Das Becken muss gut belüftet werden (Gazedeckel) und einen Boden aus Torf-Sand-Gemisch vorweisen. Daumendicke, stabile Äste sollten in der Hauptsache horizontal eingebracht werden. Das Chamäleon bevorzugt Pflanzen als Versteck- und Rückzugsmöglichkeit; kleinblättrige Arten wie z. B. *Schefflera* sollten demnach dicht und üppig gepflanzt werden. Ein Dripper oder Zimmerbrunnen dient zur Flüssigkeitsaufnahme, denn Chamäleons ignorieren stehendes Wasser.

NAHRUNG Typische Futterinsekten; adulte Tiere fressen auch nestjunge Mäuse.

Synonym Elefantenohr-Chamäleon
Ordnung Schuppenkriechtiere
Unterordnung Echsen
Familie Chamäleons

Schwierigkeitsgrad 3
Terrarientyp Halbfeuchtterrarium, UV-Bestrahlung
Temperatur T: 26–27 °C, N: 18–20 °C
Luftfeuchtigkeit T: 50–60 %, N: 80–90 %
Haltung einzeln, Paar oder 2 Weibchen
Aktivität tagaktiv
Lebensweise baumbewohnend
Fortpflanzung eierlegend
Artenschutz 4

Meidet direktes Sonnenlicht und hohe Temperaturen.

Madagaskar-Chamäleon
Furcifer oustaleti

Synonyme Riesenchamäleon, Madagaskar-Riesenchamäleon
Ordnung Schuppenkriechtiere
Unterordnung Echsen
Familie Chamäleons

Schwierigkeitsgrad 3
Terrarientyp Halbfeuchtterrarium, UV-Bestrahlung
Temperatur 22–35 °C
Luftfeuchtigkeit ca. 50–60 %
Haltung einzeln oder Paar
Aktivität tagaktiv
Lebensweise baumlebend
Fortpflanzung eierlegend
Artenschutz 4

Trächtige Weibchen sind untereinander genauso unverträglich wie männliche Tiere.

VERBREITUNG Madagaskar.

MERKMALE Länge 70–80 cm. Männliche Tiere haben lediglich eine Art Tarnfarbe in schmutzigen Grau- und Brauntönen, die farbenfroheren Weibchen zeigen dagegen zusätzliche Gelb-, Rot- oder Grüntöne.

HALTUNG Ein Terrarium der Größe 120×70×200 cm ist für ein Paar Madagaskar-Chamäleons angemessen. Der Bodengrund sollte aus Terrarienerde bestehen. Hält man ein Weibchen, sollte dessen Höhe mindestens 30 cm betragen, um Legenot vorzubeugen. Die Tiere benötigen stabile Äste und Zweige zum Klettern sowie eine dichte Bepflanzung, um sich zu verstecken. Besonders wichtig ist ein Dripper oder Zimmerspringbrunnen, denn die Tiere trinken nur bewegtes Wasser. Eine gute Belüftung ohne Zugluft ist lebensnotwendig. Hilfreich ist hier eine Seite oder die Abdeckung des Beckens mit Gaze statt Glas.

NAHRUNG Gefüttert werden Grillen, Heimchen, Heuschrecken, Wiesenplankton, Schaben, Fliegen und Asseln.

Pantherchamäleon
Furcifer pardalis

VERBREITUNG Madagaskar.

MERKMALE Länge 55 cm (Männchen), Weibchen sind ca. 20 cm kleiner. Das Pantherchamäleon ist je nach Verbreitungsgebiet und Lokalform unterschiedlich gefärbt; Männchen sind auffälliger.

HALTUNG Mindestens 60×60×120 cm sollte das Terrarium groß sein; mehr Höhe wäre allerdings besser. Wichtig sind Klettergelegenheiten in Form von Ästen, die aber nur so dick sein dürfen, dass das Chamäleon sie noch umfassen kann. Eine Rück- wand aus Kork- oder Kokosplatten sollte ebenfalls zur Einrichtung gehören. Zur ausreichenden Belüf- tung sollte entweder die Abdeckung oder eine Seite aus Gaze bestehen. Die erforderliche Luftfeuchtig- keit erreicht man am besten durch einen Vernebler aus dem Fachhandel. Auch diese Art benötigt einen Dripper (Tropftränke) oder Zimmerbrunnen, da nur bewegtes Wasser als trinkbar erachtet wird. In Gefangenschaft kann das Pantherchamäleon ein Alter von 4 Jahren erreichen.

NAHRUNG Insekten und Babymäuse; Maden und Raupen nur selten und in geringer Anzahl!

Ordnung Schuppenkriech- tiere
Unterordnung Echsen
Familie Chamäleons

Schwierigkeitsgrad 3
Terrarientyp Feuchtterra- rium, UV-Bestrahlung
Temperatur T: 25–30 °C, S: 35 °C, N: 18–20 °C
Luftfeuchtigkeit 70–100 %
Haltung einzeln
Aktivität tagaktiv
Lebensweise baumbewoh- nend
Fortpflanzung eierlegend
Artenschutz 4

Sehr anpassungsfähig.

Warzenchamäleon
Furcifer verrucosus

Synonym Raues Riesen-
chamäleon
Ordnung Schuppenkriech-
tiere
Unterordnung Echsen
Familie Chamäleons

Schwierigkeitsgrad 3
Terrarientyp Feuchtterra-
rium, UV-Bestrahlung
Temperatur T: 26–28 °C,
S: 35 °C, N: Zimmertemp.
Luftfeuchtigkeit 60–80 %
Haltung einzeln
Aktivität tagaktiv
Lebensweise baum- u.
strauchbewohnend
Fortpflanzung eierlegend
Artenschutz 4

Sehr ruhig; kann sich den
ganzen Tag unter dem
Spotstrahler aufhalten.

VERBREITUNG Madagaskar.

MERKMALE Länge maximal 60 cm. Alter bis 10 Jahre. Die Tiere tragen einen großen Helm, haben aber
keine Nasenanhänge. Weibchen sind nur halb so
groß.

HALTUNG Für ein Warzenchamäleon sollten die Terrarienmaße 80×60×120 cm auf keinen Fall unterschritten werden; ein höheres Becken wäre jedoch
besser. Eine gute Belüftung ohne Zugluft ist über-
lebenswichtig. Am einfachsten erreicht man dies
mit Gaze als Abdeckung; eine zusätzliche Seitenwand aus Gaze ist ratsam. Der Bodengrund sollte
aus lockerem, saugfähigem Material bestehen. Äste
zum Klettern und eine üppige Bepflanzung (*Schefflera, Ficus benjamini*) als Versteck- und Rückzugsmöglichkeit sind nötig. Ein Dripper oder Zimmerbrunnen darf keinesfalls fehlen, denn die Tiere
nehmen nur bewegtes Wasser an, um ihren Flüssig-
keitsbedarf zu decken. Morgens und abends wird
kräftig mit lauwarmem Wasser gesprüht.

NAHRUNG Stubenfliegen, Heimchen, Grillen,
Zophobas, Wachsmotten und Schaben.

Rotkehlanolis
Anolis carolinensis

VERBREITUNG Südliche Teile der USA (z. B. Florida) und Kuba. Rotkehlanolis bewohnen Laubwälder und Sträucher.

MERKMALE Länge 20 cm, davon 50 % Schwanz. Weibliche Tiere sind viel kleiner; Männchen besitzen eine rote Kehlwamme.

HALTUNG 40×50×60 cm Größe sollte die Mindestempfehlung für die Unterbringung eines Paares sein, ein größeres Terrarium ist für die lebhaften Tiere aber in jedem Fall vorteilhaft. Die Einrichtung sollte aus einem Sand-Erde-Bodengrund, vielen Klettermöglichkeiten in Form von Ästen und üppiger Bepflanzung bestehen. Letztere dienen auch als Rückzugsmöglichkeiten. Auf ein Trinkschälchen sollte man nicht verzichten, auch wenn die Tiere beim regelmäßigen Sprühen Flüssigkeit über die Tropfen aufnehmen.

NAHRUNG Wachsmotten, Fliegen, Heimchen, Grillen. Manche Rotkehlanolis verschmähen zeitweise bestimmte Futtersorten. Außerdem legen sie auch ohne Temperaturabsenkung bisweilen eine Fastenzeit ein.

Ordnung Schuppenkriechtiere
Unterordnung Echsen
Familie Leguane

Schwierigkeitsgrad 1
Terrarientyp Regenwaldterrarium; UV-Bestrahlung
Temperatur T: 28–30 °C, S: 35 °C, N: 16–20 °C
Luftfeuchtigkeit T: 60–70 %, N: 80 %
Haltung Paar oder Gruppe mit 1 Männchen
Aktivität tagaktiv
Lebensweise baumlebend
Winterruhe 8 Wo. bei 15–18 °C
Fortpflanzung eierlegend
Artenschutz nein

Männchen sehr revierbildend!

Ritteranolis
Anolis equestris

Synonym Riesenanolis
Ordnung Schuppenkriechtiere
Unterordnung Echsen
Familie Leguane

Schwierigkeitsgrad 2
Terrarientyp Regenwaldterrarium, UV-Bestrahlung
Temperatur T: 28–30 °C, S: 35 °C, N: 20–25 °C
Luftfeuchtigkeit T: 70 %, N: 90 %
Haltung Paar oder Gruppe mit 1 Männchen
Aktivität tagaktiv
Lebensweise baum- u. strauchlebend
Fortpflanzung eierlegend
Artenschutz nein

Männchen revierbildend.

VERBREITUNG Kuba, in Florida eingeführt.

MERKMALE Länge bis 55 cm, davon ca. $\frac{2}{3}$ Schwanz. Ritteranolis bleiben recht scheu. Im Vergleich zu anderen Anolisarten haben sie einen kräftigeren Körperbau. Männchen sind größer, sie verfügen über eine bunte Kopfzeichnung sowie eine größere Kehlwamme.

HALTUNG Für ein Paar wird ein Terrarium mit den Maßen 150×110×150 cm benötigt – größere Becken sind aber in jedem Fall empfehlenswert. Viele Klettermöglichkeiten in Form von dicken Ästen und großen, robusten Pflanzen sind unbedingt erforderlich, damit sich die Anolis wohlfühlen. Eine mit Korkplatten verkleidete Rückwand dient ebenfalls zum Klettern. Wichtig ist zudem ein Trinkschälchen, auch wenn Flüssigkeit über die Wassertropfen aufgenommen wird, die beim täglichen Sprühen entstehen. Eine Vergesellschaftung gestaltet sich schwierig, da auch Echsen gefressen werden.

NAHRUNG Grillen, Heuschrecken, Spinnen, Heimchen, Schnecken, Schaben, nestjunge Mäuse.

Jamaika-Anolis
Anolis garmani

VERBREITUNG Jamaika und Florida.

MERKMALE Länge 35 cm, davon ⅔ Schwanz. Die smaragdgrüne Grundfarbe ist an den Flanken teilweise mit mehreren dunklen Querstreifen versehen; der Bauch ist fast weiß. Weibchen sind ca. 9 cm kleiner; Männchen haben einen ausgeprägten Schuppenkamm auf Rücken und Schwanz.

HALTUNG Das Terrarium für ein Paar Jamaika-Anolis sollte die Maße 100×60×150 cm nicht unterschreiten; eine Höhe bis 2 m ist aber wünschenswert. Ist dies nicht möglich, muss das Becken möglichst hoch platziert werden. Die Rückwand sollte mit Rinde zum Klettern versehen werden. Kletteräste in großer Zahl und robuste, üppige Bepflanzung sind ebenfalls notwendig. Die Tiere bevorzugen Halbschatten und mögen kein helles Licht; daher sollten Verstecke und Rückzugsorte entsprechend gestaltet werden. Da beide Geschlechter äußerst territorial sind, ist eine Gruppenhaltung unmöglich.

NAHRUNG Insekten und deren Larven. Sind die Tiere daran gewöhnt, kann man ihnen ab und zu Früchte anbieten.

Ordnung Schuppenkriechtiere
Unterordnung Echsen
Familie Leguane

Schwierigkeitsgrad 2
Terrarientyp Feuchtterrarium, UV-Bestrahlung
Temperatur T: 28–32 °C, N: 20–23 °C
Luftfeuchtigkeit 70 %, Regenzeit 75–85 %
Haltung Paar
Aktivität tagaktiv
Lebensweise baumlebend
Fortpflanzung eierlegend
Artenschutz nein

Sehr scheu; Männchen beißen gern mal zu, wenn man im Terrarium hantiert.

Grüner Kuba-Anolis
Anolis porcatus

VERBREITUNG Kuba und Bahamas. Der Grüne Kuba-
Anolis bewohnt Büsche, Bäume und Zäune in offe-
nem Gelände.

MERKMALE Länge maximal 25 cm. Das Männchen
sitzt tagsüber auf seinem Lieblingssonnenplatz;
Weibchen werden dort toleriert. Um diese zu beein-
drucken, wippt das Männchen mit dem Kopf und
stellt die rote Kehlfahne auf. Ist das Terrarium über-
besetzt, stehen die Männchen unter Dauerstress.
Dadurch verringert sich die Lebenserwartung deutlich. Männchen sind größer und haben eine wein-
rote Kehlfahne mit weißen Schuppen; ihr Rücken-
und Nackensaum ist aufrichtbar. Ihre Postanalschuppen sind vergrößert. Weibchen sind mit einem weißen, dunkel umrandeten Dorsalstreifen gezeichnet.

HALTUNG Für die Haltung einer Dreiergruppe
braucht man ein 100×60×100 cm großes Terrarium. Neben einem Sand-Erde-Gemisch als Bodengrund werden für die Einrichtung viele Äste und
Pflanzen zum Klettern und Verstecken benötigt.

NAHRUNG Kleine Insekten, z. B. Grillen, Heimchen,
Fliegen und deren Larven.

Martinique-Anolis
Anolis roquet roquet

VERBREITUNG Karibik. Der Matinique-Anolis bewohnt flache Küstenbereiche. Als Kulturfolger ist er nicht nur auf Bäumen, sondern auch in Parkanlagen, Gärten und Plantagen anzutreffen.

MERKMALE Länge maximal 23 cm. 6 Unterarten. Färbung und Zeichnung sind sehr variabel: Die Grundfarbe besteht aus unterschiedlichen Grün-, Braun- und Grautönen. Darauf sind weiß- bis gelbliche Punkte in Querreihen angeordnet. Die Kehlfahne ist gelb, gelblich-grau oder gelborange. Weibchen und Jungtiere sind überwiegend bräunlich gefärbt. Männchen der Martinique-Anolis sind größer und zeigen eine deutlicher ausgeprägte Kehlfärbung.

HALTUNG Für eine Gruppe von 3 Anolis ist ein Terrarium von mindestens 100×80×100 cm Größe erforderlich. Natürlich spricht nichts dagegen, den Tieren mehr Raum anzubieten. Der Bodengrund sollte aus einem Sand-Lehm-Gemisch oder einem ähnlichen Substrat bestehen. Besonders wichtig sind eine üppige, dichte Bepflanzung und viele Kletteräste. Helle Beleuchtung erforderlich.

NAHRUNG Heuschrecken, Grillen und Heimchen.

Ordnung Schuppenkriechtiere
Unterordnung Echsen
Familie Leguane

Schwierigkeitsgrad 1
Terrarientyp Feuchtterrarium, UV-Bestrahlung
Temperatur 26–28 °C, S: 35 °C, N: 20 °C
Luftfeuchtigkeit 70–80 %
Haltung 1 Männchen + 2 oder mehr Weibchen
Aktivität tagaktiv
Lebensweise baumbewohnend
Fortpflanzung eierlegend
Artenschutz nein

Sehr gesellige Art.

Bahama-Anolis
Anolis sagrei

Ordnung Schuppenkriech-
tiere
Unterordnung Echsen
Familie Leguane

Schwierigkeitsgrad 1
Terrarientyp Halbfeuchtter-
rarium, UV-Bestrahlung
Temperatur T: 25–30 °C,
S: 35 °C, N: 22 °C
Luftfeuchtigkeit T: 70 %,
N: bis 90 %
Haltung Paar oder Gruppe
mit 1 Männchen
Aktivität tagaktiv
Lebensweise boden- u.
strauchbewohnend
Winterruhe Nov.–Feb. bei
20–24 °C
Fortpflanzung eierlegend
Artenschutz nein

Männchen revierbildend,
duldet kein weiteres
Männchen.

VERBREITUNG Südliches Nord- bis nördliches Mittelamerika. Bahama-Anolis bevorzugen Bodennähe in
offenen Landschaften.

MERKMALE Länge 18 cm, davon $^2/_3$ Schwanz. Männchen sind größer und haben einen Kehlsack. Weibchen tragen einen rautenartigen hellen Strich auf
dem Rücken.

HALTUNG Für ein Paar adulter Tiere ist ein Terrarium von mindestens 80×60×70 cm Größe erforderlich. Der Bodengrund aus Torf oder einem Sand-
Erde-Gemisch sollte sowohl trockene als auch
feuchte Bereiche vorweisen. Dichte Bepflanzung
bietet den Anolis Gelegenheiten zur Deckung und
zum Verstecken. Geeignete Klettermöglichkeiten
sollten ebenfalls vorhanden sein. Allerdings erklet-
tern Bahama-Anolis nur geringe Höhen, daher müssen Äste und Zweige nicht allzu hoch sein. Morgens
sollte im Becken gesprüht werden, um Tau zu simulieren, der den Tieren zur Flüssigkeitsaufnahme
dient.

NAHRUNG Gefüttert werden typische Futterinsekten und Spinnen.

Stirnlappenbasilisk
Basiliscus plumifrons

VERBREITUNG Mittelamerika. Der Stirnlappenbasilisk lebt auf Bäumen der Regenwälder immer in Wassernähe.

MERKMALE Länge maximal 70 cm, davon ⅔ Schwanz. Er klettert und schwimmt hervorragend. Weibchen besitzen kaum Hautlappen, nur der Kopflappen ist gut sichtbar.

HALTUNG Das Terrarium für die Paarhaltung sollte mindestens 200×100×200 cm groß sein. Man wählt entweder ein Aqua- oder Feuchtterrarium mit Wasserbecken. In beiden Fällen muss der Wasserstand 12–15 cm betragen und die Wasserfläche der doppelten Kopf-Rumpf-Länge entsprechen – also bei einem adulten Tier ca. 50×50 cm. Waagerechte und senkrechte Kletteräste müssen genauso vorhanden sein wie zahlreiche robuste Pflanzen (evtl. künstlich), die auch als Deckungs- und Rückzugsmöglichkeit dienen.

NAHRUNG Der Stirnlappenbasilisk frisst alle typischen Futterinsekten, Fische, junge Mäuse und Schnecken. Ab und zu nimmt er aber auch Früchte und Blüten.

Ordnung Schuppenkriechtiere
Unterordnung Echsen
Familie Leguane

Schwierigkeitsgrad 2
Terrarientyp Aqua- oder Regenwaldterrarium mit Wasserbecken, UV-Bestrahlung
Temperatur T: 30 °C, S: 40 °C, N: 22 °C, W: ca. 25 °C
Luftfeuchtigkeit 70–90 %
Haltung Paar oder Gruppe mit 1 Männchen
Aktivität tagaktiv
Lebensweise baumbewohnend
Fortpflanzung eierlegend
Artenschutz nein

Kann sogar übers Wasser laufen.

Helmleguan
Corytophanes cristatus

Ordnung Schuppenkriechtiere
Unterordnung Echsen
Familie Leguane

Schwierigkeitsgrad 2
Terrarientyp Regenwaldterrarium mit Wasserteil, UV-Bestrahlung
Temperatur T: 25 °C (Boden), 32 °C (höhere Bereiche), S: bis 40 °C, N: 18–20 °C
Luftfeuchtigkeit T: 75–80 %, N: 100 %
Haltung einzeln oder Paar
Aktivität tagaktiv
Lebensweise baumbewohnend
Fortpflanzung eierlegend
Artenschutz nein

Kann stundenlang bewegungslos verharren.

VERBREITUNG Mittelamerika bis nordöstliches Kolumbien und Südmexiko.

MERKMALE Länge bis 38 cm. Die Grundfarbe der Helmleguane reicht von Brauntönen bis Olivgrün; sie weisen am ganzen Körper helle und dunkle Flecken und Streifen auf. Männchen sind kräftiger, Helm und Kehlsack sind größer, die Schwanzwurzel ist dicker.

HALTUNG Für ein Paar wird ein Terrarium mit den Maßen 100×60×150 cm benötigt. Der Boden sollte aus mindestens 10 cm hohem Blumenerde-Sand-Gemisch bestehen. Senkrechte, armdicke Äste dienen zum Klettern, üppige, dichte Bepflanzung als Rückzugsmöglichkeit. Es müssen verschiedene Temperaturzonen vorhanden sein und trockenere Bereiche geschaffen werden. Ein Wasserteil sollte nicht fehlen. Regelmäßiges Sprühen ist zur Flüssigkeitsaufnahme erforderlich.

NAHRUNG Fressen selten, dann aber große Beutetiere. Wird kleineres Futter angeboten (Heuschrecken, Wachsmottenraupen, Grillen), muss die Anzahl entsprechend höher sein.

Mexikanischer Helmleguan
Corytophanes hernandezi

VERBREITUNG Mexiko, Honduras, Belize und Guatemala.

MERKMALE Länge ca. 40 cm. Der obere Teil des Kopfes ist dunkelbraun, Schnauze, Kehle und Bauch sind weißlich. Unter der Augenpartie trennt eine gerade Linie, die bis zum Hals reicht, die beiden Färbungen. Auf dem Helmrand sind feine, ca. 5 mm hohe Zacken, die sich über den ganzen Rücken ziehen. Männchen sind kräftiger, Helm und Kehlsack sind größer, die Schwanzwurzel ist dicker.

HALTUNG Für ein Paar dieser Helmleguane wird ein Terrarium mit den Maßen 100×60×150 cm und einem 10 cm hohen Sand-Erdeboden benötigt. Senkrechte, armdicke Äste zum Klettern und dichte Bepflanzung als Rückzugsmöglichkeit sind wichtig, ebenso ein Wasserteil. Es müssen verschiedene Temperaturzonen vorhanden sein und trockenere Bereiche geschaffen werden, wo sich die Tiere gern aufhalten. Regelmäßiges Sprühen dient der Flüssigkeitsaufnahme.

NAHRUNG Entspricht der des Helmleguans (*Corytophanes cristatus*), s. S. 126.

Synonym *Corytophanes herndandezii*
Ordnung Schuppenkriechtiere
Unterordnung Echsen
Familie Leguane

Schwierigkeitsgrad 2
Terrarientyp Regenwaldterrarium mit Wasserteil, UV-Bestrahlung
Temperatur T: 25–32 °C, S: bis 40 °C, N: 18–20 °C
Luftfeuchtigkeit T: 75–80 %, N: 100 %
Haltung einzeln oder Paar
Aktivität tagaktiv
Lebensweise baumbewohnend
Fortpflanzung eierlegend
Artenschutz nein

Kann stundenlang bewegungslos verharren.

Bunter Halsbandleguan
Crotaphytus collaris

Synonym Gewöhnlicher Halsbandleguan
Ordnung Schuppenkriechtiere
Unterordnung Echsen
Familie Leguane

Schwierigkeitsgrad 1
Terrarientyp Trockenterrarium, UV-Bestrahlung
Temperatur T: 28–35 °C, S: 40–45 °C, N: 17–18 °C
Luftfeuchtigkeit T: 30 %, N: 70–80 %
Haltung Paar oder Gruppe mit 1 Männchen
Aktivität tagaktiv
Lebensweise bodenlebend
Winterruhe 8–12 Wochen bei 8–15 °C u. 2 h Beleuchtung
Fortpflanzung eierlegend
Artenschutz nein

Springt gern.

VERBREITUNG USA und Mexiko.

MERKMALE Länge bis 30 cm. Die Färbungen des Bunten Halsbandleguans variieren je nach Unterart. Bei den Männchen der Nominatform *C. collaris collaris* ist die Grundfarbe ein helles Blaugrün, die kleineren Weibchen tragen dunkles Braungrün. Männchen haben ein ausgeprägteres Halsband und einen größeren Kopf. Auf der Oberseite zeigen beide Geschlechter viele weiße Punkte. Die Tiere sind sehr aufmerksam und agil.

HALTUNG Für ein Paar wird ein Terrarium der Maße 150×60×90 cm benötigt. Der Boden sollte aus Steinen bestehen – bitte kein Sand! Damit die Tiere sich wohlfühlen, errichtet man einsturzsichere Steinaufbauten mit Höhlen, lässt aber Freiflächen zum Laufen. Zusätzlich werden ein Trinkgefäß, Korkhöhlen und Pflanzen benötigt, die gelegentlich lauwarm besprüht werden.

NAHRUNG Bevorzugt große Insekten (Heuschrecken, Wachsmotten und -maden, Grillen, Heimchen); kleinere müssen in hoher Anzahl eingebracht werden!

Wüsten-Halsbandleguan
Crotaphytus bicinctores

VERBREITUNG Westlicher Teil der USA.

MERKMALE Länge 35 cm, davon ca. 25 cm Schwanz. Die graubraune Grundfärbung ist mit orangenen bis orange-bräunlichen Querbinden versehen. Sein Halsband ist – im Gegensatz zu anderen Halsband-leguanen – an der Kehle geschlossen. Männchen sind farbenfroher, haben deutliche Femoralporen und große Postanalschuppen.

HALTUNG Für ein Paar Wüsten-Halsbandleguane ist ein Terrarium mit den Maßen 150×60×90 cm erforderlich. Der Boden sollte aus einer Steinfläche ohne Sand bestehen. Eine oder mehrere Felswände mit waagerechten Vorsprüngen sind nötig; daher sollten zumindest die Rückwand und eine Seiten-wand in dieser Weise gestaltet werden. Als Versteck- und Deckungsmöglichkeiten dienen große Wurzeln. Ein Trinkgefäß darf nicht fehlen. Pflanzen sind im Terrarium nicht unbedingt notwendig, können aber als Dekoration eingebracht werden.

NAHRUNG Heuschrecken, Käfer, Ameisen, Spinnen, Raupen, Wachsmotten, Heimchen sowie Fliegen und -maden.

Synonym Mohave-Hals-bandleguan
Ordnung Schuppenkriech-tiere
Unterordnung Echsen
Familie Leguane

Schwierigkeitsgrad 1
Terrarientyp Trockenterra-rium, UV-Bestrahlung
Temperatur T: 28–35 °C, S: bis 45 °C, N: um 20 °C
Luftfeuchtigkeit T: 30 %, N: 70–80 %
Haltung Paar oder 1 Männ-chen + 2 Weibchen
Aktivität tagaktiv
Lebensweise boden- u. fels-bewohnend
Winterruhe 8–12 Wo. bei 5–10 °C
Fortpflanzung eierlegend
Artenschutz nein

Sehr scheu.

Schwarzer Leguan
Ctenosaura similis

Schwierigkeitsgrad 2
Terrarientyp Halbtrockenterrarium, UV-Bestrahlung
Temperatur 28–30 °C,
S: 40 °C, N: Zimmertemp.
Luftfeuchtigkeit T: 40–50 %;
N: zum Morgen auf 90 %
steigen lassen
Haltung einzeln oder Paar
Aktivität tagaktiv
Lebensweise bodenlebend;
klettert aber auch
Winterruhe 4 Wo. bei 18 °C
ohne Futter
Fortpflanzung eierlegend
Artenschutz nein

Kann nicht in der Gruppe gehalten werden – beide Geschlechter territorial.

VERBREITUNG Mittelamerika.

MERKMALE Länge 1,20 m (selten 1,50 m), davon $\frac{2}{3}$ Schwanz. Seine hellbeige Grundfarbe weist dunkle, breite, wellenförmige Querstreifen auf. Jungtiere und Halbwüchsige tendieren z.T. zu dunkelbrauner Grundfarbe. Männchen sind größer, kräftiger und tragen einen bis 15 mm hohen Rückenkamm.

HALTUNG Für ein Paar Schwarze Leguane braucht man ein Terrarium von mindestens 180×200× 180 cm Größe. Der Boden sollte aus einer mindestens 40 cm hohen Erde-Lehm-Schicht bestehen. Äste, Steine, Baumstämme und eine Felsrückwand mit Spalten dienen ebenso zum Klettern wie stehende und liegende Korkröhren, die auch Verstecke bieten. Da die Tiere gern graben, muss alles fest verankert sein. Eine Trinkschale darf nicht fehlen.

NAHRUNG Jungtiere haben einen höheren Anteil an tierischer Nahrung als Adulte: Grillen, Heimchen, Wiesenplankton, Obst, Gemüse, Kräuter, Salat. Adulte Tiere fressen nur noch alle paar Wochen nestjunge Mäuse oder Insekten sowie die gleiche pflanzliche Kost wie Jungtiere.

Wüstenleguan
Dipsosaurus dorsalis

VERBREITUNG Südmexiko, Südwesten der USA.
MERKMALE Länge 40 cm, davon 25 cm Schwanz. Die beige- bis cremefarbene Oberseite trägt Muster aus hellen Punkten und Querbändern. Auch der Schwanz ist gebändert, die Bauchseite cremefarben bis weiß. Männchen haben eine dickere Schwanzwurzel.
HALTUNG Für ein Paar ist ein Terrarium mit den Maßen 150×60×80 cm erforderlich. Es sollte über einen Bodengrund aus Sand-Lehm-Gemisch verfügen, der durchschnittlich 10–15 cm, an einigen Stellen auch 20 cm hoch ist. Wüstenleguane graben sich regelrechte Tunnelsysteme, daher muss das Substrat so beschaffen sein, dass die Gänge nicht einstürzen. Als Einrichtungsgegenstände dienen Wurzeln, größere Steine oder Felsbauten (einsturzsicher) und eine Kletterrückwand. Ein Trinkgefäß darf ebenfalls nicht fehlen. Einmal täglich wird gesprüht. Die Höhlen sowie die unterste Bodenschicht sollten permanent feucht gehalten werden.
NAHRUNG Vorwiegend vegetarisch: Wiesenkräuter, Salate, Blüten, auch Gras bzw. Heu. Tierische Kost in Form von Grillen usw. nur selten!

Ordnung Schuppenkriechtiere
Unterordnung Echsen
Familie Leguane

Schwierigkeitsgrad 3
Terrarientyp Trockenterrarium, UV-Bestrahlung
Temperatur T: 40–45 °C, S: 50–65 °C, N: 22 °C
Luftfeuchtigkeit 30–40 %
Haltung Paar oder Gruppe mit 1 Männchen
Aktivität tagaktiv
Lebensweise bodenlebend
Winterruhe 2 Mon. bei 20 °C, 6 h Beleuchtung
Fortpflanzung eierlegend
Artenschutz nein

13–14 h helle Beleuchtung erforderlich! Kann auf der Flucht bis zu 25 km/h erreichen, läuft oftmals auf den Hinterbeinen.

Leopardleguan
Gambelia wislizenii

Ordnung Schuppenkriechtiere
Unterordnung Echsen
Familie Leguane

Schwierigkeitsgrad 2
Terrarientyp Trocken- bis Halbtrockenterrarium, UV-Bestrahlung
Temperatur T: 30 °C, S: bis 45 °C, N: um 22 °C
Haltung Paar, einzeln besser
Aktivität tagaktiv
Lebensweise boden- u. felsbewohnend
Winterruhe 4–6 Wochen bei 10–15 °C
Fortpflanzung eierlegend
Artenschutz nein

Einzelgänger; wählerisch beim Futter, aber nicht so verfressen, wie behauptet wird. Nur gleich große Tiere halten (Kannibalismus!).

VERBREITUNG USA, vom Death Valley bis Südost-Oregon; Norden von Mexiko.

MERKMALE Länge 35 cm, davon $^2/_3$ Schwanz. Die Grundfarbe ist grau, braun oder beige; die Oberseite trägt ein Leopardenmuster (Name). Die Bauchseite ist hell. Farbwechsel von Hell zu Dunkel ist bei Leopardleguanen, von denen es diverse Farbzuchten gibt, stark ausgeprägt und dient der Temperaturregelung. Männchen sind kleiner und haben 2 größere Postnatalschuppen.

HALTUNG Für ein Paar muss das Terrarium mindestens 160×50×60 cm messen; ein Becken von 180 cm Länge wäre aber besser. Der Boden und wenigstens ein Teil der Rückwand sollte mit Steinplatten beklebt werden; $^1/_3$ des Bodens wird mit 10–15 cm Sand und Steinen bestückt. Verstecke unter einsturzsicheren Steinaufbauten, größere Steine zum Sonnen und ein Wassernapf komplettieren die Einrichtung. Die Tiere brauchen 6 Monate oder länger zur Eingewöhnung.

NAHRUNG Typische Futterinsekten, junge Mäuse; ab und zu Löwenzahn u. Ä.

Grüner Leguan
Iguana iguana iguana

VERBREITUNG Mittel- und Südamerika; zwischen Mexiko und Costa Rica Unterart *I. i. rhinolopha* mit 3 Höckern auf der Nase.

MERKMALE Länge 2 m, größere Exemplare sind oft „Rhinos". Jungtiere sind leuchtend grün gefärbt, tragen später vor allem auf dem Schwanz braune oder schwarze Streifen. Auch der Körper kann Streifen aufweisen, die auch fleckig wirken können. Die Grundfarbe ist grün(grau), braun oder türkisblau.

HALTUNG Für 2 Grüne Leguane wird ein Becken von mindestens 2×2×2 m benötigt; je größer, desto besser. Als Bodengrund wählt man ein Sand-Humus-Gemisch. Kletteräste, dicker als der Körper, sollten zahlreich sein. Einen Ast bitte senkrecht über dem Wasser anbringen! Wichtig sind Verstecke und eine Trinkschale; die Tiere trinken aber auch vom Sprüher bzw. lecken die „Tautropfen" ab. Eine Regenanlage ist sehr empfehlenswert. Die Bepflanzung darf nicht giftig oder zu zart/kleinblättrig (künstlich) sein – die Tiere sind Vegetarier!

NAHRUNG 80 % Blätter, Kräuter, Keimlinge, 10–15 % Karotten (gerieben), 5–10 % Früchte.

Ordnung Schuppenkriechtiere
Unterordnung Echsen
Familie Leguane

Schwierigkeitsgrad 4
Terrarientyp Aquaterrarium mit ⅔ Wasserteil, UV-Bestrahlung
Temperatur T: 25–30 °C, S: 40 °C, N: 20–23 °C, W: 25–27 °C
Luftfeuchtigkeit 65–80 %
Haltung einzeln, Paar oder Gruppe mit 1 Männchen (territorial!) + 2 Weibchen
Aktivität tagaktiv
Lebensweise baumbewohnend
Fortpflanzung eierlegend
Artenschutz 4

Sehr sensibel, neugierig, eigensinnig. Kann sehr zahm werden.

Kronenbasilisk
Laemanctus longipes

Ordnung Schuppenkriech-
tiere
Unterordnung Echsen
Familie Leguane

Schwierigkeitsgrad 2
Terrarientyp Regenwaldter-
rarium, UV-Bestrahlung
Temperatur T: 30–35 °C,
S: bis 45 °C, N: 20–22 °C
Luftfeuchtigkeit T: 60–
90 %, N: 80–90 %
Haltung einzeln, Paar oder
Gruppe mit 1 Männchen +
2 Weibchen
Aktivität tagaktiv
Lebensweise baumlebend
Fortpflanzung eierlegend
Artenschutz nein

Männchen immer paa-
rungsbereit; daher bei
Paarhaltung zeitweise
vom Weibchen trennen.

VERBREITUNG Honduras, Südmexiko, Guatemala,
Kolumbien und Venezuela.

MERKMALE Länge 70 cm, davon $\frac{3}{4}$ Schwanz. Der
Kronenbasilisk ist stimmungsabhängig hell- bis
dunkelgrün oder braun gefärbt. Ein gelblich-grüner
Streifen erstreckt sich von Maulspitze bis Schulter.
Er hat keinen Rückenkamm, aber einen ungezahn-
ten Helm auf dem Kopf. Männchen gut erkennbare
Hemipenistaschen.

HALTUNG Für ein Exemplar wird ein Terrarium mit
den Maßen 80×60×90 cm benötigt (Mindestgröße) – ein größeres, vor allem höheres Becken ist
empfehlenswert. Für den Bodengrund wählt man
Kokos- oder Pinienerde (auch beides gemischt).
Wichtig ist, dass der Boden Feuchtigkeit speichert.
Ein größeres Wasserbecken sowie tägliches Sprühen
am Morgen und Abend ist für die Luftfeuchtigkeit
und zur Flüssigkeitsaufnahme nötig. Weiterhin sollten zahlreiche Kletteräste, robuste Pflanzen und
Verstecke vorhanden sein.

NAHRUNG Heuschrecken, Heimchen, Grillen,
Wachsmotten.

Rollschwanzleguan
Leiocephalus carinatus

VERBREITUNG Kuba und Nachbarinseln, in Florida eingeschleppt.

MERKMALE Länge maximal 27 cm, davon ca. 13 cm Schwanz. Typisch sind die großen gekielten Schuppen. Die Farbe variiert zwischen Graugrün und Graubraun mit hellen Flecken. Der Schwanz trägt helle und dunkle Streifen; bei Gefahr wird er senkrecht auf- und abgerollt oder hin- und herbewegt.

HALTUNG Ein Terrarium für ein Paar Rollschwanzleguane muss mindestens 180×80×100 cm groß sein; eine größere Grundfläche für die lebhaften Tiere wäre aber wünschenswert. Die Hälfte des Bodengrundes sollte aus Sand, die andere aus Sand-Lehm-Gemisch bestehen. Eine Felsrückwand mit waagerechten Liegeflächen ist empfehlenswert. Ansonsten benötigt man eine flache Wasserschale sowie Wurzeln, Steine und kleinere Felsaufbauten (einsturzsicher) als Verstecke. Die Tiere brauchen sehr helles Licht. Einmal täglich sollte gesprüht werden.

NAHRUNG Typische Futterinsekten, Regenwürmer, Fruchtstücke und Blüten.

Ordnung Schuppenkriechtiere
Unterordnung Echsen
Familie Leguane

Schwierigkeitsgrad 1
Terrarientyp Trockenterrarium, UV-Bestrahlung
Temperatur T: 25–30 °C, S: bis 40 °C, N: 15–18 °C
Luftfeuchtigkeit 50–60 %
Haltung Paar
Aktivität tagaktiv
Lebensweise boden-, busch- u. baumbewohnend
Winterruhe 10–14 Tage Fastenzeit, dann 6–8 Wo. bei 15–18 °C
Fortpflanzung eierlegend
Artenschutz nein

Beide Geschlechter territorial, daher keine Gruppenhaltung möglich.

Bunter Maskenleguan
Leiocephalus personatus

Schwierigkeitsgrad 1
Terrarientyp Trockenterra-
rium, UV-Bestrahlung
Temperatur T: 25–30 °C,
S: bis 45 °C, N: 18–23 °C
Luftfeuchtigkeit T: 50–60 %,
N: 60–80 %
Haltung Paar
Aktivität tagaktiv
Lebensweise boden-, fels-
u. strauchbewohnend
Winterruhe T: 18–23 °C,
S: bis 40 °C, N: 18–23 °C;
2 Mon. lang
Fortpflanzung eierlegend
Artenschutz nein

Beide Geschlechter unter-
einander stark territorial.

VERBREITUNG Karibik, auf Hispaniola.

MERKMALE Länge maximal 23–28 cm. 12 Unterarten.
Weibchen sind etwas kleiner und nur in kontrastreichen Brauntönen gefärbt. Männliche Bunte Maskenleguane haben einen kleinen Rückenkamm, der
bis zur Schwanzspitze reichen und 3 mm hoch sein
kann. Die Flanken sind unterschiedlich rot mit einzelnen weißlichen, türkisfarbenen oder gelblichen
Schuppen; die Hinterbeine sind gelb- bis grünlich.

HALTUNG Für ein Paar wird ein Terrarium mit den
Maßen 100×80×50 cm benötigt. Der Bodengrund
sollte aus kies- und sandhaltigem Substrat bestehen; Erde-, Torf- oder Laubanteile können an verschiedenen Stellen eingebracht werden. Wichtig ist
es, unterschiedlich feuchte Bereiche zu schaffen.
Hohle Wurzeln und Geröllbauten dienen als Ver-
steck- wie auch als Präsentationsplätze, gestrüpp-
oder grasartige Gewächse (auch künstlich) als
Deckung.

NAHRUNG Grillen, Schaben, Wiesenplankton, Wachsmaden u. -motten, Fliegen, Spinnen, Stabheuschrecken, kleine Zophobas. Ab und zu Blüten und Beeren.

Haiti-Maskenleguan
Leiocephalus schreibersi

VERBREITUNG Haiti.

MERKMALE Länge bis 25 cm. Die Grundfarbe der männlichen Maskenleguane besteht aus Beige- und Brauntönen mit kielförmigen Querbinden über dem Rücken. Die Unterseite ist fast weiß. Der Schwanz weist seitlich vereinzelte und auf der Unterseite überwiegend rote Schuppen auf und zeigt sich ansonsten fast türkis. Auffällig sind die orangene „Maske" und lateral kräftige, rote Querbinden. Weibchen bleiben kleiner und sind eher bräunlich gefärbt und gemustert.

HALTUNG Für ein Paar wird ein Terrarium mit den Maßen 100×80×50 cm benötigt. Der Bodengrund sollte aus Sand bestehen und an einer Ecke leicht feucht gehalten werden. Hohle Wurzeln und Geröll-bauten dienen als Versteck- und Präsentationsplätze, gestrüpp- oder grasartige Gewächse (auch künstlich) als zusätzliche Deckung.

NAHRUNG Grillen, Schaben, Wachsmaden und Wachsmotten sowie Fliegen, Spinnen, Stabheuschrecken, kleine Zophobas; ab und zu Blüten und Beeren.

Ordnung Schuppenkriechtiere
Unterordnung Echsen
Familie Leguane

Schwierigkeitsgrad 2
Terrarientyp Trockenterrarium, UV-Bestrahlung
Temperatur T: 29–35 °C, S: 50 °C, N: 20–22 °C
Luftfeuchtigkeit Frühj. 60 %, Juni/Juli 45 %, Aug.–Ende Okt. 60 %
Haltung Paar
Aktivität tagaktiv
Lebensweise bodenlebend
Winterruhe 2–5 Mon. bei 18–23 °C, Luftfeuchte 40 %
Fortpflanzung eierlegend
Artenschutz nein

Beide Geschlechter sehr revierbildend.

Blauer Felsenleguan
Petrosaurus thalassinus

Ordnung Schuppenkriech-
tiere
Unterordnung Echsen
Familie Leguane

Schwierigkeitsgrad 2
Terrarientyp Trockenterra-
rium, UV-Bestrahlung
Temperatur T: 27–35 °C,
S: bis 45 °C, N: 20 °C
Luftfeuchtigkeit 30–60 %
Haltung Paar oder Gruppe
mit 1 Männchen
Aktivität tagaktiv
Lebensweise fels- u. boden-
bewohnend
Winterruhe 2 Monate
Fortpflanzung eierlegend
Artenschutz nein

Springt bis zu 1 m weit.

VERBREITUNG Mexiko und Kalifornien.

MERKMALE Länge 35–40 cm. Charakteristisch sind die blaue bis graue Grundfarbe sowie die 3–4 grauen bis schwarzen Querstreifen auf dem Rücken. Bei trächtigen Weibchen werden diese mit intensivem Gelborange bis Rot eingerahmt. Der Kehlsack und der Bereich am Auge sind bei beiden Geschlechtern gelb bis orange gefärbt. Die Tiere sind sehr geschickt und können an Felswänden nahezu senkrecht laufen.

HALTUNG Für ein Paar Blaue Felsenleguane sollte ein Becken von 150×60×150 cm Größe vorhanden sein. Eine Felsrückwand mit Spalten und Felsaufbauten zum Verstecken und Sonnen sollten ebenso vorhanden sein wie einige Wurzeln und Äste. Die Aufbauten müssen unbedingt einsturzsicher sein! Zur Aufrechterhaltung der Luftfeuchtigkeit wird am Morgen gesprüht; ein Wasserschälchen sollte nicht fehlen.

NAHRUNG Gefüttert werden die Felsenleguane mit den typischen Futterinsekten, kleinen Säugern und Pflanzen.

Chuckwalla
Sauromalus obesus

VERBREITUNG Südwesten der USA bis Nordwest-Mexiko. Der Chuckwalla ist in Wüstengebieten mit Felsen anzutreffen, meidet dabei aber offene Sandflächen.

MERKMALE Länge 45 cm. Weibchen sind etwas kleiner.

HALTUNG Für zwei adulte Tiere wird ein Terrarium von 150×80×80 cm Größe benötigt. Da die Tiere gern graben, muss der Bodengrund wenigstens 15 cm hoch sein und sollte aus Sand bestehen. Mindestens ein stabiler Steinaufbau pro Tier (einsturzsicher!) dient als Versteck- und Rückzugsmöglichkeit. Empfehlenswert wären allerdings mehrere Verstecke; sie dürfen jedoch nicht zu kühl sein. Weiterhin wird für jedes Tier ein Sonnenplatz (Felsen, Stein) benötigt, der nachmittags und am frühen Morgen gern genutzt wird. Eine Trinkschale ist nicht unbedingt nötig, da genug Flüssigkeit über die Nahrung aufgenommen wird.

NAHRUNG Chuckwallas sind Vegetarier und werden hauptsächlich mit Blattgemüse gefüttert, ab und zu erhalten sie Blüten und Früchte.

Ordnung Schuppenkriechtiere
Unterordnung Echsen
Familie Leguane

Schwierigkeitsgrad 1
Terrarientyp Trockenterrarium, UV-Bestrahlung
Temperatur T: 30–40 °C, S: bis 45 °C, N: ca. 20 °C
Haltung Paar oder Gruppe mit 1 Männchen
Aktivität tagaktiv
Lebensweise felsbewohnend
Winterruhe ca. 12–16 Wo. bei 18–20 °C
Fortpflanzung eierlegend
Artenschutz nein

Benötigt als Wüstenbewohner sehr helles Licht und trockene Luft.

Blauer Stachelleguan
Sceloporus cyanogenys

Synonym Blauschwanz-Stachelleguan
Ordnung Schuppenkriechtiere
Unterordnung Echsen
Familie Leguane

Schwierigkeitsgrad 1
Terrarientyp Trockenterrarium, UV-Bestrahlung
Temperatur T: 28–30 °C, S: bis 45 °C, N: ca. 20 °C
Luftfeuchtigkeit ca. 50 %
Haltung Paar oder Gruppe mit 1 Männchen
Aktivität tagaktiv
Lebensweise felsbewohnend
Fortpflanzung lebend gebärend
Artenschutz nein

Luftfeuchte nachts etwas höher.

VERBREITUNG Äußerster Süden Texas', Teile Mexikos.

MERKMALE Länge maximal 35 cm, davon ca. 40 % Schwanz. Die Färbung gleicht der des Mexikanischen Stachelleguans, ist nur insgesamt dunkler. Zudem ist das Halsband meist weiß umrahmt. Während der Paarungszeit ist der Schwanz der Männchen oft grünblau gefärbt.

HALTUNG Das Terrarium für ein Paar Blaue Stachelleguane sollte 100×80×80 cm Größe nicht unterschreiten und eine Bodenschicht von 10–15 cm Höhe vorweisen. Geeignet ist ein Sand-Lehm-Gemisch. Gesicherte Steinaufbauten als Unterschlupf und eine Wasserschale dürfen nicht fehlen. Äste und eine gut strukturierte Terrarienrückwand bieten geeignete Klettermöglichkeiten.

Ab Oktober/November werden Temperaturen und Beleuchtungsdauer langsam verringert. Nach etwa 4 Wochen wird alles im selben Tempo wieder auf die Ausgangswerte erhöht

NAHRUNG Heimchen, Grillen, Heuschrecken und Mehlkäfer.

Malachit-Stachelleguan
Sceloporus malachiticus

VERBREITUNG Südmexiko bis Panama. Lebt auf Bäumen, Felsen und Natursteinmauern.

MERKMALE Länge 15 cm. Typisch für Männchen ist die smaragdgrüne Färbung von Kopfoberseite und Rücken sowie der türkisblaue Bauch und Schwanz. Weibchen sind unscheinbarer und dunkler gefärbt. Farbänderungen sind temperaturabhängig.

HALTUNG Für ein Paar wird ein Terrarium mit den Maßen 100×60×120 cm benötigt. Der Erde-Rinden-mulchboden muss stellenweise feucht gehalten werden; ein Teil der Bodenfläche sollte aus ca. 5 cm hohem Sand bestehen, damit sich die Tiere eingraben können. Zum Klettern verwendet man Äste, Wurzeln, Rindenstücke und gestaltet die Beckenrückwand mit Korkplatten oder grober Baumrinde. Als Bepflanzung eignen sich z. B. Bromelien, Farne und Philodendron; eine Wasserschale ist wichtig. Beim abendlichen Sprühen beachten, dass die Tiere wasserscheu sind!

NAHRUNG Grillen, Heimchen, Schaben, Wachsmotten, Stubenfliegen. Verfettungsgefahr, daher 2×pro Woche ein Fastentag, Mehlwürmer nur selten!

Ordnung Schuppenkriechtiere
Unterordnung Echsen
Familie Leguane

Schwierigkeitsgrad 1
Terrarientyp Halbfeuchtterrarium, UV-Bestrahlung
Temperatur T: 25–30 °C, S: 40 °C, N: 15–20 °C
Luftfeuchtigkeit T: 60–70 %, N: 80–100 %
Haltung Paar oder Gruppe mit 1 Männchen
Aktivität tagaktiv
Lebensweise baum- u. felsbewohnend
Fortpflanzung lebend gebärend
Artenschutz nein

Junge sofort herausnehmen, werden sonst gefressen!

Mexikanischer Stachelleguan
Sceloporus poinsetti

Ordnung Schuppenkriechtiere
Unterordnung Echsen
Familie Leguane

Schwierigkeitsgrad 1
Terrarientyp Trockenterrarium, UV-Bestrahlung
Temperatur T: 25–32 °C, S: 40–45 °C, N: 20–22 °C
Luftfeuchtigkeit 30–60 %
Haltung Paar oder Gruppe mit 1 Männchen
Aktivität tagaktiv
Lebensweise felsbewohnend
Winterruhe 2–3 Mon. bei 15–20 °C
Fortpflanzung lebend gebärend
Artenschutz nein

Es gibt insgesamt 4 Unterarten dieses Stachelleguans.

VERBREITUNG USA und Mexiko. Dieser Stachelleguan lebt in trockenen, felsigen Gebieten.

MERKMALE Länge bis 30 cm, davon ca. 50 % Schwanz. Die Grundfarbe variiert je nach Unterart von Hellgrau bis Weißlich über Gelblich oder Orange bis hin zu Olivgrün. Auf Rücken und Schwanz trägt er dunkle Querbänder, typisch sind ein schwarzes Halsband, dunkler Kopf und graue oder gelbliche Bauchseite. Männchen zieren eine türkisblaue Kehle und Streifen in derselben Farbe am Bauch. Die Tiere können über 6 Jahre alt werden.

HALTUNG Mindestens 100×60×80 cm groß sollte das Terrarium für ein Paar Mexikanische Stachelleguane sein und einen Sand-Lehm-Boden vorweisen. Die Rückwand und eventuell auch eine Seitenwand werden felsig strukturiert. Als Unterschlupf gestaltet man Steinaufbauten (einsturzsicher!). Komplettiert wird die Einrichtung mit Ästen, Wurzeln und einem Trinknapf. 2-mal pro Woche wird mit lauwarmem Wasser gesprüht.

NAHRUNG Typische Futterinsekten, z. B. Grillen, Heimchen, Heuschrecken und Fliegen.

Pinkbauch-Stachelleguan
Sceloporus variabilis

VERBREITUNG Guatemala bis Costa Rica. Diese Art bewohnt sowohl trockene Gebiete (z. B. Trockenwald) als auch Feucht- und Nebelwälder.

MERKMALE Länge 14 cm. Alter über 10 Jahre. Der Pinkbauch-Stachelleguan ist zwar Bodenbewohner, klettert aber auch gern.

HALTUNG Für ein Paar dieser Art ist ein Terrarium von 60×50×60 cm Größe das absolute Minimum. Ein Becken mit mehr Höhe (80 cm) ist auf jeden Fall besser geeignet. Auch einen kleine Gruppe mit einem Männchen lässt sich gut pflegen. Als Bodengrund kann man ein Sand-Erde-Gemisch oder Terrarienhumus aus dem Fachhandel verwenden. An einer Stelle hält man den Boden ständig leicht feucht. Steine, Steinaufbauten (einsturzsicher) und Wurzeln eignen sich als Kletter- und Versteckmöglichkeiten. Diese Leguane nutzen erhöhte Plätze gern zum Sonnen und als Aussichtsplatz. Eine flache Wasserschale darf nicht fehlen.

NAHRUNG Geeignet sind typische Futterinsekten, wie etwa Heimchen, Grillen, kleine Heuschrecken, Schaben, Wachsmotten.

Synonym Veränderlicher Stachelleguan
Ordnung Schuppenkriechtiere
Unterordnung Echsen
Familie Leguane

Schwierigkeitsgrad 2
Terrarientyp Halbtrockenterrarium, UV-Bestrahlung
Temperatur T: 26–28 °C, S: 40 °C, N: 20–23 °C
Luftfeuchtigkeit 50–60 %
Haltung Paar oder Gruppe mit 1 Männchen
Aktivität tagaktiv
Lebensweise bodenlebend
Artenschutz nein

Benötigt hohe Lichtintensität.

Seitenfleckleguan
Uta stansburiana

Schwierigkeitsgrad 2
Terrarientyp Trockenterrarium, UV-Bestrahlung
Temperatur T: bis 30 °C, S: 40 °C, N: ca. 23 °C
Luftfeuchtigkeit 75 % (morgens)
Haltung Paar
Aktivität tagaktiv
Lebensweise bodenlebend
Fortpflanzung eierlegend
Artenschutz nein

In den heißen Tagesstunden oftmals nicht zu sehen.

VERBREITUNG Nordamerika. Der Seitenfleckleguan lebt in der Regel recht versteckt, badet jedoch gerne in der Sonne.

MERKMALE Länge 17 cm, davon 10,5 cm Schwanz. Der Seitenfleckleguan ist von graubrauner Farbe und trägt hinter dem Nacken und den Vorderbeinen beidseitig dunklere Flecken. Seine Kehle ist gesprenkelt, die der Männchen blau, gelb oder orange gefärbt. Direkt hinter den Beinen ziert ein auffälliger dunkler Fleck seine Flanken (Name).

HALTUNG Das Terrarium für ein Paar sollte mindestens 60×40×40 cm groß sein. Da die Tiere sehr lebhaft sind, wäre eine größere Unterbringung auf jeden Fall wünschenswert. 6–8 cm hoher Sandboden sollte, auch zum Graben, vorhanden sein. Als Kletter- und Unterschlupfmöglichkeiten verwendet man Steine oder niedrigere, einsturzsichere Steinaufbauten. Diese dienen auch als Sonnenplätze. Komplettiert wird die Einrichtung durch eine Trinkschale.

NAHRUNG Handelsübliche Futterinsekten und Spinnen.

Geckoartige *(Gekkota)*

Neben den Geckos *(Gekkonidae)* gehören diesem Taxon noch die australischen Flossenfüße *(Pygopodidae)* sowie einige fossile Arten an, die in diesem Buch jedoch nicht behandelt werden.

Inzwischen sind über 1000 Arten von **GECKOS** bekannt, die in fünf Unterfamilien gegliedert werden:

> Doppelfingergeckos *(Diplodactylinae)*
> Lidgeckos *(Eublepharinae)*
> Eigentliche Geckos *(Gekkoninae)*
> Katzenaugengeckos *(Aeluroscalabotinae)*
> Wundergeckos *(Teratoscincinae)*

Es handelt sich um kleine bis mittelgroße Echsen, die sich seit ca. 50 Millionen Jahren weltweit ausgebreitet haben. Durch ihre Anpassungsfähigkeit trifft man sie in den unterschiedlichsten Gebieten an, sodass es sowohl tropische Arten als auch Wüstengeckos und Arten in den gemäßigten Zonen gibt. Doch nicht nur die klimatischen Bedingungen ihrer Lebensräume variieren, auch die Geckos selbst sind recht variabel. Was etwa ihre Füße betrifft, so gibt es insgesamt sechs Unterteilungen. Vereinfacht kann man sie jedoch in 2 Gruppen teilen – Krallen- und Lamellengeckos. Bei Letzteren sorgt eine Unzahl feinster Härchen an den Füßen dafür, dass sie sich an glatten Untergründen (z. B. Scheiben) sogar kopfüber fortbewegen können.

Etwa ¾ aller Geckos sind dämmerungs- und nachtaktiv und können sich durch Rufen untereinander verständigen. Die bekanntesten tagaktiven Vertreter sind die Phelsumen, genannt Taggeckos, die ausschließlich auf Madagaskar und den umliegenden Inseln vorkommen. Sie sind in viele Arten und Unterarten gegliedert, von denen die meisten die charakteristische, mehr oder weniger leuchtende Grünfärbung des Körpers aufweisen. Auch tragen sie diverse Muster und Zeichnungen, die ihr Erscheinungsbild auffällig und farbenfroh wirken lassen.

Viele Geckos trinken, indem sie die Wassertropfen auflecken.

Felsengecko
Bunopus tuberculatus

Synonym Kleiner Warzengecko
Ordnung Schuppenkriechtiere
Unterordnung Echsen
Familie Geckos

Schwierigkeitsgrad 1
Terrarientyp Trockenterrarium
Temperatur T: 30–35 °C, S: 40 °C, N: 18–20 °C
Luftfeuchtigkeit 30–40 %
Haltung Paar oder Gruppe mit 1 Männchen
Aktivität nachtaktiv
Lebensweise boden- u. felsbewohnend
Artenschutz nein

Männchen territorial.

VERBREITUNG Syrien bis Pakistan. Felsengeckos leben am Boden und im Geröll trockener Wüsten und Halbwüsten, in den selben Lebensräumen, in denen auch der Fächergecko (*Ptyodactylus hasselquisti*, s. S. 163) anzutreffen ist. Beide Arten sind dort auch in Dornschwanzbauten zu finden.

MERKMALE Länge maximal 11 cm. Es gibt mehrere Unterarten. Die Körperoberfläche der Felsengeckos ist mit warzenartigen Schuppen übersät.

HALTUNG Für ein Paar benötigt man ein Terrarium von mindestens 60×40×40 cm Größe. Für jedes weitere Tier sollten etwa 15–20 % mehr Grundfläche zur Verfügung stehen. Der Bodengrund kann aus Sand, aber auch aus einem Sand-Erde-Gemisch bestehen. Außerdem kann man stellenweise Schotter oder ähnliches Gestein anbieten, um Geröll zu simulieren. Größere Steine und Steinaufbauten dienen als Kletter- und Versteckmöglichkeiten, müssen aber einsturzsicher sein. Die Rückwand des Terrariums kann ebenfalls felsig gestaltet werden.

NAHRUNG Felsengeckos fressen Heimchen, Heuschrecken, Grillen.

Saumschwanz-Hausgecko
Cosymbotus platyurus

VERBREITUNG Südostasien. Dieser Gecko ist sehr anpassungsfähig und als Kulturfolger nicht nur in Wäldern, sondern auch in Agrargebieten anzutreffen. Er gehört zu den verbreitetsten Geckos Südostasiens.

MERKMALE Länge 14 cm. Der Saumschwanz-Hausgecko ist gelblich bis bräunlich gefärbt; seine Schwanzseiten sind mit einem stark gezähnten Hautsaum versehen. Männchen sind massiger, haben einen kräftigeren Kopf und größere Präanalporen.

HALTUNG Für ein Paar dieser agilen, flinken Hausgeckos braucht man ein Terrarium von 50×50×60 cm Größe. Möchte man eine Gruppe halten, rechnet man für jedes weitere Tier 20 % Grundfläche hinzu. Als Bodengrund eignen sich Sand und Humus, gern auch -Gemischt. Äste, Steine und Pflanzen müssen so arrangiert werden, dass sie sowohl als Klettermöglichkeiten dienen als auch Versteckplätze bieten. Ein Trinkgefäß darf nicht fehlen.

NAHRUNG Stummelfliegen, kleine Spinnen, Grillen und Fruchtfliegen sind ebenso geeignet wie kleine Heimchen und Wachsmotten.

Synonym Asiatischer Hausgecko
Ordnung Schuppenkriechtiere
Unterordnung Echsen
Familie Geckos

Schwierigkeitsgrad 1
Terrarientyp Halbfeuchtterrarium, UV-Bestrahlung
Temperatur 26–30 °C, S: 30–32 °C, N: ca. 22 °C
Luftfeuchtigkeit 70–80 %
Haltung einzeln, Paar oder Gruppe mit 1 Männchen
Aktivität tag- u. nachtaktiv
Lebensweise baum-, strauch- u. steinbewohnend
Fortpflanzung eierlegend
Artenschutz nein

Auch an Hauswänden zu finden.

Leopardgecko
Eublepharis macalarius

Ordnung Schuppenkriechtiere
Unterordnung Echsen
Familie Geckos

Schwierigkeitsgrad 1
Terrarientyp Trockenterrarium, UV-Bestrahlung
Temperatur T: 28–32 °C, S: 35 °C, N: 20–23 °C
Luftfeuchtigkeit T: 40–60 %, N: 60–80 %
Haltung Paar oder Gruppe mit 1 Männchen
Aktivität nachtaktiv
Lebensweise bodenlebend
Winterruhe T: 15–18 °C, N: 12–15 °C, Beleuchtung 6 h; Dauer 1–2 Mon.
Fortpflanzung eierlegend
Artenschutz nein

Niemals einzeln halten, da sehr gesellig.

VERBREITUNG Pakistan, Afghanistan und Nordwest-Indien.

MERKMALE Länge 20–25 cm. Jungtiere sind quer gestreift, adulte Tiere zeigen das namengebende Leopardenmuster. Sie haben keine Haftlamellen, aber kräftige Krallen. Männchen besitzen deutliche Präanalporen und verdickte Hemipenistaschen. Im Handel kann man unterschiedliche Albino- und Farbzuchten erhalten.

HALTUNG Das Terrarium für 3 Exemplare muss 120×80×50 cm groß sein. Als Bodengrund eignet sich ein mindestens 10 cm hohes Sand-Lehm-Gemisch, das grabfähig, aber auch so fest ist, dass die Tiere Gänge und Höhlen anlegen können. Eine Kletterrückwand und einsturzsichere Steinaufbauten sind nötig, ebenso ein eigener Unterschlupf für jeden Gecko. Wichtig ist eine Wasserschale; für die erforderliche Luftfeuchtigkeit sprüht man morgens und abends.

NAHRUNG Typische Futterinsekten; Babymäuse, Wachsmaden und Mehlwürmer sollen nur selten angeboten werden!

Tokee
Gekko gekko

VERBREITUNG Südchina, Indochina, Indien, Indonesien, Malakka, Philippinen.

MERKMALE Länge bis 38 cm. Der Tokee gehört mit seinen zahlreichen orangenen Flecken auf graublauer bis türkisfarbener Haut zu den auffälligsten Vertretern seiner Familie. Männchen sind größer und haben größere Präanalporen.

HALTUNG Für ein Paar empfiehlt sich ein Terrarium in einer Mindestgröße von 110×110×120 cm; für jedes weitere Weibchen rechnet man ca. 20 % mehr Grundfläche. Die Rückwand des Beckens sollte Kletter- und Versteckmöglichkeiten bieten. Korkröhren und Wurzeln leisten hier gute Dienste. Ein Wassernapf sollte nicht fehlen. Zum Erreichen der hohen Luftfeuchtigkeit ist mehrfaches Sprühen pro Tag notwendig. Die Vergesellschaftung des Tokees mit anderen Tieren ist strittig und scheint vom Charakter eines jeden einzelnen Tokees abzuhängen.

NAHRUNG Handelsübliche Insekten, wie Grillen und Heimchen. Gern auch Schaben und junge Mäuse.

Synonym Tokeh
Ordnung Schuppenkriechtiere
Unterordnung Echsen
Familie Geckos

Schwierigkeitsgrad 1
Terrarientyp Feuchtterrarium
Temperatur T: um 30 °C, N: 23 °C
Luftfeuchtigkeit T: 50–70 %, N: 80–90 %
Haltung Paar oder Gruppe mit 1 Männchen
Aktivität dämmerungs- u. nachtaktiv
Lebensweise baumbewohnend
Fortpflanzung eierlegend
Artenschutz nein

Sehr laute „Tokee"-Rufe der Männchen.

Goldgecko
Gecko ulikovski

Synonym Goldrücken-gecko
Ordnung Schuppenkriech-tiere
Unterordnung Echsen
Familie Geckos

Schwierigkeitsgrad 1
Terrarientyp Feuchtterra-rium, UV-Bestrahlung
Temperatur T: 25–29 °C, S: 40 °C, N: 20 °C
Luftfeuchtigkeit 70–80 %
Haltung Paar oder 1 Männ-chen + 2 Weibchen
Aktivität dämmerungsaktiv
Lebensweise baum- u. strauchbewohnend
Fortpflanzung eierlegend
Artenschutz nein

Braucht sehr viel Platz!

VERBREITUNG Vietnam (Provinz Gilai kon Tum). Der Goldgecko lebt in tropischen und subtropischen Regen- und Bergwäldern, hauptsächlich an größeren Sandsteinformationen, die eine ausreichende Anzahl tiefer Spalten zum Verstecken aufweisen müssen.

MERKMALE Länge ca. 20 cm, in seltenen Fällen 25 cm. Die Grundfarbe ändert sich mit steigenden Temperaturen von Braun (morgens) über verschiedene grünliche Töne bis hin zu Gold. Die Unterseite ist hellbraun bis weiß, wirkt aber bläulich. Männliche Goldgeckos sind etwas größer und haben eine dicke-re Schwanzwurzel.

HALTUNG Das absolute Minimum für ein Paar dieser Geckos ist ein Terrarium mit den Maßen 50×50×80 cm. Es wäre wesentlich besser, den Tieren mehr Raum zur Verfügung zu stellen! Der Boden sollte aus einem Sand-Erde-Gemisch bestehen. Weiterhin gehören zur Einrichtung eine Badeschüssel, Kletteräste und Versteckmöglichkeiten (z. B. Korkhöhlen). Die Rückwand sollte eine Kletterwand mit Spalten sein.

NAHRUNG Typische Insekten; auch süßes Obst.

Hausgecko
Hemidactylus frenatus

VERBREITUNG Südasien und Indien, von Mexiko bis Panama, in Südafrika und Nord-Australien eingeschleppt.

MERKMALE Länge 10 cm, maximal 15 cm. Die graubraune Oberseite trägt viele Körnchenschuppen auf dem Körper und einige Höckerschuppen auf dem Rücken. Nachts wirkt er zeichnungslos. Männliche Hausgeckos sind massiger, haben einen kräftigeren Kopf und größere Präanalporen. Die Tiere werden mit rund 12 Monaten geschlechtsreif und können sich das ganze Jahr über paaren.

HALTUNG Für ein Paar dieser agilen, flinken Geckos braucht man ein Terrarium von 50×50×60 cm Größe. Möchte man eine Gruppe halten, rechnet man für jedes weitere Tier 20 % Grundfläche hinzu. Als Bodengrund eignen sich Sand und Humus, gern auch -Gemisch. Äste, Steine und Pflanzen müssen so arrangiert werden, dass sie sowohl als Klettermöglichkeiten dienen als auch Versteckplätze bieten. Ein Trinkgefäß darf nicht fehlen.

NAHRUNG Stummelfliegen, kleine Spinnen, Grillen und Fruchtfliegen.

Synonyme Asiat. Hausgecko, Tschitschak, Halbfingergecko, Gewöhnlicher Halbzehengecko
Ordnung Schuppenkriechtiere
Unterordnung Echsen
Familie Geckos

Schwierigkeitsgrad 1
Terrarientyp Halbfeuchtterrarium
Temperatur 26–30 °C, S: 30–32 °C, N: ca. 22 °C
Luftfeuchtigkeit 70–80 %
Haltung einzeln, Paar oder Gruppe mit 1 Männchen
Aktivität nachtaktiv
Lebensweise baum-, strauch- u. steinbewohnend
Fortpflanzung eierlegend
Artenschutz nein

Auch an Hauswänden zu finden.

Westafrikanischer Lidgecko
Hemitheconyx caudicinctus

Synonyme Afr. Krallengecko, Afr. Fettschwanzgecko
Ordnung Schuppenkriechtiere
Unterordnung Echsen
Familie Geckos

Schwierigkeitsgrad 2
Terrarientyp Trockenterrarium, UV-Bestrahlung
Temperatur T: 30 °C, N: 20 °C (Trockenzeit Sept.–Mai); T: 35 °C, N: 25 °C (Regenzeit Juni–Aug.)
Luftfeuchtigkeit T: 40–50 %, N: 70 %
Haltung Paar
Aktivität nacht- u. tagaktiv
Lebensweise bodenlebend
Fortpflanzung eierlegend
Artenschutz nein

Regenzeit: höhere Luftfeuchtigkeit nötig.

VERBREITUNG Westafrika.

MERKMALE Länge 20–24 cm. Die Grundfarbe besteht aus hell- und dunkelbraunen Querbändern, die durch weiße Linien oder Flecken unterbrochen sind. Es gibt eine zweite Farbform, die einen weißen Streifen von der Kopfmitte bis zum Schwanz trägt. Männliche Lidgeckos sind größer, kräftiger und haben einen größeren Kopf.

HALTUNG 80×40×40 cm ist die Mindestgröße des Terrariums für ein Paar. Die Geckos sind in der Natur eigentlich nachtaktiv, zeigen sich in Gefangenschaft aber regelmäßig auch tagsüber. Der Sand-Erdeboden muss in einer Ecke feucht gehalten werden. Steine und Wurzeln sollten vorhanden sein, auch wenn die Geckos nicht wirklich klettern. Es ist wenigstens ein Unterschlupf (Korkhöhle oder gesicherter Felsaufbau) erforderlich, der während der Regenzeit trocken bleiben muss. Ein Trinkgefäß darf nicht fehlen. Nachzucht ist schwierig, da genaues Simulieren der Jahreszeiten notwendig ist.

NAHRUNG Grillen, Heuschrecken, Wachsraupen und Zophobas.

Streifenzwerggecko
Lygodactylus kimhowelli

VERBREITUNG Tansania.

MERKMALE Länge 6–7 cm, maximal 9 cm. Kopf und Schulter sind von cremeweißer bis gelblicher Grundfarbe, der Rest inklusive Schwanz ist bläulich gefärbt. Schwarze oder dunkelbraune Muster und/oder Streifen verlaufen vom Kopf bis zur Schwanzwurzel und können recht variabel sein. Die Bauchseite ist hellgelb bis gelborange, die Kehle schwarzgrau. Die Kehle der Weibchen ist meist deutlich blasser.

HALTUNG Bis zu 3 Geckos kann man in einem Becken von 60×40×60 cm halten; mehr Platz wäre besser. Besonders wichtig ist gute Belüftung, sodass eine Seite oder die Abdeckung des Terrariums aus Gaze bestehen sollte. Für die Einrichtung verwendet man ungedüngte Blumen- oder Kokoserde und sorgt für reichliche Bepflanzung. Bambusstangen oder andere glatte Äste dienen ebenso zum Klettern wie eine Rückwand aus Kork. Einmal täglich wird mit lauwarmem Wasser gesprüht.

NAHRUNG Heimchen, Grillen, Heuschrecken, Fliegen (sehr klein); ab und zu Obstbrei.

Ordnung Schuppenkriechtiere
Unterordnung Echsen
Familie Geckos

Schwierigkeitsgrad 2
Terrarientyp Halbtrockenterrarium, UV-Bestrahlung
Temperatur T: 24–32 °C, N: Zimmertemp.
Luftfeuchtigkeit 45–50 %
Haltung Paar oder Gruppe mit 1 Männchen
Aktivität tagaktiv
Lebensweise baum- u. strauchbewohnend
Fortpflanzung eierlegend
Artenschutz nein

Wird recht zutraulich, wenn man sich ausreichend mit ihm beschäftigt.

Gelbkopf-Taggecko
Lygodactylus luteopicturatus

Synonym Türkisfarb. Gelbkopf-Haftschwanzgecko
Ordnung Schuppenkriechtiere
Unterordnung Echsen
Familie Geckos

Schwierigkeitsgrad 1
Terrarientyp Halbfeuchtterrarium; UV-Bestrahlung
Temperatur T: 25–30 °C, N: 18–22 °C
Luftfeuchtigkeit T: 60–80 %, N: etwas höher
Haltung Paar
Aktivität tag- und dämmerungsaktiv
Lebensweise baumlebend
Fortpflanzung eierlegend
Artenschutz nein

Außerhalb der Paarungszeit 1 Männchen + 2 Weibchen möglich.

VERBREITUNG Tansania, südliches Kenia. Der Gelbkopf-Taggecko kann auf Zäunen und Hauswänden bis in 2 m Höhe angetroffen werden.

MERKMALE Länge bis 9 cm. Er besitzt zweireihige Haftlamellen an der Unterseite seines Schwanzes. Beide Geschlechter haben einen gelben Kopf, zeigen sich ansonsten in ihrer Färbung variabel. So ist die Körperfarbe der Männchen grün-bläulich bis türkis, die der Weibchen bräunlich. Manchmal ist bei ihnen der Kopf auch nur leicht gelblich.

HALTUNG In einem 40×40×40 cm großen Terrarium kann man ein Paar dieser Geckos halten, auch wenn etwas mehr Höhe empfehlenswert ist. Die Rückwand sollte mit Kork oder vergleichbaren Materialien zum Klettern gestaltet werden, ebenso sollten viele Äste vorhanden sein. Wichtig ist darüber hinaus eine dichte Bepflanzung, da die Gelbkopf-Taggeckos diese als Deckungs- und Rückzugsmöglichkeit nutzen.

NAHRUNG Gefüttert werden kleine Heimchen, Fruchtfliegen, Wachsmotten, ab und zu etwas überreife Banane.

Bibrongecko
Pachydactylus bibroni

VERBREITUNG Süd- und Südwestafrika. Der Bibrongecko lebt bevorzugt in Felsmassiven mit zahlreichen Spalten zum Verstecken.

MERKMALE Länge 20 cm, davon 9–10 cm Schwanz. Männchen haben einen breiteren Kopf.

HALTUNG Für ein Paar Bibrongeckos braucht man ein Terrarium, das mindestens 60×60×80 cm groß ist. Ein größeres Becken, vor allem mehr Höhe, ist wünschenswert. Der Boden sollte aus Sand bestehen; ein paar Bereiche mit Repti Bark (Douglasienrinde) oder vergleichbaren Materialien sollten ebenfalls vorhanden sein, da so Feuchtigkeit gespeichert wird. Zum Klettern und Verstecken sollten Äste, Steine und Felsaufbauten (einsturzsicher) in ausreichender Zahl vorhanden sein. Die Gestaltung der Rückwand als Felslandschaft mit Spalten ist sehr empfehlenswert. Ein Wasserschälchen (das Trinkwasser muss täglich gewechselt werden) komplettiert die Einrichtung. Da auch weibliche Bibrongeckos untereinander aggressiv sind, ist nur Paarhaltung möglich.

NAHRUNG Grillen und Heimchen.

Synonym Weißpunktgecko
Ordnung Schuppenkriechtiere
Unterordnung Echsen
Familie Geckos

Schwierigkeitsgrad 1
Terrarientyp Trockenterrarium, UV-Bestrahlung
Temperatur T: 27–30 °C, S: bis 35 °C, N: 18–24 °C
Luftfeuchtigkeit T: 40 %, N: bis 80 %
Haltung Paar
Aktivität tagaktiv
Lebensweise baum-, strauch- u. bodenbewohnend
Fortpflanzung eierlegend
Artenschutz nein

Recht scheu.

Madagaskar-Großkopfgecko
Paroedura pictus

Ordnung Schuppenkriech-
tiere
Unterordnung Echsen
Familie Geckos

Schwierigkeitsgrad 2
Terrarientyp Trockenterra-
rium
Temperatur T: 26–33 °C;
N: 21–24 °C
Haltung Paar oder Gruppe
mit 1 Männchen
Aktivität nachtaktiv
Lebensweise bodenlebend
Fortpflanzung eierlegend
Artenschutz nein

Sind die Größenverhält-
nisse nicht zu unter-
schiedlich, werden kleinere Artgenossen sofort in
die Gruppe integriert.

VERBREITUNG Süden und Südwesten Madagaskars.
Diese Art lebt in trockenen Wüsten- und Savannen-
gebieten.

MERKMALE Länge 7–12 cm. Alter 3–5 Jahre. Die
Grundfarbe besteht aus diversen Brauntönen,
unterbrochen von weißen bis gelblichen Flecken.
Häufig ist vom Kopf bis zum Schwanz ein heller
Rückenstreifen zu sehen. Körper und Beine wirken
im Verhältnis zum Kopf recht klein. Männchen sind
oft deutlich größer; ihre Hemipenistaschen tragen
dornartige Tupfer.

HALTUNG Für 2–3 Großkopfgeckos ist ein Terrarium
von 60×40×40 cm Größe erforderlich. Es ist unbedingt zu beachten, dass bei der Beheizung ein Temperaturgefälle entsteht. Außerdem wird täglich vor
dem Ein- und nach dem Ausschalten der Beleuchtung gesprüht. Für den Bodengrund verwendet man
5–10 cm hohen, staubfreien Sand, der in einer Ecke
feucht gehalten wird. Die Rückwand sollte eine raue
Oberfläche aufweisen; Steine und/oder Korkhöhlen
dienen als Unterschlupf.

NAHRUNG Am liebsten Heimchen.

Palmen-Taggecko
Phelsuma dubia

VERBREITUNG Madagaskar, Tansania, Sansibar und die Komoren.

MERKMALE Länge 15 cm (Männchen), 13 cm (Weibchen). Die Färbung ist variabel und reicht von Hellgrau über Graugrün bis hin zu Laubgrün, oft mit vielen kleinen rotbraunen bis schwarzen Flecken auf dem Rücken. Bei Männchen ist die Analregion gelblich hervorgehoben.

HALTUNG Ein Terrarium der Maße 40×40×80 cm ist das absolute Minimum für ein Paar Palmen-Taggeckos; ein geräumigeres ist empfehlenswert! Für die Einrichtung benötigt man Rindenmulch als Bodengrund und eine Vielzahl an Klettermöglichkeiten, etwa Äste ohne Rinde oder Bambus. Wichtig ist auch eine dichte Bepflanzung, die den Geckos zusätzlich als Rückzugs- und Versteckmöglichkeit dient. Ein Trinkgefäß sollte nicht fehlen. Die Tiere sonnen sich gern und benötigen eine sehr helle Beleuchtung.

NAHRUNG Palmen-Taggeckos erhalten Fliegen, Grillen, Wachsmaden und Heimchen, ab und zu reifes Obst.

Synonyme Sansibar-Taggecko, Olivgrüner Taggecko
Ordnung Schuppenkriechtiere
Unterordnung Echsen
Familie Geckos

Schwierigkeitsgrad 2
Terrarientyp Halbfeuchtterrarium, UV- Bestrahlung
Temperatur T: 26 °C, S: 33–35 °C, N: Zimmertemp.
Luftfeuchtigkeit 70 %
Haltung Paar
Aktivität tagaktiv
Lebensweise baumbewohnend
Fortpflanzung eierlegend
Artenschutz 4

Sowohl Weibchen als auch Männchen territorial.

Goldstaub-Taggecko
Phelsuma laticauda laticauda

Ordnung Schuppenkriech-
tiere
Unterordnung Echsen
Familie Geckos

Schwierigkeitsgrad 2
Terrarientyp Halbtrocken-
terrarium, UV-Bestrahlung
Temperatur T: 20–25 °C
(am Boden bis 22 °C),
S: 30 °C, N: Zimmertemp.
Luftfeuchtigkeit T: 50–
60 %, N: 80–90 %
Haltung Paar
Aktivität tagaktiv
Lebensweise baum- u.
strauchbewohnend
Winterruhe bei 17–21 °C
Fortpflanzung eierlegend
Artenschutz 4

Im Sommer Freilandhal-
tung möglich – frischt die
Farben der Tiere auf.

VERBREITUNG Nordwest-, Nordost-Madagaskar,
einige vorgelagerte Inseln sowie zwei Inseln der
Seychellen.

MERKMALE Länge bis 13 cm. Die Körperoberseite des
Goldstaub-Taggeckos ist leuchtend grün. Auf dem
Rücken befinden sich 3 längliche rote Flecken, im
Nackenbereich kleine gelbe Schuppen. Die Unter-
seite ist cremeweiß.

HALTUNG Für ein Paar dieser Geckos wird ein Terrarium von 60×50×80 cm Größe benötigt. Es sollte
eine kleine Belüftungsfläche haben, damit auf diese
Weise die notwendige Luftfeuchtigkeit durch zweimal täglich Sprühen erreicht werden kann. Eine
sehr dichte Bepflanzung ist besonders wichtig,
damit sich die recht scheuen Tiere wohlfühlen und
jederzeit zurückziehen können. Als Klettermöglichkeiten sind Bambusrohre ideal; die Goldstaub-Taggeckos nehmen sie gerne an.

NAHRUNG Alle gängigen Futterinsekten, wie Grillen
und Heimchen, sind geeignet; sie müssen aber
recht klein sein. Ab und zu füttert man zerdrückte
süße Früchte.

Streifen-Taggecko
Phelsuma lineata lineata

VERBREITUNG Ost-Madagaskar.

MERKMALE Länge 12 cm, davon 50 % Schwanz. Die Oberseite ist grün mit roten Punkten im hinteren Rückenbereich; auf dem Kopf trägt er oft einzelne rote Punkte. Zwischen Auge und Nasenloch befindet sich ein roter Strich; ein schwarzes Lateralband trennt die Ober- von der weißen Bauchseite. Die Extremitäten weisen ebenfalls viele rötliche Sprenkel auf. Männchen verfügen über größere Schenkelporen.

HALTUNG Für ein Paar Streifen-Taggeckos ist ein Becken von 60×60×100 cm Größe erforderlich. Als Einrichtungsgegenstände dienen viele Pflanzen und Klettermöglichkeiten mit glatter Oberfläche – Bambusrohre etwa werden gerne akzeptiert. Wichtig ist eine kleine, flache Wasserschale. Zum Erreichen und Aufrechterhalten der Luftfeuchtigkeit muss einmal täglich mit lauwarmem Wasser gesprüht werden.

NAHRUNG Streifen-Taggeckos werden mit Heimchen und Grillen gefüttert; sie erhalten ab und zu etwas Obstmus.

Ordnung Schuppenkriechtiere
Unterordnung Echsen
Familie Geckos

Schwierigkeitsgrad 2
Terrarientyp Feuchtterrarium, UV-Bestrahlung
Temperatur T: 25–30 °C, S: bis 35 °C, N: 18–23 °C
Luftfeuchtigkeit 60–80 %
Haltung Paar
Aktivität tagaktiv
Lebensweise baumlebend
Fortpflanzung eierlegend
Artenschutz 4

5 Unterarten; im Handel hauptsächlich Wildfänge.

Madagaskar-Taggecko
Phelsuma madagascariensis madagascariensis

Ordnung Schuppenkriechtiere
Unterordnung Echsen
Familie Geckos

Schwierigkeitsgrad 2
Terrarientyp Halbfeuchtterrarium, UV-Bestrahlung
Temperatur T: 25–30 °C, S: bis 35 °C, N: 18–23 °C
Luftfeuchtigkeit 50–60 %
Haltung Paar
Aktivität tagaktiv
Lebensweise baumbewohnend
Fortpflanzung eierlegend
Artenschutz 4

Neigen während der Paarungszeit manchmal zu Aggressivität; Weibchen dann nach der Paarungszeit separieren und erst nach Eiablage wieder zum Männchen zurücksetzen.

VERBREITUNG Nur Madagaskars Ostküste.

MERKMALE Länge 24 cm. Die Grundfarbe dieser Taggeckos ist hell- bis dunkelgrün mit Rotanteilen, die in Ausprägung und Anzahl variieren können. Auf Rücken und Kopf trägt er oft rote bis rotbraune Flecken und meist eine gestrichelte, schmale Linie entlang der Rückenmitte. Durch das Auge zieht sich vom Nasenloch bis zur Schläfe ein breiter, rotbrauner Strich.

HALTUNG Für ein erwachsenes Paar Madagaskar-Taggeckos ist ein Becken der Maße 90×90×120 cm erforderlich. Der Bodengrund sollte aus Kies oder einem Sand-Lehm-Gemisch bestehen. Klettermöglichkeiten mit glatter Oberfläche (z. B. Bambus) sind ebenso wichtig wie eine üppige Ausstattung mit Bromelien und anderen robusten Pflanzen, die den klimatischen Bedingungen standhalten. So werden ausreichend Deckungs- und Rückzugsmöglichkeiten geschaffen.

NAHRUNG Madagaskar-Taggeckos fressen alle typischen Futterinsekten; ab und zu gibt man Obstbrei bzw. Obstnektar.

Pfauenaugen-Taggecko
Phelsuma quadriocellata

VERBREITUNG Osten Madagaskars.

MERKMALE Länge maximal 11–12 cm. Der Pfauenaugen-Taggecko ist leuchtend grün. Hinter seinen Vorderbeinen befindet sich jeweils ein größerer schwarzer, oft hellblau oder türkis umrandeter Fleck; ein ähnlicher Fleck liegt im oberen Teil der Schenkelbeuge der Hinterbeine. Intensive rote Flecken auf dem Rücken sind meist vorhanden. Männchen haben vergrößerte Präanofemoralporen und einen massigeren, breiteren Kopf.

HALTUNG Ein Paar benötigt ein Terrarium mit den Mindestmaßen 80×80×100 cm. Um die wechselnden Luftfeuchtigkeitsbedingungen zu erfüllen, erweist sich eine Nebel- oder Beregnungsanlage als zweckmäßig (Regelung mittels Zeitschaltuhr). Der Bodengrund sollte feucht gehalten werden. Zum Klettern eignet sich Bambus. Wichtig sind üppige Pflanzen mit glatten Blättern, die als Versteck- und Rückzugsmöglichkeit genutzt werden. Beide Geschlechter sind revierbildend.

NAHRUNG Kleine Insekten, 2–3-mal im Monat zerdrückte Banane, Kiwi oder Erdbeere.

Synonym Augenfleck-Taggecko
Ordnung Schuppenkriechtiere
Unterordnung Echsen
Familie Geckos

Schwierigkeitsgrad 3
Terrarientyp Regenwaldterrarium, UV-Bestrahlung
Temperatur T: 20–30 °C, S: 40 °C, N: 18–20 °C
Luftfeuchtigkeit T: 40–60 %, N: 70–90 %
Haltung Paar;
Aktivität tagaktiv
Lebensweise strauchbewohnend
Winterruhe T: 23 °C, N: 10–17 °C
Fortpflanzung eierlegend
Artenschutz 4

Scheu, teils aber auch zutraulich.

Querstreifen-Taggecko
Phelsuma standingi

Synonym Standing's Dornwald-Taggecko
Ordnung Schuppenkriechtiere
Unterordnung Echsen
Familie Geckos

Schwierigkeitsgrad 2
Terrarientyp Halbtrockenterrarium, UV-Bestrahlung
Temperatur T: 28–30 °C, S: 35 °C, N: Zimmertemp.
Luftfeuchtigkeit 50–60 %
Haltung Paar
Aktivität tagaktiv
Lebensweise baumlebend
Winterruhe T: 28 °C, N: Zimmertemp.
Fortpflanzung eierlegend
Artenschutz 4

Im Gegensatz zu anderen Phelsumen ist die Haut fest und daher nicht so verletzungsgefährdet.

VERBREITUNG Südwesten Madagaskars.

MERKMALE Länge 26 cm lang, davon 11 cm Schwanz. Alter bis 20 Jahre. Der Querstreifen-Taggecko ist farblich auffällig: Der Kopf ist grün und mit vielen kleinen, dunklen Punkten versehen. Auf dem grauen Rumpf finden sich helle Querstreifen, der türkisfarbene bis bläuliche Schwanz zeigt dunkle Querstreifen. Die Intensität der Färbung hängt von Tageszeit und Befinden der Tiere ab. Präanofemoralporen sind beim Männchen ab 14. Lebensmonat sichtbar; außerdem hat es eine Gelbfärbung im Analbereich.

HALTUNG Für ein erwachsenes Paar ist ein Becken der Maße 90×90×120 cm erforderlich. Der Bodengrund sollte aus Kies oder einem Sand-Lehm-Gemisch bestehen. Klettermöglichkeiten mit glatter Oberfläche (z. B. Bambus) sind wichtig, ebenso wie eine üppige Ausstattung mit robusten Pflanzen, etwa Bromelien, die den klimatischen Bedingungen standhalten. So werden Rückzugsmöglichkeiten geschaffen.

NAHRUNG Typische Futterinsekten, ab und zu Obstbrei und -nektar.

Fächerfingergecko
Ptyodactylus hasselquisti

VERBREITUNG Nordafrika, Iran, Irak. Der Fächerfingergecko lebt vorzugsweise in felsigen Gebieten, ist als Kulturfolger aber auch an und in Gebäuden anzutreffen.

MERKMALE Länge maximal 16 cm. 2 Unterarten. Der Name „Fächerfingergecko" deutet auf die extrem verbreiterten Lamellen der Finger und Zehen hin. Männchen haben eine dickere Schwanzwurzel.

HALTUNG Mindestens 50×50×50 cm groß sollte das Terrarium für die Paarhaltung sein. Besser wäre ein Becken mit mehr Grundfläche. Als Bodengrund verwendet man Sand; für die Bepflanzung können Kunstpflanzen eingebracht werden. Die Rück- und zumindest eine Seitenwand sollten so gestaltet werden, dass sie sich zum Klettern eignen. Weitere Klettermöglichkeiten schafft man in Form von Steinen und Wurzeln. Sie dienen außerdem als Rückzugs- und Versteckgelegenheiten. Hin und wieder wird mit lauwarmem Wasser gesprüht; dennoch sollte eine flache Trinkschale nicht fehlen.

NAHRUNG Grillen, Buffalos und Mehlwürmer sind als Futter geeignet.

Ordnung Schuppenkriechtiere
Unterordnung Echsen
Familie Geckos

Schwierigkeitsgrad 1
Terrarientyp Trockenterrarium, UV-Bestrahlung
Temperatur T: 26–28 °C, S: bis 40 °C, N: nicht unter 18 °C
Luftfeuchtigkeit 30–40 %
Haltung Paar oder Gruppe mit 1 Männchen
Aktivität tagaktiv
Lebensweise felsbewohnend
Fortpflanzung eierlegend
Artenschutz nein

Sehr flink und agil.

Neukaledonischer Kronengecko
Rhacodactylus ciliatus

Synonyme Kronengecko, Roter Kronengecko, *R. ciliatus*
Ordnung Schuppenkriechtiere
Unterordnung Echsen
Familie Geckos

Schwierigkeitsgrad 1
Terrarientyp Feuchtterrarium, UV-Bestrahlung
Temperatur T: 25–28 °C, S: 32 °C, N: 18 °C
Luftfeuchtigkeit 70–80 %
Haltung Paar oder 1 Männchen + 2 Weibchen
Aktivität dämmerungs- u. nachtaktiv
Lebensweise baumlebend
Fortpflanzung eierlegend
Artenschutz 5

Darf nicht mehr exportiert werden; aber durch Nachzucht noch verbreitet.

VERBREITUNG Neukaledonien und vorgelagerte Inseln. Die Art galt bis zu ihrer Wiederentdeckung 1994 als ausgestorben.

MERKMALE Länge bis 22 cm. Der Neukaledonische Kronengecko trägt vom Auge bis zum Nacken, in jeweils einer Reihe angeordnet, große Stachelschuppen; diese ziehen sich auf jeder Seite über den gesamten Rücken bis zum Schwanzansatz. Der Kronengecko ist in diversen Farbformen vertreten. So gibt es sowohl rostrote als auch grüne, blassgelbe und braune Exemplare.

HALTUNG Für ein paar Geckos braucht man ein Terrarium von 60×60×100 cm Größe. Als Bodengrund wählt man Torf, den man durchgehend feucht hält. Dünne Zweige, Korkröhren, Wurzeln und dichte Bepflanzung (z. B. *Ficus*, *Philodendron* etc.) dienen zum Klettern und als Versteckmöglichkeiten. Komplettiert wird die Einrichtung mit einer flachen Wasserschale.

NAHRUNG Typische, im Handel erhältliche Insekten, ab und zu Fruchtbrei. Jungtiere jeden Abend, Adulte alle 2–3 Abende füttern.

Petri's Engfingergecko
Stenodactylus petrii

VERBREITUNG Nördliches Afrika und Israel.

MERKMALE Länge 7–8 cm. Weibchen sind etwas kräftiger. Bei Gefahr werfen die Engfingergeckos den Schwanz ab.

HALTUNG Für ein Paar dieser Art wird ein Terrarium von mindestens 60×40×30 cm Größe benötigt, das nicht komplett beheizt werden darf. Zumindest eine Stelle muss etwas kühler sein; dort sollten die Verstecke angeboten werden. Hierfür eignen sich Korkrinde und stabile Steinaufbauten. Der Bodengrund aus grobem Sand muss zumindest 10 cm hoch aufgeschüttet werden, da die Geckos gern graben. Das Sauberhalten des Beckens gestaltet sich recht einfach, da die Tiere sich eine Art „Gemeinschaftstoilette" suchen, die von allen benutzt wird. Es wird sehr helle Beleuchtung benötigt. Morgens vor dem Anschalten und abends nach dem Abschalten der Heizung wird etwas lauwarmes Wasser versprüht; diese Maßnahme dient der Trinkwasseraufnahme.

NAHRUNG 3–4-mal pro Woche Heimchen, ab und zu auch Wachsraupen.

Synonyme Zwergwüstengecko, Ägyptischer Dünnfingergecko
Ordnung Schuppenkriechtiere
Unterordnung Echsen
Familie Geckos

Schwierigkeitsgrad 2
Terrarientyp Trockenterrarium
Temperatur T: 27–30 °C, S: 30–35 °C, N: 18–22 °C
Luftfeuchtigkeit T: 40–50 %, N: 80–90 %
Haltung Paar oder Gruppe mit 1 Männchen
Aktivität dämmerungs- u. nachtaktiv
Lebensweise bodenbewohnend
Fortpflanzung eierlegend
Artenschutz nein

Männchen territorial.

Mauergecko
Tarentola mauritanica

Ordnung Schuppenkriechtiere
Unterordnung Echsen
Familie Geckos

Schwierigkeitsgrad 1
Terrarientyp Trockenterrarium, UV-Bestrahlung
Temperatur 22–28 °C, S: 35 °C
Haltung einzeln
Aktivität nachtaktiv
Lebensweise fels- u. baumbewohnend
Winterruhe einige Wo. bei 8 °C
Fortpflanzung eierlegend
Artenschutz 4

Männchen und Weibchen sehr territorial, daher Einzelhaltung.

VERBREITUNG Gesamter Mittelmeerraum, Sinai, Kanarische Inseln, Nordafrika. In Kalifornien und Uruguay eingeschleppt.

MERKMALE Länge 16 cm. Mehrere Unterarten. Der Mauergecko verfügt über einen kräftigen, gedrungenen Körper mit gekielten Höckerschuppen. Zusätzlich zu den Haftlamellen besitzt er an der 3. und 4. Zehe kleine Krallen. Weibchen können ihre Krallen einziehen.

HALTUNG Für ein Exemplar wird ein Terrarium von 50×50×70 cm Größe benötigt. Als Bodengrund verwendet man eine Mischung aus Erde und Sand, die durchgehend leicht feucht gehalten werden muss. Die Rückseite des Terrariums gestaltet man als Kletterwand. Steine, Korkrinde oder ähnliche Materialien dienen als Versteck- und Unterschlupfgelegenheiten. Da sich der Mauergecko tagsüber gerne sonnt, ist ein erhöhter Sonnenplatz erforderlich. Komplettiert wird die Einrichtung mit einer flachen Trinkschale.

NAHRUNG Geeignet sind Spinnen, Insekten und Insektenlarven.

Kleiner Wundergecko
Teratoscincus microlepis

VERBREITUNG Südwest-Pakistan, Südost-Iran und Afghanistan.

MERKMALE Länge 15 cm. Die Grundfarbe des Kleinen Wundergeckos, ein helleres Braun, trägt dunkelbraune Bänder. Die Extremitäten sind rötlich, die Kopffärbung geht ins Bläuliche. Männchen zeigen eine leichte Schwellung der Hemipenistaschen. Der Schwanz weist Sollbruchstellen auf und wird bei Gefahr abgeworfen.

HALTUNG Für ein paar dieser Geckos benötigt man ein Terrarium von mindestens 80×40×30 cm Größe. Als Bodengrund verwendet man Sand oder Sand-Lehm-Gemisch, das mindestens 5 cm hoch sein sollte, da die Tiere gerne graben. An einer Stelle hält man ihn feucht. Wurzeln und Felsaufbauten (einsturzsicher!) dienen den Wundergeckos als Versteck- und Rückzugsmöglichkeiten. Komplettiert wird die Einrichtung durch eine kleine, flache Wasserschale.

NAHRUNG Hauptsächlich kleine Heimchen, Grillen, Schaben, Wachsmotten; ab und zu auch Früchte oder Beeren.

Synonym Zwerg-Wundergecko
Ordnung Schuppenkriechtiere
Unterordnung Echsen
Familie Geckos

Schwierigkeitsgrad 2
Terrarientyp Trockenterrarium
Temperatur T: 24–26 °C (Boden) u. 27–33 °C (Luft), S: 35–40 °C, N: 20–22 °C (Boden)
Luftfeuchtigkeit 50–60 %
Haltung Paar oder Gruppe mit 1 Männchen
Aktivität nachtaktiv
Lebensweise bodenlebend
Winterruhe 2–3 Mon.
Fortpflanzung eierlegend
Artenschutz 5

Klettert nicht gut.

Zwergwüstengecko
Tropicolotes steudnerii

Synonym *Tropicolotes steudneri*
Ordnung Schuppenkriechtiere
Unterordnung Echsen
Familie Geckos

Schwierigkeitsgrad 1
Terrarientyp Trockenterrarium
Temperatur T: 35–38 °C, S: 40 °C, N: 25 °C
Haltung Paar oder Gruppe mit 1 Männchen
Aktivität nachtaktiv, oft auch tags anzutreffen
Lebensweise bodenlebend
Winterruhe T: 25 °C, N: 20 °C
Fortpflanzung eierlegend
Artenschutz nein

Klettert selten.

VERBREITUNG Zentrale und östliche Sahara.

MERKMALE Länge 7,5 cm, davon 4,2 cm Schwanz. Es gibt 2 Zeichnungsformen des Zwergwüstengeckos; die zweifarbige mit größeren schwarzen Flecken auf sandfarbenem Grund, die verschmelzen können, sowie die dreifarbige mit mittelbrauner Grundfarbe mit helleren und dunkleren Flecken, die in Längsbinden angeordnet sind. In beiden Fällen verläuft von der Schnauzenspitze bis zur Schulter ein braunes Band, das im Halsbereich auch verblasst sein kann. Männchen zeigen deutliche Hemipenistaschen. Der Zwergwüstengecko ist behäbiger als andere *Tropicolotes*-Arten.

HALTUNG Für 3 Tiere sollte ein Becken von mindestens 30×30×40 cm zur Verfügung stehen. Als Einrichtung werden ein 3–5 cm hoher Sandboden, einige flache Steine (werden untergraben und so als Versteck-/Rückzugsmöglichkeit genutzt) und Wurzeln benötigt. Wichtig ist eine flache Wasserschale, die auch im Winter nicht fehlen darf.

NAHRUNG Geeignet sind Heimchen, Kurzflügelgrillen, Spinnen.

Blattschwanzgecko
Uroplatus henkeli

VERBREITUNG Nordwest-Madagaskar.

MERKMALE Länge bis 25 cm, davon 7–10 cm Schwanz. Typisch für männliche Blattschwanzgeckos sind, neben den auffälligen Hemipenistaschen, braune Flecken auf gelber Grundfarbe. Die Weibchen sind graubeige gefärbt und haben feine Sprenkel.

HALTUNG Für ein Paar sollte das Terrarium mindestens 100×60×150 cm groß sein, ein größeres wäre besser. Für den Bodengrund gibt man Buchenholzspäne auf Blähton oder Kies. Bambus und/oder rindenlose Naturäste müssen zahlreich vorhanden sein und in größeren Abständen arrangiert werden, da die Geckos gern springen. Viele robuste Pflanzen, dicht angeordnet, dienen u. a. auch als Verstecke. Häufiges Sprühen oder die Verwendung einer Regenanlage sichert die hohe Luftfeuchtigkeit. Die Gruppenhaltung von Blattschwanzgeckos ist nur in sehr großen Terrarien möglich, da anderenfalls Stress ausgelöst wird.

NAHRUNG Alle 2 Tage Grillen, Heimchen, Heuschrecken. Nur 1–2 Futtertiere pro Gecko geben; Rosenkäferlarven oder Wachsmaden nur selten.

Synonym Henkel's Blattschwanzgecko
Ordnung Schuppenkriechtiere
Unterordnung Echsen
Familie Geckos

Schwierigkeitsgrad 2
Terrarientyp Feuchtterrarium
Temperatur T: 26–28 °C, S: 30 °C, N: 20–22 °C
Luftfeuchtigkeit T: 60–70 %, N: 80–90 %
Haltung Paar oder Gruppe
Aktivität nachtaktiv
Lebensweise baumbewohnend
Winterruhe 6–8 Wo. bei T: 22–24 °C, N: 20 °C
Fortpflanzung eierlegend
Artenschutz 4

Stressanfällig.

Skinkartige *(Scincomorpha)*

Zur Gruppe der Skinkartigen gehören die Skinke *(Scincidae)*, Schienenechsen *(Teiidae)* und Echte Eidechsen *(Lacertidae)*.

Bei den **SKINKEN** – auch Glattechsen genannt – handelt es sich mit über 1000 bekannten Arten um die artenreichste Echsenfamilie überhaupt. Ihr Lebensraum sind tropische Gebiete auf der ganzen Welt, doch am häufigsten begegnet man ihnen in Südostasien.

Es gibt sowohl bodenlebende als auch baumbewohnende Arten. Bei Letzteren dient der Schwanz, wie bei anderen Echsen auch, als Kletterhilfe. Die Bodenbewohner graben sich auch gern im Boden ein, um sich u. a. vor der Tageshitze zu schützen. Skinke besitzen recht kurze Extremitäten; bei einigen bodenbewohnenden Arten fehlen sie sogar ganz. Aus diesem Grund bewegen sie sich ähnlich einer Schlange in einer Art Wellenbewegung fort.

SCHIENENECHSEN, die ihren Namen aufgrund ihrer großen Schuppen am Bauch erhalten haben, sind auch unter der Bezeichnung Tejus bekannt. Ursprünglich stammen die etwa 230 Arten aus Mittel- und Südamerika; doch im Laufe der Zeit wurden sie auch anderenorts eingeschleppt. Schienenechsen gibt es in sehr unterschiedlichen Größenordnungen. Manche Exemplare werden gerade mal um die 8 cm lang, andere können eine Länge von 1,5 m erreichen. Interessanterweise existieren bei einigen Arten nur weibliche Tiere. Diese legen ohne Befruchtung Eier, aus denen dann auch nur Weibchen schlüpfen.

ECHTE EIDECHSEN leben in Europa, Afrika und Asien, wo sie auch auf diversen vorgelagerten Inseln innerhalb ihres Verbreitungsgebietes anzutreffen sind. Bis zum heutigen Tage sind die Verwandtschaftsbeziehungen innerhalb dieser Familie nicht abschließend geklärt und werden nach wie vor diskutiert – zum Teil recht kontrovers.

Grüne Ameiven sind in Mittel- und Südamerika beheimatet.

Fransenfinger
Acanthodactylus pardalis

VERBREITUNG Algerien, Nord-Ägypten, Israel und Jordanien.

MERKMALE Länge maximal 20 cm. Die Schuppen mit fransenartigen Ausläufen an den Fingern waren namengebend. Männchen haben eine dickere Schwanzwurzel.

HALTUNG Für eine Gruppe von 1 Männchen und 2 Weibchen ist ein 100×50×50 cm großes Terrarium erforderlich. Der Boden sollte aus Sand oder Sand-Lehm-Gemisch bestehen; Letzteres mit höherem Sandanteil. Die flache Wasserschale sollte im Durchmesser der Länge des größten Tieres entsprechen (Bademöglichkeit). Fransenfinger mögen es warm, brauchen aber einen kühlen Bereich. Daher sollte eine Seite des Beckens nicht so stark aufgeheizt werden. Steine, Pflanzen und Korkhöhlen werden so platziert, dass sie Versteck- und Rückzugsmöglichkeiten bieten, aber den Tieren auch genug Bewegungsfreiheit lassen. Über 10–12 Stunden ist sehr helle Beleuchtung nötig.

NAHRUNG Heimchen, Grillen, Spinnen, Motten, Asseln, Fliegen und -maden.

Synonyme Gefleckter Sandläufer, Gefleckter Fransenfinger
Ordnung Schuppenkriechtiere
Unterordnung Echsen
Familie Echte Eidechsen

Schwierigkeitsgrad 1
Terrarientyp Trockenterrarium, UV-Bestrahlung
Temperatur T: 30–35 °C + 20–25 °C (s. Text), S: 40 °C, N: 15–20 °C
Haltung Paar oder Gruppe mit 1 Männchen
Aktivität tagaktiv
Lebensweise bodenlebend
Winterruhe 8 Wo. bei T: 15–20 °C, N: 10–12 °C + 8 h Beleuchtung
Fortpflanzung eierlegend
Artenschutz nein

Sehr lebhaft.

Zauneidechse
Lacerta agilis

Ordnung Schuppenkriech-
tiere
Unterordnung Echsen
Familie Echte Eidechsen

Schwierigkeitsgrad 2
Terrarientyp Halbtrocken-
oder Trockenterrarium (her-
kunftsabh.), UV-Bestrah-
lung; Freilandhaltung
Temperatur Zimmertemp.;
südl. Exemplare je nach
Herkunft (Klimakarte!)
Haltung Paar oder Gruppe
mit 1 Männchen
Aktivität tagaktiv
Lebensweise boden-, baum-
u. strauchbewohnend
Winterruhe ja; Temp. her-
kunftsabh.
Fortpflanzung eierlegend
Artenschutz 3

Beginnt den Tag mit
einem Sonnenbad.

VERBREITUNG Westfrankreich über Mitteleuropa
und Südskandinavien bis Zentralasien. Die Zauneidechse ist an Waldrändern, auf Wiesen mit Kraut-
und Buschvegetation anzutreffen.

MERKMALE Länge bis 28 cm, davon etwa 60 %
Schwanz. Die Färbung der Zauneidechse variiert je
nach Individuum, Alter, Geschlecht und Jahreszeit.
Zur Paarungszeit sind Männchen grün gefärbt und
tragen zusätzlich schwarze Flecken. Weibliche Tiere
sind fleckenlos und haben eine gelb(liche) Unterseite.

HALTUNG Für ein Paar ist eine Unterkunft von 90×
60×60 cm erforderlich. Empfohlen wird die Freilandhaltung; Beckengröße und Einrichtung sind
jedoch bei Terrarienhaltung identisch. 8 cm hohes
Sand-Erde-Gemisch bildet den Bodengrund. Als Ver-
steck- und Sonnenplätze dienen Pflanzen, Steine
und Wurzeln, die in größerer Zahl angeboten werden sollten. Auch einzelne Bereiche mit Laub am
Boden bieten Rückzugsgelegenheiten. Komplettiert
wird das Ganze mit einer Trinkschale.

NAHRUNG Heimchen, Grillen, Maden, Wachsmaden.

Westliche Smaragdeidechse
Lacerta bilineata

VERBREITUNG Mittel- und Südeuropa.

MERKMALE Länge 35–40 cm. 4 Unterarten. Rücken und Großteile des Körpers beider Geschlechter sind hell- bis dunkelgrün. Männchen haben in der Regel kleine schwarze Sprenkel auf dem Körper, während Weibchen oft Muster mit in Reihen angeordneten, dunklen Abzeichen und gelb-weißlichen Linien tragen. In der Paarungszeit sind Kinn-, Kehl- und Halsregion grün- bis kornblumenblau; Männchen sind kontrastreicher und farbintensiver.

HALTUNG Mindestens 100×50×50 cm groß sollte das Terrarium für eine 3er-Gruppe sein; größer wäre aber besser. Für den Bodengrund verwendet man eine 8 cm hohe Sandschicht, die in einer Ecke feucht gehalten wird. Viele Äste, Wurzeln und eine strukturierte Rückwand dienen zum Klettern bzw. als Unterschlupf. Vervollständigt wird die Einrichtung mit einer Trinkschale. Smaragdeidechsen sind z.T. sehr hektisch und zeigen panisches Fluchtverhalten.

NAHRUNG Insekten, Spinnen. Ab und zu saisonbedingte Pflanzenkost, z. B. im Frühling Klee, im Sommer Beeren.

Synonym Smaragd-eidechse
Ordnung Schuppenkriechtiere
Unterordnung Echsen
Familie Echte Eidechsen

Schwierigkeitsgrad 2
Terrarientyp Halbfeuchtterrarium, UV-Bestrahlung
Temperatur 22–26 °C + 25–30 °C (stellenweise am Boden), S: 35 °C
Haltung 1 Männchen + 2 Weibchen
Aktivität tagaktiv
Lebensweise strauchbewohnend
Winterruhe Ende Okt. bis Ende Mrz. bei 5 °C
Fortpflanzung eierlegend
Artenschutz 4

Nach Möglichkeit (auch) im Freiland halten.

Perleidechse
Lacerta lepida

Synonym *Timon lepidus*
Ordnung Schuppenkriechtiere
Unterordnung Echsen
Familie Echte Eidechsen

Schwierigkeitsgrad 2
Terrarientyp Trockenterrarium, UV-Bestrahlung
Temperatur T: 23–28 °C, S: 35–45 °C, N: 16–20 °C
Luftfeuchtigkeit ca. 60 %
Haltung Paar oder Gruppe mit 1 Männchen
Aktivität tagaktiv
Lebensweise bodenlebend
Winterruhe Nov.–Feb. bei 10–18 °C
Fortpflanzung eierlegend
Artenschutz 3

Klettert gern und geschickt.

VERBREITUNG Weite Teile Mittel- und Südeuropas; Nordwesten Afrikas.

MERKMALE Länge 50–70(–80) cm. Flanken und Rücken der Perleidechse sind grün und mit einem netzartigen Muster versehen. Die Bauchseite zeigt sich gelb oder cremefarben. Blauschwarze Punkte, schwarz umrandet, zieren die Flanken. Männchen haben einen kräftigeren Körperbau und einen massigeren Kopf

HALTUNG Ein Terrarium von 160×100×100 cm sollte für ein Paar Perleidechsen zur Verfügung stehen. Für den Bodengrund kann man Sand verwenden; ein Teil der Grundfläche kann auch mit Steinplatten belegt werden. Einige Wurzeln oder höhere Steinaufbauten dienen zum Klettern. Auch die Rückwand sollte so strukturiert werden, dass sie eine Klettermöglichkeit bietet. Wichtig ist, dass Teile der Einrichtung so platziert werden, dass sie auch als Versteck genutzt werden können. Eine kleine Wasserschale darf nicht fehlen.

NAHRUNG Typische Futterinsekten, junge Mäuse, ab und zu etwas Obst.

Afrikanische Langschwanzechse
Latastia longicaudata

VERBREITUNG Nord- und Ostafrika bis Jemen.

MERKMALE Länge bis 40 cm, davon entfallen 29 cm auf den Schwanz.

HALTUNG Für ein Paar Afrikanische Langschwanzechsen benötigt man ein Terrarium mit den Maßen 80×40×40 cm. Dies ist als Minimum zu betrachten, denn für die agilen und flinken Tiere darf ruhig mehr Grundfläche zur Verfügung stehen. Der Bodengrund aus einem Sand-Lehm-Gemisch sollte um 10 cm hoch sein, da die Echsen gern graben. Seine unterste Schicht sollte durchgehend leicht feucht gehalten werden. Als Verstecke dienen Äste, Wurzeln, Korkstücke und flache Steinplatten. Wenige, nicht zu hohe Klettermöglichkeiten sollten vorhanden sein; auch hier sind Wurzeln oder Äste äußerst nützlich. Manche Exemplare verhalten sich anderen Arten gegenüber aggressiv. Daher sollte man von einer Vergesellschaftung absehen. Die Tiere haben ein eher geringes Bedürfnis nach Winterruhe.

NAHRUNG Grillen, Heimchen, Heuschrecken, Wachsmotten und -larven.

Synonyme Rote Langschwanzechse, Langschwanzechse, Kenia-Eidechse
Ordnung Schuppenkriechtiere
Unterordnung Echsen
Familie Echte Eidechsen

Schwierigkeitsgrad 1
Terrarientyp Trockenterrarium, UV-Bestrahlung
Temperatur 28–43 °C, S: 40 °C, N: 20–22 °C
Luftfeuchtigkeit um 50 %
Haltung Paar oder Gruppe mit 1 Männchen
Aktivität tagaktiv
Lebensweise bodenlebend
Fortpflanzung eierlegend
Artenschutz nein

Männchen meist größer.

Sechsstreifen-Langschwanzechse
Takydromus sexlineatus

Synonym Langschwanz-echse
Ordnung Schuppenkriech-tiere
Unterordnung Echsen
Familie Echte Eidechsen

Schwierigkeitsgrad 1
Terrarientyp Halbfeuchtter-rarium, UV-Bestrahlung
Temperatur T: 24–28 °C, S: bis 32 °C, N: 20–22 °C
Luftfeuchtigkeit T: 70 %, N: bis 90 %
Haltung Paar oder Gruppe mit 1 Männchen
Aktivität tagaktiv
Lebensweise bodenlebend
Winterruhe 8 Wo. bei 22–24 °C
Fortpflanzung eierlegend
Artenschutz nein

Abgeworfener Schwanz wächst nach.

VERBREITUNG Indien, Birma, Thailand, Indonesien, Malaiische Halbinseln.

MERKMALE Länge ca. 40 cm, davon $5/6$ Schwanz. Die Färbung der Sechsstreifen-Langschwanzechse be-steht aus kontrastreichen Weiß-, Braun- und Schwarz-tönen. Männchen sind oft intensiver gefärbt, haben größere Femoralporen und eine verdickte Schwanz-wurzel. Der extrem lange Schwanz wird bei Gefahr abgeworfen; er dient auch zum Halten des Gleich-gewichtes.

HALTUNG In einem Terrarium von 80×60×60 cm Größe für ein Paar gestaltet man einen Regenwald-boden. Dazu verteilt man Wurzeln und Gestrüpp und legt kleinere Sandstellen an. Einige Bereiche sollten dabei ständig feucht gehalten werden. Zusätzlich richtet man das Becken mit Zweigen und möglichst langen Halmen (gern künstlich) ein. Auch wenn die Tiere Wassertropfen von den Pflanzen ablecken, sollte eine kleine, flache Wasserschale nicht fehlen.

NAHRUNG Kleine Grillen, Heimchen, Würmer, Maden und Spinnen.

Zwerggürtelschweif
Cordylus cordylus tropisternum

VERBREITUNG Ostafrika.

MERKMALE Länge bis 18 cm. Der Zwerggürtelschweif hat einen dreieckigen Kopf, der am hinteren Teil 6 dornige Stacheln trägt. Der gesamte Rumpf ist mit großen, gekielten Schuppen bedeckt. Die Grundfärbung ist grau, braun oder rötlich; an Wangen und Kehle sind oftmals strohgelbe Flecken zu sehen. Männchen sind minimal größer und haben kräftige Schenkelporen.

HALTUNG Für ein Paar wird ein Becken von 60×40× 40 cm Größe benötigt; gern darf es höher und größer sein. Da Zwerggürtelschweife jedoch sehr gesellig sind und bevorzugt in Gruppen leben, sollte man mehrere Tiere im größeren Terrarium halten. Der Bodengrund aus Erde-Sand-Mischung wird nur im Sommer gelegentlich feucht gehalten. Eine Felsrückwand und Korkrinden sind geeignete Kletter- und Versteckmöglichkeiten. Als Sonnenplätze können z. B. Steine dienen. Wichtig ist eine flache Wasserschale zum Trinken und Baden.

NAHRUNG Alle 2–3 Tage Grillen und Schaben. Ab und zu Mehlkäfer, Wachsmottenraupen, Zophobas.

Synonym Tanzania-Gürtelschweif
Ordnung Schuppenkriechtiere
Unterordnung Echsen
Familie Gürtelechsen

Schwierigkeitsgrad 2
Terrarientyp Halbtrockenterrarium, UV-Bestrahlung
Temperatur T: 30–35 °C, S: 38–40 °C, N: 20–22 °C (Sommer), 16–18 °C (Frühling u. Herbst)
Haltung Gruppe; auch mehrere Männchen möglich
Aktivität tagaktiv
Lebensweise bodenlebend
Winterruhe 4–8 Wo. bei 20–22 °C (Tag), 12–15 °C (Nacht)
Fortpflanzung ovovivipar
Artenschutz 4

Klettert gern.

Gelbkehl-Schildechse
Gerrhosaurus flavigularis

Ordnung Schuppenkriechtiere
Unterordnung Echsen
Familie Gürtelechsen

Schwierigkeitsgrad 1
Terrarientyp Trockenterrarium, UV-Bestrahlung
Temperatur T: 25–28 °C, S: 35 °C, N: 18–20 °C
Luftfeuchtigkeit 50–60 %
Haltung Paar oder Gruppe mit 1 Männchen
Aktivität tagaktiv
Lebensweise bodenlebend
Winterruhe 4–6 Wo. bei 16–20 °C
Fortpflanzung eierlegend
Artenschutz nein

Kann gut schwimmen und tauchen.

VERBREITUNG Ost- bis Südafrika.

MERKMALE Länge bis 50 cm. Die Grundfarbe männlicher Tiere ist gelbbraun, die der Weibchen schokobraun. Die Kehle und Unterseite beider Geschlechter ist weiß; sie tragen beidseitig einen gelblichen bis gelben Streifen auf dem Rücken, der sich bis zum Schwanz zieht. Männchen haben rote und gelbe Bereiche an den Lippen sowie deutliche Femoralporen.

HALTUNG Für ein Paar Gelbkehl-Schildechsen ist ein Terrarium von 120×80×60 cm Größe erforderlich, das einen Sandboden von mindestens 10 cm Höhe aufweisen muss. Äste, Steine und einsturzsichere Felsaufbauten platziert man so, dass den Schildechsen abwechslungsreiche Klettergelegenheiten geboten werden und geeignete Verstecke entstehen. Wichtig ist ein ausreichend großes Wassergefäß, das die Tiere auch zum Baden nutzen können.

NAHRUNG 2-mal pro Woche Heuschrecken, Heimchen, Grillen, Würmer, ab und zu etwas Obst. Ausgewogen füttern, da die Echsen zu Fettleibigkeit neigen.

Gewöhnliche Plattechse
Platysaurus intermedius

VERBREITUNG Ost- und Südafrika. Diese Art hat das wohl weitreichendste Verbreitungsgebiet unter den Plattechsen. Sie lebt, je nach Unterart, in großen Kolonien und bevorzugt Granit, Sandstein und quarzhaltiges Gestein in ihrem Lebensraum. Man kann diese Plattechse aber auch in Savannengebieten antreffen.

MERKMALE Länge 26–30 cm, davon 13–17 cm Schwanz. Die Gewöhnliche Plattechse ist sehr scheu; sie kommt in verschiedenen Unterarten vor (bisher sind 9 bekannt), die sich in Farbe und Größe unterscheiden. Männchen sind sehr farbenprächtig und kräftiger gebaut. Das Weibchen legt im Nov./Dez. 2 ovale Eier.

HALTUNG Ein Paar Plattechsen benötigt ein Terrarium in den Maßen 120×80×100 cm. Der Boden sollte aus Sand oder Sand-Erde-Gemisch bestehen; darauf platziert man einige flache Steine zum Sonnenbaden. Einsturzsichere Steinaufbauten als Versteck- und Rückzugsmöglichkeit dürfen ebenso wenig fehlen wie eine flache Wasserschale.

NAHRUNG Grillen, Mehlwürmer, heimische Insekten und Würmer aller Art.

Synonym Bunte Plattechse
Ordnung Schuppenkriechtiere
Unterordnung Echsen
Familie Gürtelechsen

Schwierigkeitsgrad 2
Terrarientyp Trockenterrarium, UV-Bestrahlung
Temperatur T: 22–28 °C (am Boden), S: 45 °C
Luftfeuchtigkeit 50–60 %
Haltung Paar
Aktivität tagaktiv
Lebensweise felsbewohnend
Winterruhe 6 Wo. bei 12–13 °C
Fortpflanzung eierlegend
Artenschutz nein

Männliche Tiere sind territorial.

Grüne Ameive
Ameiva ameiva

Synonyme Ameive, Amei-
venteju
Ordnung Schuppenkriech-
tiere
Unterordnung Echsen
Familie Schienenechsen

Schwierigkeitsgrad 2
Terrarientyp Halbtrocken-
terrarium, UV-Bestrahlung
Temperatur T: 26–28 °C,
S: 40 °C, N: 20–23 °C
Luftfeuchtigkeit 50–70 %
Haltung Paar
Aktivität tagaktiv
Lebensweise bodenlebend
Fortpflanzung eierlegend
Artenschutz nein

Sehr flink und lebendig;
gräbt gern.

VERBREITUNG Mittel- und Südamerika; in Florida
eingeschleppt. Der bevorzugte Lebensraum ist der
tropische und subtropische Regen- bis Trockenwald;
auch das Grasland wird bewohnt.

MERKMALE Länge 60 cm. Der Körper ist „strom-
linienförmig". Beide Geschlechter sind braun gefärbt, mit regelmäßigen schwarzen Punkten. Männchen haben auf dem Rücken einen kräftig grünen
Bereich, der am Schwanzende ins Türkise übergeht.

HALTUNG Für ein Paar Grüne Ameiven wird ein Ter-
rarium von 200×100×80 cm Größe benötigt. Der
Bodengrund sollte etwa 30 cm hoch sein und aus
Sand-Lehm-Gemisch oder Torf bestehen. Etwa die
Hälfte muss durchgehend feucht gehalten werden.
Wer das Terrarium bepflanzen möchte, sollte Töpfe
verwenden, da die Ameiven sonst alles ausgraben.
Korkstücke und Wurzeln dienen als Versteck- und
Rückzugsmöglichkeiten; eine Trinkschale komplet-
tiert die Einrichtung. Es sollte einmal täglich
gesprüht werden.

NAHRUNG Grillen, Heuschrecken, Heimchen, junge
Mäuse; ab und zu etwas überreifes Obst.

Schwarz-weißer Teju
Tupinambis merianae

VERBREITUNG Argentinien, Brasilien, Uruguay und Paraguay.

MERKMALE Länge bis 1,2–1,5 m. Jungtiere sind zunächst grün und schwarz gefärbt, doch das Grün verblasst in den ersten Monaten zu Weiß. Männchen sind größer und schwerer.

HALTUNG Für ein Paar Schwarz-weiße Tejus braucht man ein Terrarium von 280×180×120 cm Größe. Der Bodengrund sollte aus einem Sand-Erde-Gemisch oder ähnlichem Substrat bestehen. Wichtig ist die Grabfähigkeit, aber auch Stabilität, denn die Tiere legen Höhlen an, die nicht gleich einstürzen sollten. Wichtig sind darüber hinaus ein Wasserbecken zum Baden und große Korkröhren als Versteckplätze, damit diese Tejus sich im Terrarium richtig wohlfühlen. Abends wird der Boden durch Sprühen leicht angefeuchtet. Die UV-Bestrahlung sollte 2–3-mal pro Woche erfolgen und eine 20–30-minütige Dauer nicht überschreiten.

NAHRUNG Infrage kommen Spinnen, Schnecken, Echsen, typische Futterinsekten, ab und zu Obst und Gemüse.

Ordnung Schuppenkriechtiere
Unterordnung Echsen
Familie Schienenechsen (Tejus)

Schwierigkeitsgrad 2
Terrarientyp Trockenterrarium, UV-Bestrahlung
Temperatur T: 26 °C, S: 35–40 °C, N: 20–22 °C, W: 25 °C
Aktivität tagaktiv
Haltung Paar
Lebensweise bodenlebend
Fortpflanzung eierlegend
Artenschutz 4

Sehr umgänglich; wird recht zahm.

Goldteju
Tupinambis teguixin

Synonyme früher: *Tupinambis nigropunctatus;* Salompenter, Bänderteju
Ordnung Schuppenkriechtiere
Unterordnung Echsen
Familie Schienenechsen (Tejus)

Schwierigkeitsgrad 2
Terrarientyp Feuchtterrarium, UV-Bestrahlung
Temperatur T: 28–33 °C, S: 40–55 °C, N: 20–25 °C
Luftfeuchtigkeit 70–90 %
Haltung Paar oder Gruppe mit 1 Männchen
Aktivität tagaktiv
Lebensweise bodenlebend
Fortpflanzung eierlegend
Artenschutz 4

Feindabwehr mit dem Schwanz.

VERBREITUNG Nördliches Südamerika, Mittelamerika und Karibische Inseln. Der Goldteju ist im Regenwald, in Savannengebieten und offenen Graslandschaften anzutreffen.

MERKMALE Länge 1,35 m, davon 1 m Schwanz. Der kupferbraune Körper trägt viele unregelmäßige schwarze oder dunkelbraune Querbinden. Mit zunehmendem Alter werden die Farben dunkler. Die territorialen Männchen sind größer und haben größere Femoralporen. Jungtiere laufen bei Gefahr auch auf den Hinterbeinen. Ausgewachsene Exemplare erreichen ein Gewicht von 4 kg.

HALTUNG Für ein Paar Goldtejus braucht man ein 250×100×100 cm großes Terrarium; für jedes weitere Tier rechnet man 20 % mehr Grundfläche. Als Bodengrund wird 20–30 cm hohes Sand-Lehm-Gemisch verwendet, das leicht feucht gehalten wird. Mit kräftigen Wurzeln, Ästen und Korkstücken simuliert man Unterholz, da sich die Tejus in der Natur bevorzugt dort aufhalten.

NAHRUNG 60–80 % Insekten, den Rest bilden Nager, Eier, Küken, Früchte.

Breitschwanz-Ringelechse
Zonosaurus laticaudatus

VERBREITUNG Südliches und nordwestliches Madagaskar.

MERKMALE Länge 33 cm, davon 50 % Schwanz. Die helle Bänderung des Körpers wird im Nacken breiter und verschmilzt dort zu einer einheitlichen Färbung. Auf dem Rücken wechseln sich diese Bänder mit dunklen und goldgelben Schuppen ab. Der vordere Rückenteil zeigt quer verlaufende Striche; Seiten und Gliedmaßen kleine, helle Flecken, die teilweise dunkel umsäumt sind. Kopf und Kehle der Männchen sind rot. Die Färbung der Kopfoberseite ist dunkler als der Nacken und fleckenlos.

HALTUNG Für ein Paar Breitschwanz-Ringelechsen ist ein Terrarium von mindestens 90×60×60 cm Größe erforderlich; ein größeres wäre besser. Der 8–10 cm hohe Sand-Erde-Boden muss zu $\frac{1}{3}$ der Fläche leicht feucht gehalten werden. Wurzeln, Korkröhren etc. als Versteck- und Klettermöglichkeiten müssen ausreichend vorhanden sein; eine kleine, flache Wasserschale darf nicht fehlen.

NAHRUNG Grillen, Heimchen, ab und zu kleine Obststücke.

Synonym Rotkopfschildechse
Ordnung Schuppenkriechtiere
Unterordnung Echsen
Familie Schildechsen

Schwierigkeitsgrad 2
Terrarientyp Halbfeuchtterrarium, UV-Bestrahlung
Temperatur T: 28 °C, S: 40 °C, N: 22 °C
Haltung Paar
Aktivität tagaktiv
Lebensweise bodenlebend
Fortpflanzung eierlegend
Artenschutz nein

Klettert und sonnt sich gern, gräbt sich abends unter Wurzeln o. Ä. im Boden ein.

Wickelschwanz-Skink
Corucia zebrata

Synonym Salomonen-Wickelschwanzskink
Ordnung Schuppenkriechtiere
Unterordnung Echsen
Familie Skinke

Schwierigkeitsgrad 2
Terrarientyp Feuchtterrarium, UV-Bestrahlung
Temperatur T: 26–30 °C, S: 40 °C, N: 20–24 °C
Luftfeuchtigkeit 75 %
Haltung Paar oder Gruppe mit 1 Männchen
Aktivität nachtaktiv
Lebensweise baumbewohnend
Fortpflanzung lebend gebärend
Artenschutz 4

Sehr friedlich und ruhig; wird recht zahm.

VERBREITUNG Salomon-Inseln nordöstlich der australischen Küste.

MERKMALE Länge bis 76 cm; der Wickelschwanz-Skink ist die größte Skinkart. Er kann bis 20 Jahre alt werden. Die Grundfarbe umfasst sämtliche Grüntöne bis hin zu fast Schwarz; jedes Exemplar sieht anders aus. Meist zieren gelbe, grüne und schwarze Streifen oder Schattierungen den Rücken, Bauch und Schwanz. Weibchen sind etwas größer und kräftiger.

HALTUNG Für die Paar Wickelschwanz-Skinke braucht man ein Terrarium von 160×120×190 cm Größe (alternativ auch 190×120×160 cm). Als Bodengrund verwendet man Pinien- oder Kokoserde oder eine Mischung aus beiden. Bei der Bepflanzung kommen nur solche Arten in Betracht, die die Tiere bedenkenlos verspeisen können (z. B. *Monstera*). Baumhöhlen dienen als Versteck- und Rückzugsmöglichkeiten; die notwendigen zahlreichen Kletteräste sollten etwa 50 % dicker sein als der Körper des Skinkes.

NAHRUNG Efeutute (*Scindapsus aureus*), Salat, Früchte, Gemüse, ab und an Heuschrecken.

Stachelskink
Egernia cunninghami

VERBREITUNG Süden und Südwesten Australiens.
MERKMALE Länge 30–40 cm. Die Körperoberseite ist olivbraun bis rötlich braun, der Schwanz bestachelt. Männchen haben einen breiteren Kopf; Weibchen zeigen oft mehr weiße Sprenkel.
HALTUNG Für ein Paar Stachelskinke ist ein Terrarium mit den Mindestmaßen 150×60×100 cm erforderlich; größere Becken sind allerdings immer besser, um den Tieren mehr Bewegungsfreiheit zu geben. Als Bodengrund verwendet man Sand; an einigen Stellen kann man ein paar Steine platzieren. Steinaufbauten (einsturzsicher!) sind notwendig und sollten so arrangiert werden, dass Spalten entstehen, da die Tiere in der Natur diese auch als Rückzugsmöglichkeiten nutzen. Zusätzlich kann man die Rückwand felsähnlich strukturieren. Ein Wassernapf und Korkrinden als Unterschlupf sind ebenfalls wichtig.
NAHRUNG Geeignet sind Bananen, Erdbeeren, Klee, Löwenzahn sowie diverse Futterinsekten. Man sollte nicht übermäßig füttern; Skinke neigen zur Verfettung.

Synonym Cunningham's Skink
Ordnung Schuppenkriechtiere
Unterordnung Echsen
Familie Skinke

Schwierigkeitsgrad 1
Terrarientyp Trockenterrarium, UV-Bestrahlung
Temperatur T: 22–28 °C, S: 30 °C, N: Heizquellen aus
Haltung einzeln oder Paar
Aktivität tagaktiv
Lebensweise boden- u. felsbewohnend
Fortpflanzung lebend gebärend
Artenschutz nein

Wird recht zutraulich, frisst bisweilen sogar aus der Hand des Halters.

Berberskink
Eumeces algeriensis

Synonym früher: *Eumeces schneideri algeriensis*
Ordnung Schuppenkriechtiere
Unterordnung Echsen
Familie Skinke

Schwierigkeitsgrad 1
Terrarientyp Trockenterrarium, UV-Bestrahlung
Temperatur T: 28–30 °C, S: bis 38 °C, N: 18–20 °C
Haltung einzeln oder Paar
Aktivität tagaktiv
Lebensweise bodenlebend
Winterruhe 2–3 Mon. bei 15–18 °C, nur 6 h Beleuchtung
Fortpflanzung eierlegend
Artenschutz nein

Skinke benötigen 12–14 h helle Beleuchtung.

VERBREITUNG Marokko und Algerien. Diese Art bevorzugt felsige Biotope in Küsten- bzw. Flussnähe, die gern auch mit Sträuchern bewachsen sein können. Als Kulturfolger ist dieser Skink auch in Gärten und auf Äckern anzutreffen.

MERKMALE Länge bis 42 cm. Berberskinke können über 20 Jahre alt werden. Sie haben einen braunen Rücken mit orangefarbenen Flecken. Männchen sind kräftiger gefärbt, haben einen schwereren Kopf und eine dickere Schwanzwurzel.

HALTUNG Das Terrarium für ein Paar Berberskinke sollte wenigstens 150×100×60 cm groß sein und über einen 8–10 cm hohen Sandboden verfügen. Dort graben sich die Tiere gern ein. Eine Ecke des Bodens muss immer feucht gehalten werden. Wurzeln, Korkrindenstücke und flache Steinbauten (einsturzsicher) als Verstecke komplettieren die Einrichtung.

NAHRUNG Berberskinke fressen Heimchen, Grillen, Mehlwürmer, Schnecken und nestjunge Mäuse. Ab und zu kann man ihnen auch etwas süßes, weiches Obst anbieten.

Tüpfelskink
Eumeces schneiderii

VERBREITUNG Nordwest-Indien bis östliches Nord-afrika.

MERKMALE Länge 36 cm, davon 12 cm Schwanz. 6 Un-terarten. Kennzeichnend für den Tüpfelskink sind der braune Rücken mit roten Flecken und die gelbe Binde an den Flanken. Männchen sind kräftiger gefärbt, größer und schwerer. Sie haben einen dicke-ren Kopf. Weibchen betreiben Brutpflege: Sie bewa-chen das Gelege und befeuchten es mit ihrem Urin.

HALTUNG Das Terrarium für ein Paar Tüpfelskinke sollte 120×80×50 cm groß sein und über einen mindestens 10 cm hohen Sandboden verfügen. Dort graben sich die Tiere gern ein. Wurzeln und Steine als Verstecke komplettieren die Einrichtung. Die Skinke benötigen einen Tag-Nacht-Rhythmus mit 12–14 Stunden heller Beleuchtung. Die Länge der Winterruhe ist herkunftsabhängig: Tiere aus südli-cheren Regionen halten eine verkürzte Winterruhe, Tiere aus nördlicheren ruhen mehrere Monate.

NAHRUNG Typische Futterinsekten, auch heimische Fliegen, nestjunge Mäuse und süßes, weiches Obst, z. B. Bananen.

Synonym *Eumeces schnei-deri*
Ordnung Schuppenkriech-tiere
Unterordnung Echsen
Familie Skinke

Schwierigkeitsgrad 1
Terrarientyp Trockenterra-rium, UV-Bestrahlung
Temperatur T: 28–30 °C, S: 38–40 °C, N: 18–20 °C
Haltung Paar
Aktivität tagaktiv
Lebensweise bodenlebend
Winterruhe 2–3 Mon bei 15–18 °C, nur 6 h Beleuch-tung
Fortpflanzung eierlegend
Artenschutz 4

Wird schnell zutraulich.

Feuerskink
Riopa fernandi

Synonym Prachtskink
Ordnung Schuppenkriechtiere
Unterordnung Echsen
Familie Skinke

Schwierigkeitsgrad 1
Terrarientyp Halbfeuchtterrarium, UV-Bestrahlung
Temperatur T: 22–30 °C, S: bis 40 °C, N: 20–22 °C
Luftfeuchtigkeit 70 %
Haltung Paar oder Gruppe mit 1 Männchen + 2 Weibchen
Aktivität dämmerungsaktiv
Lebensweise bodenlebend
Winterruhe 6–8 Wo. bei Zimmertemp.
Fortpflanzung eierlegend
Artenschutz nein

Wird recht zutraulich.

VERBREITUNG West- und Zentralafrika. Der bevorzugte Lebensraum des Feuerskinks sind feuchte und waldreiche Gebiete.

MERKMALE Länge maximal 38 cm. Der Rücken ist rot- oder gelbbraun gefärbt, der Kopf dunkel abgesetzt. Die Körperseiten sind feuerrot, weiß und schwarz. Die Oberlippenschilder zeigen bis zu den Ohröffnungen eine rote Färbung. Weibchen sind unscheinbarer und etwas kleiner.

HALTUNG Für ein Paar Feuerskinke wird ein Terrarium mit den Maßen 100×60×50 cm benötigt. Für die grabfreudigen Tiere muss der Bodengrund aus mindestens 10 cm hohem Erde-Rindenmulch-Gemisch bestehen. Er wird durchgehend leicht feucht gehalten. Verstecke aus Korkrinden und einsturzsicheren Steinaufbauten sollten ebenso wenig fehlen wie Wurzeln und ähnliche Materialien als Klettermöglichkeiten. Diese sollten jedoch nicht zu hoch ausfallen. Komplettiert wird das Ganze mit einer flachen Wasserschale.

NAHRUNG Heimchen, Grillen, Schaben, Regenwürmer und Nacktschnecken.

Sandfisch
Scincus scincus

VERBREITUNG Saudi-Arabien, ganz Nordafrika. Der Sandfisch lebt auf und im Sand.

MERKMALE Länge 20 cm. Alter etwa $5\frac{1}{2}$ Jahre. Dieser Skink besitzt sehr dicht anliegende, glatte Schuppen. Die Grundfärbung ist hellbraun bis rötlich-gelb und mit dunklen Querbändern durchzogen. Die Ohren sind immer verschlossen.

HALTUNG Für ein Paar dieser Skinke sollte das Terrarium mindestens 80×50×40 cm groß sein. Der Bodengrund besteht aus einer wenigstens 8–10 cm hohen Sandschicht, die gern auch noch höher ausfallen kann. Ein paar Wurzeln oder Steine können als Dekoration eingebracht werden; die Tiere nutzen sie in der Regel nicht. Zu beachten ist, dass die Sandfische zwar sehr hohe Temperaturen brauchen, jedoch auch einen kühlen Bereich. Am besten bringt man die Wärmequellen so an, dass eine Seite des Terrariums komplett ungeheizt bleibt. Eine kleine Wasserschale ist für die Trinkwasserzufuhr nötig; der Wasserstand darf nur maximal 1 cm betragen.

NAHRUNG Grillen, Ofenfischchen, Schabenbabys; ab und zu auch Grassamen u. Ä.

Synonym Apothekerskink
Ordnung Schuppenkriechtiere
Unterordnung Echsen
Familie Skinke

Schwierigkeitsgrad 1
Terrarientyp Trockenterrarium, UV-Bestrahlung
Temperatur T: 30 °C, S: 40 °C
Haltung Paar oder Gruppe mit 1 Männchen
Aktivität tagaktiv
Lebensweise bodenlebend
Fortpflanzung lebend gebärend
Artenschutz nein

Vergräbt sich bei Gefahr im Sand.

Tannenzapfenechse
Tiliqua rugosa

Synonyme früher: *Trachydosaurus rugosus*; Stutzechse, Tannenzapfenskink
Ordnung Schuppenkriechtiere
Unterordnung Echsen
Familie Skinke

Schwierigkeitsgrad 2
Terrarientyp Halbtrockenterrarium, UV-Bestrahlung
Temperatur T: 25–30 °C, S: 30–38 °C, N: 20–25 °C
Luftfeuchtigkeit bis 60 %
Haltung Paar oder Gruppe
Aktivität tagaktiv
Lebensweise bodenlebend
Fortpflanzung lebend gebärend
Artenschutz nein

Recht träge.

VERBREITUNG Süden Australiens.

MERKMALE Länge 35–40 cm. 4 Unterarten. Charakteristisch für die Tannenzapfenechse sind große, höckerige Schuppen und eine blaue Zunge. Männchen haben einen größeren Kopf und ein schmaleres Becken.

HALTUNG Mindestens 150×50×80 cm groß sollte das Terrarium für ein Paar Tannenzapfenechsen sein; mehr Grundfläche wäre besser. Diese Art benötigt sehr helles Licht. Zudem sind ein Temperaturgefälle und eine gute Belüftung erforderlich. Für den Bodengrund verwendet man Sand. Steine, Steinaufbauten (einsturzsicher), Korkröhren und Pflanzen sollten in ausreichender Anzahl und Größe vorhanden sein. Echte Pflanzen dürfen nicht giftig oder unverträglich sein, da die Tiere sich zu 80 % vegetarisch ernähren. Ein Wassernapf komplettiert die Einrichtung.

NAHRUNG Pflanzlich: Geeignet sind Salate, Obst, Gemüse, Löwenzahnblüten und -blätter; keine Zitrusfrüchte füttern! Tierisch: typische Futterinsekten, Babymäuse.

Blauzungenskink
Tiliqua scincoides

VERBREITUNG Nord- und Ostaustralien. Diese Skinkart kommt bevorzugt in trockenen, schwach bewaldeten Savannen und im Grasland vor; sie ist hin und wieder auch in Waldgebieten anzutreffen.

MERKMALE Länge maximal 50 cm, davon etwa 15 cm Schwanz. Die Grundfarbe des Blauzungenskinks ist sehr variabel und reicht von Gelblich bis Schwarz. Auf seinem Rumpf und Schwanz trägt er helle Querbänder. Männchen sind kräftiger, mit breiterem Kopf und verdickter Schwanzwurzel. Die Beine erscheinen im Verhältnis zum restlichen Körper regelrecht winzig.

HALTUNG Die Mindestgröße des Terrariums für ein Exemplar sollte bei 100×50×50 cm liegen. Für den Bodengrund verwendet man 10–20 cm hohes Erde-Sand-Gemisch. Wurzeln, Korkhöhlen und Steine dienen als Versteck- bzw. Sonnenplätze. Besonders wichtig ist eine ausreichend große Wasserschale, damit der Skink darin baden kann. Das Wasser muss regelmäßig gewechselt werden.

NAHRUNG Insekten, Schnecken, Würmer, junge Mäuse; auch Blattgrün (z. B. Löwenzahn) und Früchte.

Ordnung Schuppenkriechtiere
Unterordnung Echsen
Familie Skinke

Schwierigkeitsgrad 1
Terrarientyp Trockenterrarium, UV-Bestrahlung
Temperatur T: 28 °C, S: 35 °C, N: Zimmertemp. – 10 °C
Luftfeuchtigkeit 60 %
Haltung einzeln
Aktivität tagaktiv
Lebensweise bodenlebend
Fortpflanzung lebend gebärend
Artenschutz nein

Große, blaue Zunge wird bei Gefahr herausgestreckt.

Blauschwanzskink
Trachylepis quinquetaeniata

Synonyme fr.: *Mabuya quinquetaeniata*; Afr. Blauschwanzskink, Bl. Streifenskink, Blauschwanz-, Fünfstreifenmabuye
Ordnung Schuppenkriechtiere
Unterordnung Echsen
Familie Skinke

Schwierigkeitsgrad 2
Terrarientyp Halbtrockenterrarium, UV-Bestrahlung
Temperatur T: 22 °C (Boden), 30 °C (Luft), S: 40 °C, N: 20 °C
Luftfeuchtigkeit 40–60 %
Haltung Paar
Aktivität tagaktiv
Lebensweise auf Felsen
Fortpflanzung eierlegend
Artenschutz nein

Winterruhe 6–8 Wo. bei 15–18 °C.

VERBREITUNG Ostafrika.

MERKMALE Länge 25 cm. Die dunkelbraunen Weibchen besitzen einen beigefarbenen Streifen vom Kopf bis zum Schwanz. Männliche Tiere sind hellbraun mit gelben Flanken und haben hinter der Ohröffnung jeweils 2 schwarze Flecken. Die Schwänze beider Geschlechter sind blau. Untereinander sind die Skinke recht friedlich, doch anderen Echsen gegenüber sehr aggressiv.

HALTUNG Ein Paar Blauschwanzskinke benötigt ein Terrarium mit den Maßen 80×50×80 cm und ein mindestens 15 cm hohes Sand-Erde-Gemisch als Bodengrund zum Graben. Die Rückwand und eventuell auch die Seitenwände sollten mit Korkplatten zum Klettern versehen werden. Stabile Äste, einsturzsichere Steinbauten, Korkrinden und eine Wasserschale machen die Einrichtung komplett. Alle 5–6 Tage sollte lauwarm gesprüht werden. Im Handel werden immer noch viele Wildfänge angeboten. Vom Kauf ist jedoch abzuraten, da diese Tiere sehr schreckhaft sind.

NAHRUNG Grillen, Heimchen, Schaben.

Waranartige *(Varanoidea)*

Zu den Waranartigen *(Varanoidea)* gehören auch die Krustenechsen *(Helodermatidae)*, Taubwarane *(Lanthanotidae)* und die ausgestorbenen Mosasaurier *(Mosasauridae)*, doch an dieser Stelle soll es lediglich um die Warane *(Varanidae)* gehen.

Viele **WARANE** besitzen einen für sie charakteristischen, lang gestreckten Körperbau, der jedoch je nach Art in seinen Proportionen variieren kann. Von zwei Ausnahmen abgesehen sind diese Echsen karnivor (fleischfressend) und besitzen ein entsprechend kräftiges Gebiss. Ihre Zähne sind scharf und spitz, entweder lateral zusammengedrückt und dolchförmig oder aber säbelförmig und nach hinten gekrümmt. Ihre Zunge ist in zwei Spitzen unterteilt und hat zwei Funktionen: Zum einen kann sie in der Luft befindliche Duftstoffe zum Jakobson'schen Organ führen. So werden sowohl Beutetiere als auch mögliche Geschlechtspartner wahrgenommen. Darüber hinaus wird die Zunge von den Waranen auch als Tastorgan benutzt.

Die größte Echse der Welt ist der Komodowaran mit einer Größe von 3 m; die kleinsten Warane werden gerade mal 20 cm lang. Ein Großteil der Gesamtlänge entfällt jedoch bei den meisten Arten auf den Schwanz. Die grundsätzlich tagaktiven Warane können zumeist gut schwimmen und leben daher oftmals in Wassernähe; diese Arten besitzen auch einen Ruderschwanz. Außerdem gibt es unter ihnen sehr viele geschickte Kletterer, die auch den Schwanz zu Hilfe nehmen.

Warane sind in der Lage, ihren Rumpf zu verbreitern. Dies geschieht durch Spreizung der Rippen. So dient dies beim Sonnenbad dazu, sich schneller aufzuwärmen, kommt aber auch als Drohgebärde zum Einsatz. Allerdings wird hierbei der Körper zunächst aufgebläht.

Warane setzen ihre Zunge als Tastorgan ein.

Stachelschwanzwaran
Varanus acanthurus

Synonym Australischer Stachelschwanzwaran
Ordnung Schuppenkriechtiere
Unterordnung Echsen
Familie Warane

Schwierigkeitsgrad 3
Terrarientyp Trockenterrarium, UV-Bestrahlung
Temperatur T: 28 °C, S: 55–60 °C, N: 20–22 °C
Luftfeuchtigkeit 50 %
Haltung Paar
Aktivität tagaktiv
Lebensweise boden- u. felsbewohnend
Winterruhe s. Text
Fortpflanzung eierlegend
Artenschutz 4

Geschlechter während Winterruhe voneinander trennen.

VERBREITUNG Nord- und Westaustralien.

MERKMALE Länge 70–75 cm, davon 45–50 cm Schwanz. Weibchen sind deutlich kleiner. Namengebend waren die stachelartigen Fortsätze am Schwanz, der zum Klettern wie auch zum Verschließen von Felsspalten benutzt wird, in denen sich der Stachelschwanzwaran gern versteckt.

HALTUNG Für ein Paar wird ein Terrarium von 150× 100×80 cm Größe benötigt, das 12–14 h täglich beleuchtet werden muss. Als Einrichtung verwendet man 20–30 cm hohes Lehm-Sand-Gemisch, Wurzeln und einsturzsichere Steinaufbauten. Versteckmöglichkeiten aus großen Blumentöpfen o. Ä. sollten ebenso wenig fehlen wie eine Wasserschale mit Trinkwasser. Zur Einleitung der Winterruhe werden die Temperaturen langsam auf 24–26 °C und die Beleuchtungsdauer auf 6 h gesenkt. Nach 8 Wochen erhöht man alles allmählich wieder auf die Ausgangswerte.

NAHRUNG Nur Insekten; d. h. alle typischen Futterinsekten. Bitte keine Mäuse und andere Säuger füttern!

Steppenwaran
Varanus exanthematicus

VERBREITUNG Afrika. Der Steppenwaran ist in den Wüstengebieten vom Senegal bis zum Sudan anzutreffen. Er bewohnt aber auch trockene Savannen- und Graslandschaften.

MERKMALE Länge maximal 130 cm, davon 78–80 cm Schwanz. Die Grundfarbe reicht von Grau bis zu einem fahlen Gelb. Auf dem Rücken trägt cr große, helle Flecken mit dunkler Umrandung. Männliche Tiere sind oft kräftiger und haben einen wuchtigeren Kopf.

HALTUNG Für ein Paar Steppenwarane wird ein Terrarium von mindestens 300×100×120 cm Größe benötigt. Der Bodengrund sollte grabfähig sein; ein Sand-Lehm-Gemisch ist daher gut geeignet. Neben einem Trinkgefäß müssen ausreichend Rückzugs- und Versteckmöglichkeiten geschaffen werden; hier können große Korkröhren, Wurzeln und Steinaufbauten (einsturzsicher!) zum Einsatz kommen. Der Steppenwaran ist von Natur aus wasserscheu. Man sollte ihn aber mindestens 1-mal im Monat baden – dies hilft beim Häuten; das Tier gewöhnt sich daran.

NAHRUNG Insekten, Mäuse, Küken.

Ordnung Schuppenkriechtiere
Unterordnung Echsen
Familie Warane

Schwierigkeitsgrad 2
Terrarientyp Trockenterrarium, UV-Bestrahlung
Temperatur T: 28–35 °C, S: bis 60 °C (Temp.gefälle), N: 20 °C
Haltung Paar
Aktivität tagaktiv
Lebensweise bodenlebend
Winterruhe 2–3 Mon. bei 15 °C
Fortpflanzung eierlegend
Artenschutz 4

Neigt zur Fettleibigkeit.

Merten's Wasserwaran
Varanus mertensi

Synonym Wasser-Waran
Ordnung Schuppenkriechtiere
Unterordnung Echsen
Familie Warane

Schwierigkeitsgrad 3
Terrarientyp Aquaterrarium mit 80 % Wasser oder Aquarium + Sonnenplatz; UV-Bestrahlung
Temperatur W: 27–29 °C
Haltung Paar
Aktivität tagaktiv
Lebensweise fast nur wasserlebend
Winterruhe Juli–Sept. ohne Temp. absenkung
Fortpflanzung eierlegend
Artenschutz 4

Paarhaltung ganzjährig möglich, da Tiere untereinander nicht aggressiv.

VERBREITUNG Tropischer Norden Australiens. Merten's Wasserwaran verlässt das Wasser nur zum Sonnenbad.

MERKMALE Länge 1,5(–1,7) m, davon ca. 90(–100) cm Schwanz, der einen deutlich ausgebildeten Mittelkiel hat. Die dunkel olivgrüne Grundfarbe wird auf dem Rücken von einigen hellgelben Flecken verziert, die von schwarzen Schuppen umrandet sind. Die Kehle der Tiere ist leuchtend gelb.

HALTUNG Für ein Paar Wasserwarane sollte das Becken mindestens 200×80×80 cm groß sein; ein größeres ist jedoch in jedem Fall sinnvoller. Man errichtet entweder einen kleinen Landteil oder platziert die Sonnenplätze direkt im Wasser. In beiden Fällen verwendet man dafür Steine oder Baumstämme. Die Tiere werden schon seit Jahren erfolgreich in Gefangenschaft gezüchtet. Nach der Paarung muss man Männchen und Weibchen trennen, um Stress zu vermeiden (Weibchen geraten sonst in Legenot).

NAHRUNG Insekten, deren Larven, Fische (zu 80 %!). Keine Ernährung mit Mäusen und anderen Säugetieren entsprechender Größe!

Nilwaran
Varanus niloticus

VERBREITUNG Afrika, südlich und östlich der Sahara. Der Nilwaran lebt in Nähe von Flüssen, Seen und Sumpfgebieten.

MERKMALE Länge 1,5–2(–2,4) m. Die dunkle Grundfarbe ist mit gelben Flecken versehen. Schmale gelbliche Querstreifen befinden sich auf Schwanz und Rücken; der gelbe Bauch ist schwarz gefleckt. Der Schwanz dient beim Schwimmen als Ruder und beim Klettern als „Greifarm".

HALTUNG Für ein Tier sollte ein Terrarium von mindestens 200×150×200 cm Größe zur Verfügung stehen; besser wäre gleich ein ganzes Zimmer. Der Wasserteil sollte verschiedene Tiefenbereiche bis 60 cm aufweisen. Als Bodengrund wählt man ein Sand-Erde-Gemisch, das nicht stark stauben darf und möglichst hoch aufgeschüttet werden muss, da der Waran gern lange Erdgruben gräbt. Wichtig sind eine Trinkschale, starke Kletteräste und Versteckmöglichkeiten in Form von Baumstümpfen bzw. Fels- und Steinvorsprüngen.

NAHRUNG Kleine Säuger, Eier, Fische, Insekten, Muscheln, Schnecken.

Ordnung Schuppenkriechtiere
Unterordnung Echsen
Familie Warane

Schwierigkeitsgrad 4
Terrarientyp Aquaterrarium mit 30–50 % Wasserteil oder Feuchtterrarium + Badebecken, UV-Bestrahlung
Temperatur T: 26–30 °C, S: 45 °C, W: 26–28 °C, N: 20 °C
Haltung einzeln
Aktivität tagaktiv
Lebensweise bodenlebend
Fortpflanzung eierlegend
Artenschutz 4

Größte afrikanische Waranart, kann 15 Jahre alt werden. Gilt als außerordentlich aggressiv!

Smaragdwaran
Varanus prasinus

Ordnung Schuppenkriech-
tiere
Unterordnung Echsen
Familie Warane

Schwierigkeitsgrad 4
Terrarientyp Feuchtterra-
rium, UV-Bestrahlung
Temperatur T: 28–31 °C,
S: 40 °C, N: 25–28 °C
Luftfeuchtigkeit 70–90 %
Haltung Paar oder Gruppe
Aktivität tagaktiv
Lebensweise busch- u.
baumbewohnend
Fortpflanzung eierlegend
Artenschutz 4

Gruppenhaltung empfoh-
len.

VERBREITUNG Neuguinea.

MERKMALE Länge 70–90 cm. Typisch für den Sma-
ragdwaran sind die laubgrüne Färbung und der gra-
zile Körperbau. Mit seinem Schwanz hält er sich
beim Klettern an Ästen fest.

HALTUNG Für ein Paar ist ein Terrarium mit den
Mindestmaßen 150×100×150 cm erforderlich; ein
größeres und vor allem höheres Becken wäre ratsam. Für den 10–15 cm hohen Bodengrund kann
man Rindenmulch, Terrarienerde oder ähnliches
Substrat verwenden. Zum Klettern werden viele
waage- und senkrechte Äste in verschiedenen Größen und Stärken benötigt. Die Rück- und Seitenwände des Beckens sollten rau strukturiert werden, um
zusätzliche Klettermöglichkeiten zu schaffen. Als
Verstecke dienen eine dichte Bepflanzung mit
robusten Pflanzen sowie zusätzlich Korkröhren. Die
Tiere sind sehr empfindlich gegen Zugluft und Tem-
peraturschwankungen. Trotzdem ist eine sehr gute
Belüftung erforderlich.

NAHRUNG Insekten, kleine Nager, Echsen, Vögel und
Eier.

Raunackenwaran
Varanus rudicollis

VERBREITUNG Indonesien, Thailand, Malaysia, Philippinen. Der Raunackenwaran bewohnt Regen- und Mangrovenwälder.

MERKMALE Länge 1,2–1,5(–1,7) m, davon ⅔ Schwanz. Die Tiere sind sehr kräftig und aktiv. Jungtiere besitzen noch eine Zeichnung, Adulte sind meist zeichnungslos schwarz gefärbt. Männchen sind größer und haben sichtbare Hemipenistaschen.

HALTUNG Für einen Raunackenwaran empfiehlt sich ein Terrarium von mindestens 150×100×150 cm Größe; mehr Höhe wäre wünschenswert. Das Badebecken oder der Wasserteil muss etwa ⅓ der Grundfläche einnehmen und auf jeden Fall verschiedene Tiefenbereiche aufweisen. Der Bodengrund kann ein Erde- oder Sand-Torf-Gemisch sein. Hohe, stabile Kletteräste und Verstecke, die weit oben angeboten werden müssen, sind die Grundvoraussetzung dafür, dass der Waran sich wohlfühlt. In Gefangenschaft kann er 10–15 Jahre alt werden.

NAHRUNG Vorwiegend Insekten. Von der Ernährung mit Mäusen oder anderen Säugetieren wird dringendst abgeraten!

Ordnung Schuppenkriechtiere
Unterordnung Echsen
Familie Warane

Schwierigkeitsgrad 2
Terrarientyp Aqua- oder Feuchtterrarium, UV-Bestrahlung
Temperatur T: 25–30 °C (Temp.gefälle!), S: 32 °C, N: etwas abgesenkt
Luftfeuchtigkeit 80 %
Haltung einzeln oder Paar
Aktivität tagaktiv
Lebensweise baumbewohnend
Winterruhe 2–3 Mon. bei 14–16 °C
Fortpflanzung eierlegend
Artenschutz 4

Scheu, aber beißt eher selten.

Bindenwaran
Varanus salvator

Ordnung Schuppenkriech-
tiere
Unterordnung Echsen
Familie Warane

Schwierigkeitsgrad 4
Terrarientyp Feuchtterra-
rium mit großem Wasser-
becken oder Aquaterra-
rium, UV-Bestrahlung
Temperatur T: 25–30 °C,
S: 40 °C, W: 25–28 °C
Luftfeuchtigkeit 80–90 %
Haltung einzeln
Aktivität tagaktiv
Lebensweise baum-, fels-
u. bodenbewohnend
Fortpflanzung eierlegend
Artenschutz 4

Einzelgänger.

VERBREITUNG Südostasien. Der Bindenwaran ist in Gewässernähe auf Bäumen, im Wurzelwerk, in Felshöhlen und unter umgefallenen Bäumen anzutreffen.

MERKMALE Länge bis 3 m, davon $\frac{2}{3}$ Schwanz. Er trägt weiße bis gelbe, quer angeordnete bindenartige Zeichnungen auf dunkelgrauer bis grauer Grundfarbe.

HALTUNG Für ein ausgewachsenes Exemplar von 3 m muss man für die Unterbringung 500×200×200 cm zur Verfügung stellen können; d. h. eigentlich braucht man schon ein ganzes Zimmer. Das Wasserbecken bzw. der Wasseranteil muss 1 m² groß sein und eine Tiefe von 60 cm vorweisen, wobei unterschiedliche Tiefenbereiche vorhanden sein müssen. Starke, gut verankerte Kletteräste und Versteckmöglichkeiten in Form von Baumstümpfen oder vergleichbarem Material dürfen nicht fehlen. Der Bindenwaran ist auch vor Sonnenaufgang und nach Sonnenuntergang aktiv.

NAHRUNG Fisch, Schnecken, Mäuse, Küken und Fleischstücke.

Timor-Waran
Varanus timorensis

VERBREITUNG Indonesische Insel Timor, einige der Kleinen Sunda-Inseln.

MERKMALE Länge 65 cm, davon ⅔ Schwanz. Die gräuliche bis dunkelgraue Grundfarbe zeigt viele weißliche Punkte auf dem Rücken. Sie sind dunkel eingefasst und haben z. T. einen dunklen Kern. Unterhalb der Augen befindet sich jeweils ein gelblich-weißer Streifen, der hinter den Ohren ausläuft. Die Unterseite ist weißlich bis cremefarben, der Schwanz schwach gebändert. Die größeren Männchen haben deutliche Hemipenistaschen.

HALTUNG Für einen Timor-Waran sollte das Terrarium 150×90×200 cm groß sein. Für den Boden verwendet man ein Sand-Torf-Gemisch; Rück- und Seitenwände werden mit Kork zum Klettern versehen. Weiterhin nötig sind Kletteräste und einsturzsichere Steinaufbauten, die auch als Rückzugsmöglichkeit genutzt werden. Dichte Bepflanzung (z. B. *Ficus benjamini*) und ein Trinkgefäß sind wichtig. Einmal täglich wird mit lauwarmem Wasser gesprüht.

NAHRUNG Heuschrecken, Schaben u. a. Insekten; einmal monatlich oder seltener Mäuse.

Ordnung Schuppenkriechtiere
Unterordnung Echsen
Familie Warane

Schwierigkeitsgrad 2
Terrarientyp Halbtrockenterrarium, UV-Bestrahlung
Temperatur T: 26–32 °C, S: 40 °C, N: 20–25 °C
Luftfeuchtigkeit 60–70 %
Haltung einzeln; Paar nur in sehr großem Terrarium
Aktivität tagaktiv
Lebensweise baum- u. felsbewohnend
Winterruhe Nov.–Jan. (Regenzeit); T: 26–28 °C, N: 18–20 °C, Luftf. T: 70–80 %, N: bis 100 %
Fortpflanzung eierlegend
Artenschutz 4

Je größer das Terrarium, desto ruhiger die Tiere.

Spinnentiere *(Arachnida)*

Skorpione *(Scorpiones)* und Vogelspinnen *(Theraphosidae)* zählen zur Ordnung der Spinnentiere *(Arachnida)*.

Es gibt ca. 890 Arten von **VOGELSPINNEN**. Vielfach gefürchtet, sind sie im Allgemeinen aber eher harmlos. Nur wenige Vogelspinnen verfügen über ein starkes Gift, das beim Menschen Schüttelfrost, Krämpfe oder gar Lähmungen auslösen kann. Allergiker sollten auch bei den mindergiftigen Spinnen Vorsicht walten lassen – aber da gilt für alle Gifttiere! Der Biss selbst kann jedoch recht schmerzhaft sein, vor allem bei größeren Exemplaren.

Viele Vogelspinnen besitzen Brennhaare am Hinterleib, die Hautreizungen auslösen können. Mit dem letzten Beinpaar können diese, da sie leicht brechen, „abgebürstet" werden. Anschließend werden sie dem Feind entgegengeschleudert. Diesen Vorgang nennt man Bombardieren.

SKORPIONE gibt es in ca. 1400 Arten auf der ganzen Welt; sie werden zwischen 9 mm und gut 20 cm groß. Zwar leben sie größtenteils auf steinigen oder sandigen Böden, doch es ist ein Irrtum zu glauben, Skorpione würde man nur in trockenen Habitaten finden. Im Gegenteil – nicht wenige Arten benötigen hohe Luftfeuchtigkeitswerte.

Skorpione sind giftig, besitzen jedoch in der Regel ein recht schwaches Gift. Das Gift einiger Arten aber kann für den Menschen gefährlich werden. Viele Skorpionarten kommen längere Zeit ohne Nahrung aus; Zeiträume von 12–24 Monate sind durchaus keine Seltenheit. Die ausschließlich nachtaktiven Tiere sind in der Regel Lauerjäger, d. h. sie lauern in der Nähe ihres Unterschlupfes auf Beute. Doch es gibt auch aktive Jäger; hierbei handelt es sich meist um die Arten, die auch besonders giftig sind. Die meisten Skorpione sind ausgesprochene Einzelgänger. Allerdings gibt es auch Arten mit ausgeprägtem Sozialverhalten. Manche überwintern gemeinsam im selben Unterschlupf oder bilden gar Gruppen aus Männchen, Weibchen und Jungtieren einer Familie, die dann auch gemeinsam jagen.

Orangebein-Vogelspinnen sind in Mexiko heimisch.

Vogelspinne
Acanthoscurria brocklehursti

VERBREITUNG Brasilien.

MERKMALE Größe maximal 9 cm. Die Grundfarbe dieser Vogelspinne ist tiefschwarz, die Gelenkringe und Beinstreifen sind weiß bis hellbeige gefärbt.

HALTUNG Für ein Exemplar braucht man ein Terrarium mit den Maßen 40 × 40 × 30 cm. Der Bodengrund sollte aus einer etwa 10 cm hohen Schicht Humus oder ähnlichem Substrat bestehen, denn diese Vogelspinne gräbt extrem viel.

Weiterhin wird ein Unterschlupf benötigt. Hier erweist sich beispielsweise eine Korkrinde als zweckmäßig, man kann aber auch andere, vergleichbare Materialien verwenden. Ein Trinkgefäß mit einem kleinen Korkstückchen, auf das sich Futterinsekten retten können, komplettiert die Einrichtung. Bei *Acanthoscurria brocklehursti* handelt es sich um eine sehr robust gebaute Bombardierspinne mit mäßigem Offensivverhalten. Sie ist häufig außerhalb des Unterschlupfes zu sehen.

NAHRUNG Als Futter geeignet sind gängige Insekten, wie Grillen und Heuschrecken. Diese Vogelspinne ist äußerst verfressen.

Ordnung Webspinnen
Unterordnung Vogelspinnenartige
Familie Vogelspinnen

Schwierigkeitsgrad 2 G
Terrarientyp Halbtrockenterrarium
Temperatur T: 25–28 °C, N: 20–22 °C
Luftfeuchtigkeit 80–90 % (stellenweise)
Haltung einzeln
Aktivität dämmerungs- u. nachtaktiv
Lebensweise bodenlebend
Fortpflanzung eierlegend
Artenschutz nein

Minder giftige Art.

Gestreifte Guatemala-Vogelspinne
Aphonopelma seemanni

Ordnung Webspinnen
Unterordnung Vogelspin-
nenartige
Familie Vogelspinnen

Schwierigkeitsgrad 2 G
Terrarientyp Halbfeucht-
terrarium
Temperatur T: 24–28 °C,
N: 20–23 °C
Luftfeuchtigkeit 60–70 %
(stellenweise)
Haltung einzeln
Aktivität dämmerungs- u.
nachtaktiv
Lebensweise bodenlebend
Fortpflanzung eierlegend
Artenschutz nein

Minder giftig.

VERBREITUNG Costa Rica bis Texas und Kalifornien.
MERKMALE Größe maximal 6 cm. Die Grundfarbe der Guatemala-Vogelspinne variiert von fast Hellbraun über Bleigrau bis hin zu Schwarz. Sie trägt auf den Beinoberseiten zwei deutlich erkennbare weiße Streifen, die allerdings bei männlichen Tieren nicht so ausgeprägt sind.
HALTUNG Für ein Exemplar benötigt man ein 40 × 40 × 30 cm großes Terrarium, in das man zunächst etwa 6–10 cm hohen Bodengrund füllt. Dieser kann aus Blumenerde bestehen, aber auch ein anderes, vergleichbares Substrat ist geeignet. Ein Versteck (z. B. Korkrinde) und ein flaches Wassergefäß mit Korkrettungsinsel für die Futterinsekten machen die Einrichtung komplett. Die Guatemala-Vogelspinne verhält sich im Allgemeinen recht ruhig. Wenn sie sich bedrängt fühlt, verteidigt sie sich durch Biss. Einige Exemplare sieht man kaum außerhalb des Unterschlupfes, andere wiederum laufen viel umher und graben bisweilen auch gerne.
NAHRUNG Heimchen, Fliegen, Heuschrecken und Grillen.

Rotfußvogelspinne
Avicularia metallica

VERBREITUNG Surinam bis Nordbrasilien. Diese Art bewohnt gern Bromeliengewächse und Bäume, wo sie ihre sehr festen Wohngespinste anbringt.

MERKMALE Größe 5–6 cm. Das Abdomen ist schwarz gefärbt, die Fußspitzen sind rot. Manche Exemplare haben an den Beinen beigefarbene oder leicht rote Haare. Der Vorderkörper schimmert metallisch blau (wissenschaftlicher Name). Männchen sind kleiner.

HALTUNG Diese Vogelspinne ist sehr ruhig, kann bei Störung aber blitzschnell reagieren und wegrennen. Weite Sprünge von bis zu 30 cm sind nicht ungewöhnlich. Das Terrarium für ein Exemplar sollte mindestens 30 x 30 x 40 cm groß sein, bei Paarhaltung größer. Der Bodengrund aus feuchtigkeitsspeicherndem Substrat sollte ca. 5 cm hoch sein. Günstig sind eine mit Kork beklebte Rückwand und/oder Bromelien als Bepflanzung. Bei der Gestaltung beachten, dass diese Art ihre Wohngespinste am liebsten in der Nähe der Wärmequelle baut. Regelmäßiges Sprühen sorgt für ausreichende Luftfeuchtigkeit.

NAHRUNG Grillen, Heimchen, Schaben, Heuschrecken; für Jungtiere Fliegenmaden.

Ordnung Webspinnen
Unterordnung Vogelspinnenartige
Familie Vogelspinnen

Schwierigkeitsgrad 2 G
Terrarientyp Halbfeuchtterrarium
Temperatur T: 27–30 °C, N: 21–24 °C
Luftfeuchtigkeit 75–85 %
Haltung einzeln oder Paar
Aktivität nachtaktiv; in Gefangenschaft auch tagsüber
Lebensweise baumlebend
Fortpflanzung eierlegend
Artenschutz nein

Bei Paarhaltung Männchen spätestens separieren, wenn Weibchen mit dem Kokonbau beginnt.

Kraushaarvogelspinne
Brachypelma albopilosum

Ordnung Webspinnen
Unterordnung Vogelspinnenartige
Familie Vogelspinnen

Schwierigkeitsgrad 2 G
Terrarientyp Feuchtterrarium
Temperatur T: 24–29 °C, N: 18–20 °C
Luftfeuchtigkeit 65–80 % (Boden im Versteck)
Haltung einzeln
Aktivität dämmerungs- u. nachtaktiv
Lebensweise bodenlebend
Fortpflanzung eierlegend
Artenschutz 4

Minder giftig, friedlich.

VERBREITUNG Costa Rica, Guatemala, Panama und Honduras.

MERKMALE Größe 8 cm. Die Kraushaarvogelspinne ist dunkelbraun gefärbt und trägt am ganzen Körper gekräuselte, hellbraune Haare. Männchen haben an der Unterseite des Abdomens (oberhalb der Epigastralfurche) eine kreisrunde, dunkle Region. Bei Weibchen ist ein 9 mm breiter, horizontaler Schlitz in der Furche zu sehen.

HALTUNG Ein Exemplar benötigt ein 30 × 30 × 20 cm großes Terrarium, das einen 6–7 cm hohen Bodengrund aus Kokoshumus oder Erde enthalten muss. Dieser wird gut festgedrückt, damit die Spinne nicht einsinkt. Ein Trinknapf von 8 cm Durchmesser mit Korkinsel für Insekten und eine gebogene Korkrinde als Versteck für die Spinne komplettieren die Einrichtung.

NAHRUNG Zophobas, Grillen, Mehlwürmer, Heimchen. Adulte Weibchen bekommen ab und zu Nacktmäuse, Heuschrecken oder Schaben. Die Spinne ist einfach an totes Futter zu gewöhnen und sehr genügsam.

Goldknie-Vogelspinne
Brachypelma auratum

VERBREITUNG Mittelamerika.

MERKMALE Größe bis 9 cm. Die Goldknie-Vogelspinne ähnelt in ihrem Erscheinungsbild stark der Art *Brachypelma smithi*, doch ihre Grundfarbe ist dunkler und die Patellen der Beine sind kräftig dunkelorange bis leuchtend rot gefärbt. Männchen sind kleiner.

HALTUNG Das Terrarium für ein Exemplar sollte die Maße 50 × 40 × 40 cm besitzen und einen 10 cm hohen Bodengrund zum Graben vorweisen. Er sollte aus Erde bestehen oder aus einem Erde-Sand-Gemisch. Die Goldknie-Vogelspinne ist recht friedfertig und klettert gerne. Aus diesem Grund gehören zur weiteren Einrichtung des Terrariums Klettermöglichkeiten und natürlich auch ein Unterschlupf. Ein Ast und eine gebogene Korkrinde sind hierfür gut geeignet, man kann aber auch andere Materialien verwenden. Nicht fehlen darf ein flaches Wassergefäß. Die Vogelspinne lässt sich auch beim Sonnenbaden beobachten.

NAHRUNG Handelsübliche Insekten sind als Futter geeignet.

Synonym früher: Hochlandsmithi
Ordnung Webspinnen
Unterordnung Vogelspinnenartige
Familie Vogelspinnen

Schwierigkeitsgrad 2 G
Terrarientyp Halbfeuchtterrarium
Temperatur T: 25–28 °C, N: 23 °C
Luftfeuchtigkeit 70–80 %
Haltung einzeln
Aktivität tagaktiv
Lebensweise bodenlebend
Fortpflanzung eierlegend
Artenschutz 4

Giftig.

Mexikanische Feuerbein-Vogelspinne
Brachypelma boehmei

Ordnung Webspinnen
Unterordnung Vogelspinnenartige
Familie Vogelspinnen

Schwierigkeitsgrad 3 G
Terrarientyp Trockenterrarium
Temperatur T: 26 °C, N: 21 °C
Luftfeuchtigkeit 50–70 %
(Boden im Versteck)
Haltung einzeln
Aktivität nachtaktiv
Lebensweise bodenlebend
Fortpflanzung eierlegend
Artenschutz 4

Giftig.

VERBREITUNG Südlicher Teil Mexikos. Hier ist diese Art auch auf Geröllhalden zu finden. Die Weibchen bauen dort bis zu 2 m tiefe Gänge in Böschungen. Bei Regen lauern die Tiere am Höhleneingang auf Beute.

MERKMALE Größe 7 cm. Der Vorderkörper dieser Vogelspinne ist hellbeige gefärbt. Die vierten, fünften und sechsten Beinglieder sind orange, das dritte ist ebenso schwarz wie der Hinterleib, der aber einige beigefarbene Haare trägt. Die Männchen sind kleiner.

HALTUNG In einem 30 × 30 × 30 cm großen Terrarium wird diese Spinne gehalten. Der Bodengrund sollte aus 10 cm Blumenerde oder ähnlichem Substrat bestehen. Als Versteck dient eine halbierte Kokosnussschale oder ein Stück gebogene Korkrinde. Ein kleines, flaches Trinkgefäß darf nicht fehlen. Die Mexikanische Feuerbein-Vogelspinne reagiert empfindlich auf Störungen und setzt zur Verteidigung sofort ihre Brennhaare ein.

NAHRUNG Die recht verfressene Spinne erhält Heimchen und Grillen.

Orangebein-Vogelspinne
Brachypelma emilia

VERBREITUNG Mexiko.

MERKMALE Größe maximal 7 cm. Ihre 5. Beinglieder sind hellbeige, gelb oder orange gefärbt; der Hinterkörper ist bis auf vereinzelte rotbraune Haare schwarz. Auf ihrem hellbeigen Vorderkörper trägt sie ein dunkles Dreieck, das an den Augen beginnt und nach hinten spitz zuläuft. Männchen sind dunkler gefärbt.

HALTUNG Die Orangebein-Vogelspinne wird in einem Becken von 40 × 30 × 30 cm gehalten; für die erforderliche Temperatur ist ein 25 W-Halogenspot ausreichend. Der Bodengrund aus 5–8 cm Blumen- oder Lehmerde (evtl. mit etwas Sand gemischt) muss gut festgedrückt werden, damit die Spinne nicht einsinkt. Das Substrat darf nicht komplett austrocknen. Als Versteck kann eine Korkrinde dienen. Ein flacher Trinknapf, der in der Größe etwa dem Durchmesser der Spinne entspricht, darf nicht fehlen und sollte mit einer Kork-Rettungsinsel für Futterinsekten bestückt werden.

NAHRUNG Je nach Größe der Spinne Grillen, Heimchen oder Heuschrecken.

Ordnung Webspinnen
Unterordnung Vogelspinnenartige
Familie Vogelspinnen

Schwierigkeitsgrad 3 G
Terrarientyp Trockenterrarium
Temperatur T: 26–32 °C, N: 18–20 °C
Luftfeuchtigkeit 60–70 % (Boden im Versteck)
Haltung einzeln
Aktivität dämmerungs- u. nachtaktiv
Lebensweise bodenlebend
Fortpflanzung eierlegend
Artenschutz 4

Giftig; verteidigt sich durch Bombardieren! Weibchen sehr gefräßig und aggressiv.

Mexikanische Rotknie-Vogelspinne
Brachypelma smithi

Ordnung Webspinnen
Unterordnung Vogelspinnenartige
Familie Vogelspinnen

Schwierigkeitsgrad 2 G
Terrarientyp Trockenterrarium
Temperatur T: 26–28 °C, S: bis 30 °C, N: 21 °C
Luftfeuchtigkeit 65 % (Boden im Versteck)
Haltung einzeln
Aktivität dämmerungs- u. nachtaktiv
Lebensweise bodenlebend
Fortpflanzung eierlegend
Artenschutz 4

Giftig.

VERBREITUNG Mexiko, entlang der Küstenkordillere von Sinaloa bis Chiapas. Diese Art bewohnt überwiegend trockene Biotope.

MERKMALE Größe ca. 7 cm. Die Grundfarbe ist dunkelbraun bis schwarz; der Vorderkörper trägt einen gelborangefarbenen Haarsaum. Die Patellen der Beine sind orangerot gefärbt. Vereinzelt sind an den Beinen helle Haare vorhanden. Männchen dieser Art sind kleiner.

HALTUNG Das Terrarium für diese friedfertige Vogelspinne sollte mindestens 30 × 30 × 20 cm groß sein. Torf oder Blumenerde von 6–8 cm Höhe wird als Bodengrund verwendet. Er muss sorgsam festgedrückt werden, damit das Tier nicht einsinkt. Ein flaches Trinkgefäß mit Kork-Rettungsinsel für Futtertiere muss ebenso vorhanden sein wie ein Unterschlupf. Diesen kann man beispielsweise in Form einer gebogenen Korkrinde bereitstellen; auch eine Korkhöhle kommt in Betracht.

NAHRUNG Je nach Größe der Spinne Grillen, Heimchen, Heuschrecken, Maden, Fruchtfliegen, Mehlwürmer oder Zophobas.

Vogelspinne
Chilobrachys huahini

VERBREITUNG Thailand.

MERKMALE Größe bis 10 cm. Auffällig ist der ausladende Carapax. Die Vogelspinne ist einheitlich braun, wobei diese Färbung von Beige bis zu schwachem Rotbraun variieren kann. Männchen sind kleiner.

HALTUNG Für ein Exemplar ist ein Becken von 40 × 40 × 40 cm erforderlich. Der Bodengrund aus Erde-Sand-Gemisch sollte 10–15 cm hoch und grabfähig sein, allerdings auch fest genug, damit die Wohnhöhlen, die diese Spinne anlegt, nicht einstürzen können. Ein paar Äste zum Klettern, eine Korkhöhle sowie ein flaches Trinkgefäß komplettieren die Einrichtung. Diese Vogelspinne ist nervös und sehr flink. Da sie zu aggressivem Verhalten neigt, ist beim Hantieren im Terrarium Vorsicht angebracht. Bei richtiger Haltung lässt sich beobachten, wie die Spinne am Eingang ihrer Höhle sitzt und auf Beute lauert.

NAHRUNG Infrage kommen Grillen, Heimchen, Heuschrecken, Maden, Fruchtfliegen, Mehlwürmer oder Zophobas.

Synonym Siam-Vogelspinne, *Chilobrachys andersoni huahini*
Ordnung Webspinnen
Unterordnung Vogelspinnenartige
Familie Vogelspinnen

Schwierigkeitsgrad 3 G
Terrarientyp Halbfeuchtterrarium
Temperatur T: 32–34 °C, S: 37 °C, N: nicht unter 20 °C
Luftfeuchtigkeit 80–90 %
Haltung einzeln
Aktivität nachtaktiv
Lebensweise baum- u. bodenlebend
Fortpflanzung eierlegend
Artenschutz nein

Giftig.

Cyanblaue Vogelspinne
Chromatopelma cyaneopubescens

Ordnung Webspinnen
Unterordnung Vogelspinnenartige
Familie Vogelspinnen

Schwierigkeitsgrad 2 G
Terrarientyp Trockenterrarium
Temperatur T: 25 °C, S: 30 °C, N: 20–22 °C
Luftfeuchtigkeit 50–60 %
Haltung einzeln
Aktivität nachtaktiv
Lebensweise boden- u. strauchbewohnend
Fortpflanzung eierlegend
Artenschutz nein

Giftig.

VERBREITUNG Sehr kleines Gebiet im Norden Venezuelas, bei Curaçao. Diese Art ist in lichten Bergwäldern anzutreffen, die z.T. sehr trocken sind und extremes Klima aufweisen. Als Kulturfolger findet man sie auch in Holzkonstruktionen von Hütten.
MERKMALE Größe 6 cm. Der Carapax der Cyanblauen Vogelspinne schimmert metallisch grün, ihre Beine sind dunkelblau und ihr Abdomen ist orange gefärbt. Männchen sind kleiner und oft ängstlich.
HALTUNG Das Terrarium für die Unterbringung eines Exemplars sollte 30 × 30 × 50 cm groß sein. Ein Gemisch aus Sand und Erde bildet den Bodengrund; er muss unbedingt trocken gehalten werden. Eine Bepflanzung des Terrariums mit klein bleibenden Bromelien ist möglich. Der Unterschlupf sollte in senkrechter Position platziert werden; eine stehende Korkröhre leistet hier gute Dienste. Eine flache Wasserschale darf nicht fehlen; außerdem müssen Kletteräste vorhanden sein. Diese Vogelspinne verhält sich in der Regel recht ruhig, kann aber sehr schnell sein.
NAHRUNG Handelsübliche Futterinsekten.

Vogelspinne
Grammostola actaeon

VERBREITUNG Brasilien. Diese Vogelspinne lebt ebenerdig, bevorzugt an umgestürzten Bäumen in Regenwäldern. Als Kulturfolger ist sie auch an Waldrändern und auf Viehweiden anzutreffen.

MERKMALE Größe bis 10 cm. Jungtiere dieser Vogelspinnenart sind schwarz mit metallisch blauem Schimmer und einer deutlichen roten Färbung am Abdomen. Adulten Spinnen fehlt die Abdomenfärbung. Männchen sind kleiner. Weibchen können über 20 Jahre alt werden.

HALTUNG 30 × 40 × 30 cm groß muss ein Terrarium für diese Spinne sein. Sie verhält sich im Allgemeinen ruhig und gräbt ausgesprochen gern. Der Bodengrund sollte demzufolge aus einer 10–15 cm hohen Erde-Sand-Mischung bestehen und wird an einer Stelle gut feucht gehalten. Als Unterschlupf können Wurzeln oder eine Korkröhre verwendet werden; auch eine halbierte Kokosnussschale wird als Versteck angenommen. Ein kleines flaches Wassergefäß darf nicht fehlen.

NAHRUNG Grillen, Schaben, Heuschrecken und Heimchen.

Ordnung Webspinnen
Unterordnung Vogelspinnenartige
Familie Vogelspinnen

Schwierigkeitsgrad 2 G
Terrarientyp Feuchtterrarium
Temperatur 25–32 °C (Temp.gefälle bieten!)
Luftfeuchtigkeit T: 70 %, N: 90 %
Haltung einzeln
Aktivität nachtaktiv
Lebensweise bodenlebend
Fortpflanzung eierlegend
Artenschutz nein

Giftig.

Vogelspinne
Grammostola alticeps

Synonym früher: *Citharos-celus alticeps*
Ordnung Webspinnen
Unterordnung Vogelspin-nenartige
Familie Vogelspinnen

Schwierigkeitsgrad 2 G
Terrarientyp Halbtrocken-terrarium
Temperatur T: 25–28 °C, S: 30 °C, N: 18–20 °C
Haltung einzeln
Aktivität nachtaktiv
Lebensweise bodenlebend
Fortpflanzung eierlegend
Artenschutz nein

Minder giftig.

VERBREITUNG Östliche Grenzgebiete von Uruguay und Brasilien. Diese Art bewohnt tropisches Busch-land, ist aber auch in trockenem Grasland anzutref-fen, wo sie kurze Wohnhöhlen anlegt. Auch sie ist ein Kulturfolger.

MERKMALE Größe maximal 8 cm. Diese Vogelspinne ist schwarz gefärbt und mit samtigen Haaren verse-hen. Männchen sind kleiner.

HALTUNG Für ein Exemplar verwendet man ein Ter-rarium mit den Maßen 40 × 30 × 20 cm. Für den Bodengrund mischt man Blumenerde oder ähnli-ches Substrat mit etwas Lehm und hält das Ganze zu $^2/_3$ durchgehend feucht. Ein Unterschlupf in Form einer Korkrinde oder halbierten Kokosnussschale ist ebenso erforderlich wie ein Trinkgefäß. Es sollte einen Durchmesser von etwa 10 cm haben und mit einem Stückchen Kork (als Rettungsinsel für Futter-insekten) versehen werden. Diese Vogelspinnenart ist in der Regel sehr friedlich und behäbig

NAHRUNG Heuschrecken, Schaben und Grillen. Adulte Spinnen bekommen ab und zu eine Nackt-maus.

Vogelspinne
Grammostola grossa

VERBREITUNG Uruguay, Brasilien, Paraguay und Argentinien.

MERKMALE Größe bis 11 cm. Diese Vogelspinnenart ist braun bis beinahe schwarz gefärbt. Die längeren Haare an Hinterleib und Beinen sind hellbraun. Im Alter schimmert diese Spinne grünlich bis moosgrün. Männchen sind kleiner.

HALTUNG Ein Terrarium von 60 × 30 × 35 cm ist für ein Exemplar erforderlich. Der 15 cm hohe Bodengrund sollte aus Blumenerde oder feinem Kokoshumus bestehen und festgedrückt werden, damit das Tier nicht einsinkt. Bedeckt wird er mit trockenem Eichenlaub. Korkrinde als Versteck und ein flacher Trinknapf von 12–15 cm Durchmesser dürfen nicht fehlen.

Diese Vogelspinne ist im Allgemeinen sehr friedfertig und lässt sich gut beobachten, da sie häufig im Terrarium umherläuft. Im Fall einer Störung verteidigt sie sich durch Bombardieren.

NAHRUNG Heuschrecken, Grillen, Heimchen und Schaben. Adulte Spinnen erhalten ganz selten eine Nacktmaus.

Ordnung Webspinnen
Unterordnung Vogelspinnenartige
Familie Vogelspinnen

Schwierigkeitsgrad 2 G
Terrarientyp Trockenterrarium, UV-Bestrahlung
Temperatur T: 23–27 °C, S: bis 32 °C, N: 18–20 °C
Luftfeuchtigkeit 65–70 % (Boden im Versteck)
Haltung einzeln
Aktivität tagaktiv
Lebensweise bodenlebend
Fortpflanzung eierlegend
Artenschutz nein

Giftig.

Vogelspinne
Grammostola porteri

Ordnung Webspinnen
Unterordnung Vogelspinnenartige
Familie Vogelspinnen

Schwierigkeitsgrad 2 G
Terrarientyp Trockenterrarium
Temperatur T: 22–28 °C, N: 18–22 °C
Haltung einzeln
Aktivität dämmerungs- u. nachtaktiv
Lebensweise bodenlebend
Winter etwas feuchter halten bei 8–15 °C
Fortpflanzung eierlegend
Artenschutz nein

Giftig.

VERBREITUNG Randgebiete der Atacamawüse im Norden Chiles.

MERKMALE Größe 6–7 cm. Diese Vogelspinne verhält sich sehr ruhig. Der Carapax (Oberseite) ist reflektierend rosa, die Unterseite schwarz gefärbt, mit Ausnahme des rot behaarten Labialbereiches. Ihre Grundfarbe ist schwärzlich; auf Beinen und Hinterleib sind cremefarbene bis gräuliche Langhaare vorhanden. Männchen sind kleiner.

HALTUNG Für diese Vogelspinne wird ein Becken in der Größenordnung von 30 × 30 × 20 cm benötigt. Torf oder Blumenerde von 6–8 cm Höhe wird als Bodengrund verwendet. Er muss sorgfältig festgedrückt werden, damit das Tier nicht einsinkt. Ein flaches Trinkgefäß mit Kork-Rettungsinsel für Futtertiere muss vorhanden sein, ebenso wichtig ist ein Unterschlupf – hier ist eine gebogene Korkrinde oder Korkhöhle gut geeignet.

NAHRUNG Je nach Größe der Vogelspinne können Grillen, Heimchen, Heuschrecken, Maden, Fruchtfliegen, Mehlwürmer oder Zophobas angeboten werden.

Schwarze Uruguay-Vogelspinne
Grammostola pulchra

VERBREITUNG Brasilien und Uruguay.

MERKMALE Größe ca. 6 cm. Die Schwarze Uruguay-Vogelspinne ist komplett schwarz gefärbt. Unmittelbar nach der Häutung schimmert sie blauschwarz, später dann schokoladenbraun. Männliche Tiere sind kleiner.

HALTUNG Für ein Exemplar wird ein Becken von 40 × 30 × 20 cm benötigt. Torf oder Blumenerde von 6–8 cm Höhe wird als Bodengrund verwendet. Er wird festgedrückt, damit das Tier nicht einsinkt. An einer Stelle muss er ständig feucht gehalten werden. Eine Korkrinde oder Korkhöhle als Versteckmöglichkeit ist notwendig, damit die Spinne sich wohlfühlt. Weiterhin wird ein flaches Trinkgefäß benötigt. Die Uruguay-Vogelspinne ist eigentlich ein sehr ruhiger Terrarienbewohner, sie kann aber manchmal auch launisch sein. Obwohl dämmerungs- und nachtaktiv, lässt sie sich in Gefangenschaft auch tagsüber beobachten.

NAHRUNG Gefüttert werden Grillen, Heimchen, Heuschrecken, Maden, Fruchtfliegen, Mehlwürmer oder Zophobas.

Ordnung Webspinnen
Unterordnung Vogelspinnenartige
Familie Vogelspinnen

Schwierigkeitsgrad 2 G
Terrarientyp Halbfeuchtterrarium
Temperatur T: 25–28 °C
Haltung einzeln
Aktivität dämmerungs- u. nachtaktiv
Lebensweise bodenlebend
Fortpflanzung eierlegend
Artenschutz nein

Giftig.

Rote Chile-Vogelspinne
Grammostola rosea

Ordnung Webspinnen
Unterordnung Vogelspinnenartige
Familie Vogelspinnen

Schwierigkeitsgrad 2–3 G
Terrarientyp Halbfeuchtterrarium
Temperatur T: 28 °C, N: 18–20 °C
Luftfeuchtigkeit 60–80 %
Haltung einzeln
Aktivität nachtaktiv
Lebensweise bodenlebend
Fortpflanzung eierlegend
Artenschutz nein

Giftig. **Achtung:** Im Handel immer öfter *Grammostola rossa*, absolut kein Anfängertier!

VERBREITUNG Chile, Bolivien, Argentinien.

MERKMALE Größe 5–6 cm groß. Die Grundfarbe der Roten Chile-Vogelspinne ist rotbraun mit rosa schimmerndem Vorderleib. Die ersten Beinglieder sind schwarz, die Körperbehaarung ist sehr dicht. Männchen sind kleiner. Bei *Grammostola rossa* handelt es sich um eine recht aggressive Farbform, die sogenannte RCF (Red Color Form). Sie ist kräftiger rot gefärbt.

HALTUNG 30 × 30 × 30 cm groß muss das Becken für ein Tier sein. Als Bodengrund eignen sich Blumenerde, Pinienmulch und ähnliche Substrate. Da einige Exemplare gern graben, muss der Boden 6–8 cm hoch sein. Eine gebogene Korkrinde als Unterschlupf und eine kleine, flache Trinkschale komplettieren die Einrichtung. Im Gegensatz zu *Grammostola rossa* ist *Grammostola rosea* sehr ruhig und friedlich.

NAHRUNG Gefüttert werden die üblichen Insekten. Diese Art macht sehr lange Fresspausen (im Durchschnitt 2–3 Monate, aber auch 6–12 Monate wurden dokumentiert).

Vogelspinne
Nhandu cromatus

VERBREITUNG Brasilien.

MERKMALE Größe 8–9 cm. Diese Vogelspinne hat eine dunkelbraune bis schwarze Grundfarbe. Sie trägt eine helle Beinzeichnung und lange rote Haare am Abdomen. Ihr Carapax ist hellbraun bis beigefarben. Männchen sind kleiner.

HALTUNG Ein Becken von 40 × 30 × 30 cm Größe ist ausreichend für diese Art. Sie ist sehr standorttreu und wandert kaum umher. Bei *Nhandu cromatus* handelt es sich um eine recht friedfertige Vogelspinne, die sich bei einer Störung in den meisten Fällen in ihren Unterschlupf zurückzieht. Der Bodengrund aus einem Blumenerde-Sand-Gemisch sollte mindestens 10 cm hoch sein und wird an einer Stelle feucht gehalten. Üblicherweise geschieht dies im Bereich des Unterschlupfes. Dieser sollte etwas größer ausfallen und kann beispielsweise eine Korkrinde sein. Ein flaches Trinkgefäß sollte auf keinen Fall fehlen.

NAHRUNG Diese Vogelspinnenart ist sehr verfressen und wird mit Grillen und Heimchen gefüttert. Adulte Tiere nehmen hin und wieder eine Nacktmaus.

Ordnung Webspinnen
Unterordnung Vogelspinnenartige
Familie Vogelspinnen

Schwierigkeitsgrad 2 **G**
Terrarientyp Trockenterrarium
Temperatur T: 25–27 °C, N: 20–23 °C
Luftfeuchtigkeit 70–80 % (Boden im Versteck)
Haltung einzeln
Aktivität nachtaktiv
Lebensweise bodenlebend
Fortpflanzung eierlegend
Artenschutz nein

Giftig.

Riesenvogelspinne
Theraphosa blondi

Ordnung Webspinnen
Unterordnung Vogelspin-
nenartige
Familie Vogelspinnen

Schwierigkeitsgrad 3 G
Terrarientyp Halbfeuchtter-
rarium
Temperatur T: 26 °C,
S: 30 °C, N: 22 °C
Luftfeuchtigkeit 75–80 %
Haltung einzeln
Aktivität nachtaktiv
Lebensweise bodenlebend
Fortpflanzung eierlegend
Artenschutz nein

Giftig.

VERBREITUNG Diese Art ist in Brasilien, Guayana
und Venezuela anzutreffen.

MERKMALE Größe bis 12 cm. Die Riesenvogelspinne
ist dunkel- bis kaffeebraun gefärbt. Männchen sind
kleiner und meist dunkler.

HALTUNG Für ein Exemplar muss das Terrarium
mindestens 40 × 30 × 30 cm groß sein. Als Bodengrund verwendet man 10–15 cm hohen Torf oder
Blumenerde. Tagsüber gräbt sich die Spinne gern im
Boden ein. Für die Aufrechterhaltung der Luftfeuchtigkeit sollte der Boden feucht gehalten werden;
Staunässe ist jedoch unbedingt zu vermeiden. Ein
flaches Trinkgefäß mit Kork-Rettungsinsel für Futtertiere muss ebenso vorhanden sein wie ein Unterschlupf in Form einer gebogenen Korkrinde oder
Korkhöhle. Die Riesenvogelspinne ist vom Verhalten her aggressiv und unberechenbar; sie ist für
Anfänger absolut nicht geeignet!

NAHRUNG Je nach Größe der Spinne füttert man
Grillen, Heimchen und Heuschrecken, Maden,
Fruchtfliegen, Mehlwürmer, Zophobas oder nest-
junge Mäuse.

Dickschwanzskorpion
Androctonus australis

VERBREITUNG Nordafrika. Diese Art bewohnt Steppen- und Wüstengebiete.

MERKMALE Größe maximal 10 cm. Der Dickschwanzskorpion kommt in 3 Unterarten vor. Er ist hellbraun, gelblich oder sandfarben gefärbt. Männchen haben mehr Kammzähne und eine zierlichere Gestalt.

HALTUNG Ein 30 × 20 × 20 cm großes Terrarium ist für ein Exemplar ausreichend. Für den Bodengrund eignet sich Sand oder ein Sand-Lehm-Gemisch von 10 cm Höhe. Flache Steine und ein knorriges Holz- oder Wurzelstück dienen als Versteckplätze; eine flache Wasserschale darf nicht fehlen. Möchte man ein Paar dieser Tiere halten, muss man das Männchen spätestens nach der Geburt der Jungtiere von der Familie separieren, da es diese sonst auffressen würde. Aus dem gleichen Grund trennt man die Mutter von den Jungen, wenn diese nach der ersten Häutung von ihr herunter gehen. Bei Jungtieren sollte die Temperatur nicht über 30 °C liegen.

NAHRUNG Handelsübliche Insekten, die gern auch größer ausfallen dürfen.

Synonyme Saharaskorpion, Nordafrikanischer Dickschwanzskorpion
Ordnung Skorpione
Unterordnung Neoscorpionina
Familie Buthidae

Schwierigkeitsgrad 4 G
Terrarientyp Trockenterrarium
Temperatur T: 30–35 °C, N: Zimmertemp.
Luftfeuchtigkeit 30–50 %
Haltung einzeln oder Paar
Aktivität nachtaktiv
Lebensweise bodenlebend
Fortpflanzung lebend gebärend
Artenschutz nein

Gift kann für Menschen tödlich sein!

Gelber Wüstenskorpion
Buthus occitanus

Ordnung Skorpione
Unterordnung Neoscorpionina
Familie Buthidae

Schwierigkeitsgrad 3–4 G
Terrarientyp Trockenterrarium
Temperatur T: 30–35 °C, N: Zimmertemp.
Haltung einzeln
Aktivität nachtaktiv
Lebensweise bodenlebend
Fortpflanzung lebend gebärend
Artenschutz nein

10 Unterarten. Gift herkunftsanhängig.

VERBREITUNG Südeuropa, Naher Osten, Nordostafrika, Nordwestküste Afrikas, Sahara bis Ägypten und Libyen.

MERKMALE Länge 9–12 cm. Der Gelbe Wüstenskorpion ist gelblich bis orange gefärbt. Die Zahl der Kammzähne ist bei männlichen Tieren größer. Afrikanische Unterarten besitzen ein stärkeres Gift.

HALTUNG Einen Wüstenskorpion hält man in einem Terrarium von 30 × 30 × 20 cm Größe. Der Bodengrund aus Sand-Lehm-Gemisch sollte ca. 10 cm hoch sein, damit das Tier Wohnhöhlen anlegen kann. Eine Ecke sollte immer leicht feucht gehalten werden. Darüber hinaus werden Verstecke in Form von Steinen, Kork oder Holz und eine flache Wasserschale benötigt. Afrikanische Unterarten müssen ein wenig trockener gehalten werden als die europäischen. Es ist daher unerlässlich, sich beim Erwerb eines Gelben Wüstenskorpions nach der genauen Unterart bzw. dem jeweiligen Herkunftsgebiet zu erkundigen.

NAHRUNG Geeignet sind Heimchen und kleine Heuschrecken.

Gelber Fünfstreifenskorpion
Leiurus quinquestriatus

VERBREITUNG Naher Osten über Nordafrika bis Arabische Halbinsel und Türkei.

MERKMALE Größe 6–10(–14) cm. Der Körper ist lang gestreckt; Männchen haben 33–36, Weibchen 28–32 Kammzähne. Je nach Herkunftsgebiet variiert die Grundfarbe zwischen Sandgelb und Beigeorange. Jungtiere haben einen schwarzen Rücken, der aber mit zunehmendem Alter verblasst.

HALTUNG Ein Skorpion benötigt ein Terrarium von 30 × 30 × 20 cm Größe, das einen 8–10 cm hohen Bodengrund aus Lehm-Sand-Gemisch vorweisen sollte. Kork o. Ä. reicht als Versteckmöglichkeit völlig aus; meist gräbt der Skorpion darunter einen Tunnel. Das Tier verträgt keine hohe Luftfeuchtigkeit und nimmt jegliche Flüssigkeit über das Futter auf. Daher sollte man alle 2–3 Wochen einen kleinen Löffel Aquagel ins Terrarium geben. Zum Hantieren im Terrarium braucht man eine lange Pinzette und Sicherheitshandschuhe! Außerdem muss man das Terrarium aus Sicherheitsgründen verschließen.

NAHRUNG Diverse Grillenarten, Heuschrecken, Heimchen.

Synonyme Gelber Mittelmeerskorpion, Fünfgestreifter Wüstenskorpion
Ordnung Skorpione
Unterordnung Neoscorpionina
Familie Buthidae

Schwierigkeitsgrad 4 G
Terrarientyp Trockenterrarium, UV-Bestrahlung
Temperatur T: 30–35 °C, N: Zimmertemp.
Haltung einzeln
Aktivität nachtaktiv
Lebensweise bodenlebend
Fortpflanzung lebend gebärend
Artenschutz nein

Gehört zu den giftigsten Skorpionen. Reagiert bei kleinster Störung aggressiv; absolute Vorsicht!

Linneskorpion
Euscorpius carpathicus

Ordnung Skorpione
Unterordnung Neoscorpionina
Familie Euscorpiidae

Schwierigkeitsgrad 2–3 **G**
Terrarientyp Halbfeuchtterrarium
Temperatur T: 25 °C, N: Zimmertemp.
Luftfeuchtigkeit 50–60 %
Haltung einzeln, Paar oder Gruppe
Aktivität nachtaktiv
Lebensweise bodenlebend
Winterruhe s. Text
Fortpflanzung lebend gebärend
Artenschutz nein

Minder giftig.

VERBREITUNG Weite Teile Mittel- und Südeuropas, Kleinasien und Tunesien.

MERKMALE Größe 3–4 cm. Größere Vertreter dieser Art sind äußerst selten. Der Rumpf ist braun oder schwarz gefärbt, Laufbeine und Telson heller. Letzteres ist bei Männchen größer.

HALTUNG Für eine Gruppe von 4–6 Linneskorpionen ist ein 30 × 30 × 20 cm großes Terrarium ausreichend. Besonders wichtig ist eine gute Belüftung. Der Bodengrund sollte 10 cm hoch sein und aus Gartenerde oder einer Erde-Sand-Mischung bestehen. Besonders an den Versteckplätzen (beispielsweise Holzstücke, Rinden oder auch Steine) muss der Boden ständig leicht feucht gehalten werden. Bei einer Temperaturabsenkung auf 5–10 °C für ungefähr zwei Monate halten die Linneskorpione Winterruhe. Bei Tieren, die aus Gebieten in Nordafrika stammen, dürfen die Temperaturen nicht unter 10 °C fallen.

NAHRUNG Linneskorpione werden mit kleinen bis mittleren Heimchen, Grillen und Heuschrecken gefüttert.

Spaltenskorpion
Hadogenes spec.

VERBREITUNG Südafrika bis Mosambik. Der Spaltenskorpion lebt in mehreren Unterarten am Boden und in Felsspalten.

MERKMALE Größe bis 20 cm. Männchen sind dunkler und zeigen ungewöhnlich lange Segmente des Postabdomens.

HALTUNG Ein Terrarium mit den Maßen 45 × 30 × 30 cm ist für diesen Skorpion ausreichend. Für den Bodengrund verwendet man am besten eine 3–5 cm hohe Sandschicht. Bei der Einrichtung des Terrariums ist es wichtig, großzügige, einsturzsichere Steinaufbauten aus nicht zu kleinen Steinen so zu arrangieren, dass unterschiedlich große Spalten als Verstecke entstehen. Diese werden vom Spaltenskorpion auch als Rückzugsmöglichkeit genutzt. Ein Trinkgefäß sollte ebenfalls vorhanden sein. Möchte man *Hadogenes bicolor* halten, so ist beim Hantieren im Terrarium Vorsicht angebracht. Diese Art ist nämlich stechfreudiger als die anderen Spaltenskorpione.

NAHRUNG Der Spaltenskorpion frisst Heuschrecken und Grillen.

Ordnung Skorpione
Unterordnung Neoscorpionina
Familie Ischnuridae

Schwierigkeitsgrad 2 G
Terrarientyp Trockenterrarium
Temperatur T: 28–35 °C, S: bis 45 °C, N: Zimmertemp.
Haltung einzeln
Aktivität nachtaktiv
Lebensweise boden- u. felsbewohnend
Winterruhe bei ca. 15 °C
Fortpflanzung lebend gebärend
Artenschutz nein

Minder giftig.

Arizonaskorpion
Hadrurus arizonensis

Synonyme Großer Texasskorpion, Haariger Wüstenskorpion
Ordnung Skorpione
Unterordnung Neoscorpionina
Familie Iuridae

Schwierigkeitsgrad 4 G
Terrarientyp Trockenterrarium
Temperatur T: 30–35 °C, N: Zimmertemp.
Luftfeuchtigkeit 30–40 %
Haltung einzeln
Aktivität nachtaktiv
Lebensweise bodenlebend
Fortpflanzung lebend gebärend
Artenschutz nein

Kann sein Gift 20–25 cm weit schleudern!

VERBREITUNG USA und Mexiko. Der größte Skorpion im Südwesten der USA ist in Steppen- und Wüstengebieten anzutreffen. Man kann ihn auch in halbtrockenen Habitaten finden. Hier erbeutet er aufgrund seiner Größe auch kleinere Skorpionarten, Eidechsen und Schlangen.

MERKMALE Größe maximal 15 cm. Es gibt 8 Arten. Das Mesosoma des Arizonaskorpions ist gräulichbraun. Der Rest seines Körpers, der stark behaart ist, und die Pedipalpen sind gelb gefärbt. Männchen haben mehr Kammzähne.

HALTUNG Für ein Exemplar wird ein Terrarium mit den Maßen 50 × 30 × 30 cm benötigt. Der Arizonaskorpion gräbt sehr viel. Als Bodengrund verwendet man deshalb ein 10 cm hohes Gemisch aus Sand und Lehm im Verhältnis 3:1. Steine und Wurzeln werden so arrangiert, dass sie genügend Deckung schaffen, um als Rückzugs- und Versteckmöglichkeiten zu dienen – den Tag verbringt der Skorpion unter Steinen oder in selbstgegrabenen Höhlen. Ein kleines Wasserschälchen darf nicht fehlen.

NAHRUNG Grillen, Schaben und Spinnen.

Rotscherenriesenskorpion
Pandinus cavimanus

VERBREITUNG Ostafrika, vorwiegend Tansania. Diese Art ist ein Bewohner der Feuchtsavannen und lebt am Boden, versteckt unter Ästen, Rinden(stückchen) und Blättern.

MERKMALE Größe maximal 15 cm. Bei Männchen sind einzelne Kammzähne länger. Dieser Skorpion ist sehr friedlich, kann im Vergleich zu anderen Skorpionen sehr gut sehen.

HALTUNG Das Terrarium für einen Rotscherenriesenskorpion sollte größer sein als die vorgeschriebenen Minimalmaße. Da dieser Skorpion gern umherläuft, ist eine Größenordnung von 60 × 40 × 40 cm durchaus empfehlenswert. Diese Art gräbt auch gern tiefe Höhlen, daher sollte der Bodengrund 25–30 cm hoch sein. Verwendung findet hier Erde oder ein Gemisch aus Erde und Sand. Versteck- und Rückzugsmöglichkeiten können in Form von Korkhöhlen angeboten werden. Ein flaches Trinkgefäß darf nicht fehlen.

NAHRUNG Für den Rotscherenriesenskorpion sind Heimchen, Grillen, Steppengrillen, Schaben und Heuschrecken geeignet.

Synonyme Roter Kaiserskorpion, Tansania-Skorpion
Ordnung Skorpione
Unterordnung Neoscorpionina
Familie Scorpionidae

Schwierigkeitsgrad 2 G
Terrarientyp Halbfeuchtterrarium
Temperatur T: 29–31 °C, N: 20 °C
Luftfeuchtigkeit T: 70 %, N: 85 %
Haltung einzeln oder Gruppe
Aktivität nachtaktiv
Lebensweise bodenlebend
Fortpflanzung lebend gebärend
Artenschutz nein

Minder giftig.

Kaiserskorpion
Pandinus imperator

Synonym Afrikanischer Riesenskorpion
Ordnung Skorpione
Unterordnung Neoscorpionina
Familie Scorpionidae

Schwierigkeitsgrad 2 **G**
Terrarientyp Halbfeuchtterrarium
Temperatur T: 29–31 °C, N: 20 °C
Luftfeuchtigkeit T: 60 %, N: 80 %
Haltung einzeln oder Gruppe
Aktivität nachtaktiv
Lebensweise bodenlebend
Fortpflanzung lebend gebärend
Artenschutz 4

Minder giftig.

VERBREITUNG Westafrika, von Mauretanien bis Zaire.

MERKMALE Größe 15–20(–25) cm. Der schwarze Panzer kann grünlich oder bläulich schimmern. Bei Männchen sind einzelne Kammzähne länger, das Genitaloperculum ist oval. Der Kaiserskorpion ist sehr friedfertig und kann im Vergleich zu anderen Arten sehr gut sehen.

HALTUNG Ein geeignetes Terrarium für einen Kaiserskorpion sollte über den Mindestmaßen liegen und daher 60 × 40 × 40 cm groß sein, denn diese Art ist recht bewegungsfreudig. Der Bodengrund aus Erde oder einem Sand-Erde-Gemisch muss 25–30 cm hoch sein, denn das Tier gräbt gern tiefe Höhlen. Weiterhin sind Verstecke (z. B. aus Korkrinde oder ähnlichem Material hergestellt) und eine flache Wasserschale wichtig. Eine Bepflanzung ist nicht erforderlich und dient ausschließlich zu Dekorationszwecken.

NAHRUNG Heimchen, Grillen, Steppengrillen, Schaben und Heuschrecken kommen für diesen Skorpion als Futter infrage.

Riesenschlangen (*Boidae*) und Nattern (*Colubridae*)

Zu den ungiftigen Schlangen zählen die Riesenschlangen und die meisten Nattern.

RIESENSCHLANGEN (*Boidae*) werden derzeit in fünf Unterfamilien eingeteilt: Boas (*Boinae*), Bolyerschlangen (*Bolyeriinae*), Sandboas (*Erycinae*), Spitzkopfpythons (*Loxoceminae*) und Pythons (*Pythoninae*).

Hier werden die größten Schlangen unserer Erde zusammengefasst. Es handelt sich ausschließlich um Arten, die ihre Beute durch Umschlingen töten und aus diesem Grund auch Würgeschlangen genannt werden. Es gibt 88 Arten, von denen die größten 10 m oder länger werden können. Einige Mitglieder dieser Familie haben die Bezeichnung Riesenschlange eigentlich gar nicht verdient, da sie recht klein bleiben. Da es sich aber dennoch um Würgeschlangen handelt, gehören sie zu dieser Familie.

Riesenschlangen haben sich an die unterschiedlichsten Lebensräume angepasst, aber die meisten Arten benötigen feuchteres Klima. Doch es gibt auch Bewohner trockener, sehr warmer Gefilde – zumeist klein bleibende Arten, die sich tagsüber zum Schutz vor heißen Temperaturen vergraben.

Während Pythons Eier legen, sind Boas lebend gebärend bzw. ovovivipar. Bei einigen Pythonarten betreiben die Weibchen Brutpflege: Manche bewachen das Gelege, andere legen ihre Körperschlingen um die Eier und brüten sie aus.

Die **NATTERN** (*Colubridae*) sind mit mehr als 2000 Arten die artenreichste Familie unter den Schlangen. Die meisten sind ungiftig bzw. haben weder Giftdrüsen noch Giftzähne. Einige verfügen jedoch über ein sehr schwaches Gift im Speichel, das kleine Beutetiere lähmen kann.

Nicht nur Tigerpythons genießen die wärmenden Sonnenstrahlen.

Südliche Madagaskarboa
Acrantophis dumerili

Ordnung Schuppenkriechtiere
Unterordnung Schlangen
Familie Riesenschlangen

Schwierigkeitsgrad 2
Terrarientyp Halbfeuchtterrarium
Temperatur T: 30 °C, N: 23 °C
Luftfeuchtigkeit 55–65 %
Haltung einzeln, Paar oder Gruppe mit 1 Männchen
Aktivität dämmerungs- u. nachtaktiv
Lebensweise bodenlebend (Adulte)
Fortpflanzung lebend gebärend
Artenschutz 1

Ruhige Art.

VERBREITUNG Madagaskar, Maskaren und Réunion. Diese Boa hält sich gern in trockenem Laub, aber in Gewässernähe auf.

MERKMALE Länge 150–180(–220) cm. Die Grundfarbe der Südlichen Madagaskarboa variiert zwischen Rotbraun-beige und Graubraun. Unregelmäßige schwarze Flecken und Striche bilden die Körperzeichnung. Weibchen sind etwas größer und schwerer.

HALTUNG Für ein Exemplar dieser Art wird ein Terrarium mit den Maßen 180×90×90 cm benötigt, für jede weitere Schlange rechnet man 20–25 % mehr Grundfläche hinzu. Bei Jungtieren sollte jedoch mehr Höhe vorhanden sein, weil diese gern klettern. Als Bodengrund eignen sich Buchenholzspäne oder ein ähnliches Substrat. Ein stabiler, gut verankerter Kletterast sollte vorhanden sein, auch wenn er später von der adulten Schlange nicht mehr genutzt wird. Korkröhren in ausreichender Größe dienen als Versteck- und Unterschlupfmöglichkeiten. Ein Trinkwasserbecken darf nicht fehlen.

NAHRUNG Mäuse und kleine Ratten.

Nördliche Madagaskarboa
Acrantophis madagascariensis

VERBREITUNG Nördliches bis mittleres Madagaskar.
MERKMALE Länge 250–270 (–300) cm. Die Grundfarbe der Nördlichen Madagaskarboa ist ein blasses, mit Grau vermischtes Rotbraun. Schwarze oder dunkelbraune Rhomben, die manchmal ein Zickzackmuster bilden, zieren ihren Rücken. Die Pupillen sind senkrecht geschlitzt; der Schwanz ist recht kurz. Weibchen sind größer und schwerer. Die Boa ist sehr temperamentvoll, neugierig, aber nicht aggressiv.
HALTUNG In einem Terrarium der Maße 200×100× 100 cm ist genug Platz für eine Boa von 2 m Länge. Für weitere Exemplare rechnet man 20–25 % mehr Grundfläche pro Tier hinzu. Der Bodengrund sollte weich und feucht sein, da er auch mal zum Eingraben genutzt wird. Allerdings darf keinesfalls Staunässe entstehen. Versteck- und Unterschlupfmöglichkeiten, ein großes Badebecken, Äste und Wurzeln gehören ebenso zur Einrichtung wie Liegeflächen in etwa halber Terrarienhöhe. Die Jungtiere klettern sehr gern.
NAHRUNG Je nach Größe der Schlange Mäuse, Küken, Ratten u. Ä.

Synonym Madagaskarboa
Ordnung Schuppenkriechtiere
Unterordnung Schlangen
Familie Riesenschlangen

Schwierigkeitsgrad 3
Terrarientyp Halbfeuchtterrarium
Temperatur 28–30 °C, N: 22–24 °C
Luftfeuchtigkeit 65 %
Haltung einzeln, Paar oder Gruppe
Aktivität dämmerungs- u. nachtaktiv
Lebensweise bodenlebend (Adulte)
Fortpflanzung lebend gebärend
Artenschutz 1

Jungtiere häuten sich direkt nach der Geburt das erste Mal.

Königsboa
Boa constrictor

Synonym Abgottschlange
Ordnung Schuppenkriechtiere
Unterordnung Schlangen
Familie Riesenschlangen

Schwierigkeitsgrad 4
Terrarientyp Aqua- oder Halbfeuchtterrarium mit Wasserbecken
Temperatur T: 25–30 °C, N: 20–22 °C, W: 25 °C
Luftfeuchtigkeit 60 %
Haltung einzeln, Paar oder Gruppe mit 1 Männchen
Aktivität dämmerungs- u. nachtaktiv
Lebensweise baum- u. bodenbewohnend
Fortpflanzung lebend gebärend
Artenschutz 4; Unterart *B. c. occidentalis* 2

Wasser täglich reinigen.

VERBREITUNG Nördliches Mexiko, ganz Mittelamerika, Südamerika bis Argentinien.

MERKMALE Länge 3 m (Durchschnittswert; populationsabhängig). Mehrere Unterarten. Auffällig sind Zeichnungen in Form von rotbraunen, gelb gebänderten rautenförmigen Sattelflecken mit hellem Zentrum. Der Schwanz der Königsboa ist meist dunkler als der Körper, er kann auch rot gefärbt sein (Exemplare aus Surinam im Handel als „Surinam-Rotschwanzboa").

HALTUNG Bei einem Paar richtet sich die Terrariengröße nach dem längsten Tier. Ist dieses z. B. 2 m lang, ergibt sich 200×100×200 cm Größe. Für jedes weitere Tier kommen 20 % mehr Grundfläche hinzu. Für den Bodengrund nimmt man ein Substrat mit hohem Erdanteil. Stabile, verankerte Kletteräste dürfen nicht fehlen. Als Verstecke eignen sich, je nach Größe der Tiere, Korkrinde, Baumstümpfe etc. Die Königsboa geht mit zunehmendem Alter zum Bodenleben über.

NAHRUNG Mäuse, Ratten, andere Säuger entsprechender Größe.

Kaiserboa
Boa constrictor imperator

VERBREITUNG Südamerika.

MERKMALE Länge 140–250 cm (je nach Herkunftsgebieten verschieden). Die Unterseite der Kaiserboa ist porzellanfarben; sie ist generell heller gefärbt als die *Boa constrictor* und besitzt auch mehr Sattelflecken.

HALTUNG Bei einem Paar richtet sich die Terrariengröße nach dem längsten Tier. Ist dieses beispielsweise 2 m lang, ergibt sich eine Größenordnung von 200×100×150 cm. Für jede weitere Boa kommen 20 % mehr Grundfläche hinzu. Für den Bodengrund nimmt man ein Substrat mit hohem Erdanteil. Das Wasser im Badebecken muss immer sauber sein, damit die Schlange sich wohlfühlt. Stabile, verankerte Kletteräste dürfen nicht fehlen; mit zunehmendem Alter geht die Kaiserboa allerdings zum Bodenleben über. Als Versteck- und Unterschlupfmöglichkeiten eignen sich, je nach Größe der Tiere, Korkrinde, Baumstümpfe, knorrige Wurzeln und ähnliche Materialien.

NAHRUNG Mäuse, Ratten, andere Säuger entsprechender Größe.

Ordnung Schuppenkriechtiere
Unterordnung Schlangen
Familie Riesenschlangen

Schwierigkeitsgrad 2
Terrarientyp Aqua- oder Halbfeuchtterrarium mit Wasserbecken
Temperatur T: 25–28 °C, S: bis 32 °C, N: 20–22 °C, W: 25 °C
Luftfeuchtigkeit über 50 %
Haltung einzeln, Paar oder Gruppe mit 1 Männchen
Aktivität dämmerungs- u. nachtaktiv
Lebensweise baum- u. bodenbewohnend
Fortpflanzung lebend gebärend
Artenschutz 4

Wasser täglich reinigen.

Grüner Hundskopfschlinger
Corallus caninus

Synonym Grüne Hundskopfboa
Ordnung Schuppenkriechtiere
Unterordnung Schlangen
Familie Riesenschlangen

Schwierigkeitsgrad 4
Terrarientyp Regenwaldterrarium
Temperatur T: 25–30 °C, S: 30–35 °C, W: 25 °C, N: 20–25 °C
Luftfeuchtigkeit 70–100 %
Haltung Paar oder Gruppe mit nur 1 Männchen
Aktivität nachtaktiv
Lebensweise baumlebend
Fortpflanzung lebend gebärend
Artenschutz 4

Gebiert die Jungen im Geäst.

VERBREITUNG Amazonasbecken von Peru bis Guayana. Der Hundskopfschlinger bewohnt geschlossene Waldgebiete, wo er sich auf Bäumen, bevorzugt in Wassernähe, aufhält.

MERKMALE Länge bis 3 m. Die Grundfarbe ist kräftig grün, mit unregelmäßigen weißen Flecken und Binden am Rücken. Die Bauchfärbung reicht von schmutzigem Weiß bis zu hellem Gelb. Jungtiere sind bei Geburt ziegelrot bis rotbraun. Männchen besitzen oft längere Aftersporne.

HALTUNG Für ein Paar benötigt man ein stabiles Terrarium von mindestens 200×100×200 cm Größe mit einem geräumigen Wasserbecken, das gern 25 % der Grundfläche einnehmen kann. Alternativ kann man auch ein Aquaterrarium verwenden. Der Hundskopfschlinger braucht einen stabilen Kletterbaum und waagerechte Äste als Sonnenplatz. Aufgrund des Gewichtes der Tiere muss alles fest verankert werden. Robuste Pflanzen (gern künstlich) runden die Einrichtung ab.

NAHRUNG Nur lebendes Futter: Küken, Mäuse und Ratten.

Gartenboa
Corallus hortulanus

VERBREITUNG Südliches Mittelamerika bis nördliches Südamerika.

MERKMALE Länge 150–210(–250) cm. Die Grundfarbe der Gartenboa ist sehr variabel und reicht von Neongelb über Gelborange und Rot bis hin zu Schwarz, Grau oder Braun. Auch die Zeichnungen sind sehr unterschiedlich.

HALTUNG Die Größe des Terrariums für ein Paar richtet sich nach der Länge des größeren Tieres. Ist dieses z. B. 150 cm lang, wird ein Becken von 150× 100×150 cm benötigt. Es kann auch größer sein, vor allem höher. Garten- oder Terrarienerde aus dem Fachhandel wird für den Boden verwendet. Ein Wasserbecken, das etwa 50 % der Bodenfläche einnimmt, darf keinesfalls fehlen. Weiterhin werden viele Äste und Pflanzen benötigt. Es empfehlen sich (zumindest teilweise) Astgabeln, denn die Gartenboa zieht es vor, wenn ein Ast mehrere Stellen ihres Körpers berührt.

NAHRUNG Mäuse und Ratten. Unterschiedliche „Futterverwerter": Manche fressen alles, was in Sichtweite kommt, andere sind sehr heikel.

Synonym früher: *Corallus enydris*
Ordnung Schuppenkriechtiere
Unterordnung Schlangen
Familie Riesenschlangen

Schwierigkeitsgrad 4
Terrarientyp Feuchtterrarium
Temperatur T: 25–30 °C, S: 35 °C, N: 24 °C
Luftfeuchtigkeit 65–70 %, bei der Häutung auf 90–100 % ansteigend
Haltung einzeln oder Paar
Aktivität dämmerungs- u. nachtaktiv
Lebensweise baumlebend
Fortpflanzung lebend gebärend
Artenschutz 4

Unberechenbar und schnell.

Rote Regenbogenboa
Epicrates cenchria cenchria

Synonym Regenbogenboa
Ordnung Schuppenkriechtiere
Unterordnung Schlangen
Familie Riesenschlangen

Schwierigkeitsgrad 1
Terrarientyp Feuchtterrarium
Temperatur T: 26–27 °C, N: 21–22 °C
Luftfeuchtigkeit 70–80 %
Haltung einzeln, Paar oder Gruppe mit 1 Männchen
Aktivität dämmerungs- u. nachtaktiv
Lebensweise baum- und bodenlebend
Fortpflanzung lebend gebärend
Artenschutz 4

Sehr friedlich, flink und neugierig.

VERBREITUNG Brasilien. Diese Boa bewohnt Bäume in tropischen Regenwäldern, ist aber auch am Boden anzutreffen – sogar in felsigen Gebieten und Kulturland, hier allerdings in Gewässernähe.

MERKMALE Länge 120–150(–180) cm. Die Hautschuppen des Körpers sind irisierend, was ihnen ein schillerndes Aussehen gibt. Je nach Blickwinkel und Lichteinfall entstehen so herrliche Farbvarianten und -schattierungen.

HALTUNG Für eine Rote Regenbogenboa von 150 cm Länge ist ein Terrarium mit den Maßen 150×75× 150 cm erforderlich. Bei Haltung mehrerer Boas müssen für jedes weitere Tier 25 % mehr Grundfläche gerechnet werden. Zur Einrichtung gehören Unterschlupf- und Versteckmöglichkten (Korkhöhlen und Korkrinden, Baumstümpfe und ähnliches Material) und ein flaches Badebecken. Zumindest ein Kletterast sollte vorhanden sein, auch wenn er nur selten genutzt wird. Der Bodengrund sollte aus Torf oder Kokossubstrat bestehen und muss zum Teil feucht gehalten werden.

NAHRUNG Mäuse, junge Ratten; nach Größe der Boa.

Braune Regenbogenboa
Epicrates cenchria maurus

VERBREITUNG Costa Rica, Nord-Kolumbien, Venezuela bis Trinidad und Tobago.

MERKMALE Länge maximal 220 cm. Die Braune Regenbogenboa ist fast einfarbig kaffeebraun gefärbt und trägt nur wenige oder gar keine Zeichnungen. Ihre Hautschuppen sind irisierend, sodass ihre Farbe schillernd wirkt. Jungtiere haben Zeichnungen, die denen der Roten Regenboa ähneln. Männchen sind etwas kleiner.

HALTUNG Für eine Boa von 220 cm Länge ist ein Terrarium mit den Maßen 220×110×200 cm erforderlich. Für jedes weitere Tier müssen 25 % mehr Grundfläche zur Verfügung stehen. Die Einrichtung umfasst Unterschlupf- und Versteckmöglichkeiten in Form von Korkrinden, Korkhöhlen oder Baumstümpfen sowie ein flaches Badebecken. Der Bodengrund sollte aus Torf oder Kokossubstrat bestehen und muss teilweise feucht gehalten werden. Zudem benötigt die Braune Boa mehrere Kletteräste, da sie sehr gern klettert.

NAHRUNG Mäuse und junge Ratten, je nach Größe der Schlange.

Synonyme Regenbogenboa, Mohren-Schlankboa
Ordnung Schuppenkriechtiere
Unterordnung Schlangen
Familie Riesenschlangen

Schwierigkeitsgrad 1
Terrarientyp Feuchtterrarium
Temperatur T: 26–27 °C, N: 21–22 °C
Luftfeuchtigkeit 70–80 %
Haltung einzeln, Paar oder Gruppe mit 1 Männchen
Aktivität dämmerungs- u. nachtaktiv
Lebensweise baum- u. bodenlebend
Fortpflanzung lebend gebärend
Artenschutz 4

Sehr friedlich, flink und neugierig.

Grüne Anakonda
Eunectes murinus

Ordnung Schuppenkriech-
tiere
Unterordnung Schlangen
Familie Riesenschlangen

Schwierigkeitsgrad 4
Terrarientyp s. S. 239
Temperatur T: ca. 25–28 °C
(Temp.gefälle), S: bis 32 °C,
W: 22–24 °C, N: Raumtemp.
Luftfeuchtigkeit 50–60 %
Haltung einzeln
Aktivität tag- u. dämme-
rungsaktiv
Lebensweise wasser- u. bo-
denlebend
Winterruhe 2–3 Mon. bei
20 °C
Fortpflanzung lebend gebä-
rend
Artenschutz 4

Einzelhaltung wegen
Kannibalismus.

VERBREITUNG Amazonasbecken Brasiliens, Boli-
viens, Perus und Kolumbiens, zudem in Trinidad,
Ecuador, Venezuela und Guayana.

MERKMALE Länge 3 m (Männchen), 5,2 m (Weibchen); maximal 5,8–8 m. Die Grundfarbe der Grünen Anakonda ist meist olivgrün mit schwarzen Flecken, kann aber von fast Schwarz bis Gelblich-grün
variieren.

HALTUNG Die Terrarieneinrichtung entspricht der
der Gelben Anakonda; lediglich die Größe muss
angepasst werden und das Wasserbecken sollte
etwas mehr Grundfläche (Wasserteil entsprechend
größer: 50–75 %) haben. Für eine 4 m lange Anakonda wäre z. B. ein stabiles Terrarium von mindestens
300×200×200 cm erforderlich. Bei dieser Riesenschlange ist erhöhte Vorsicht angebracht: Sie beißt
zur Seite, nicht nach vorn! Außerdem gilt sie als
aggressiver und unberechenbarer als die Gelbe
Anakonda.

NAHRUNG Einmal wöchentlich werden Mäuse, Ratten, Kaninchen etc. gefüttert, je nach Größe der
Schlange.

Gelbe Anakonda
Eunectes notaeus

VERBREITUNG Südamerika: Amazonas- und Orinoko-Gebiet; Trinidad.

MERKMALE Länge ca. 2,3 m (Männchen), gut 4 m (Weibchen). Typisch sind die gelbschwarze Färbung und der bullige Kopf.

HALTUNG Für eine 3 m lange Gelbe Anakonda wird ein stabiles Feuchtterrarium mit den Maßen 300× 150×150 cm mit großem Wasserbecken oder ein Aquaterrarium mit 50 % Wasserteil benötigt. Als Bodengrund eignen sich sämtliche Holzspäne außer Zedernholz, da dies für Reptilien giftig ist. Gute Wasserqualität ist besonders wichtig, daher muss das Badebecken bzw. der Wasserteil des Aquaterrariums penibel sauber gehalten werden. Versteckplätze wie Baumstümpfe oder vergleichbare Materialien sowie ein oder zwei fest verankerte Kletteräste, die von einigen Exemplaren gern genutzt werden, sind für das Wohlbefinden dieser Schlange notwendig. Wegen Kannibalismus wird die Gelbe Anakonda einzeln gehalten.

NAHRUNG Fische, Küken, Mäuse, Ratten, Kaninchen; je nach Größe der Anakonda.

Synonym Paraguay-Anakonda
Ordnung Schuppenkriechtiere
Unterordnung Schlangen
Familie Riesenschlangen

Schwierigkeitsgrad 4
Terrarientyp s. Text
Temperatur T: ca. 28 °C, S: 38 °C, W: 22–24 °C, N: Zimmertemp.
Luftfeuchtigkeit 50–60 %
Haltung einzeln
Aktivität tag- u. dämmerungsaktiv
Lebensweise wasser- u. bodenlebend
Winterruhe s. S. 238
Fortpflanzung lebend gebärend
Artenschutz 4

Beißt zur Seite, nicht nach vorn!

Molukkenpython
Morelia clastolepis

Gilt als aggressiv; scheinbar abhängig vom jeweiligen Individuum. Zucht nicht ganz einfach, gelingt aber.

VERBREITUNG Molukken (Indonesien).

MERKMALE Länge bis 250(–300) cm. Der Molukkenpython zeigt 2 unterschiedliche Farbformen – es gibt axanthische und xanthische Exemplare. Letztere wechseln mit zunehmendem Alter von rostroter bis brauner Grundfarbe zu gelblicher bis gelber Färbung. Axanthische Tiere bleiben ihr ganzes Leben lang gräulich. Männchen sind größer; Weibchen ab Geschlechtsreife dunkler.

HALTUNG Die Terrarienmaße entsprechen denen des Grünen Baumpythons. Da diese Art jedoch kleiner bleibt, muss die Beckengröße für den Molukkenpython angepasst werden. Für ein Tier von 250 cm Länge betragen die Mindestmaße 250×120×200 cm. Der Wasseranteil bzw. das Badebecken wird ebenfalls entsprechend berechnet. Die Einrichtung sollte aus zahlreichen horizontalen und vertikalen Kletterästen bestehen, die stabil gewählt und befestigt werden müssen. Eine dichte Bepflanzung ist empfehlenswert.

NAHRUNG Nager, wie Mäuse und Ratten. Bei Paarhaltung getrennt füttern.

Grüner Baumpython
Morelia viridis

VERBREITUNG Neuguinea bis Nordaustralien. Der Grüne Baumpython bewohnt die Bäume der tropischen Regenwälder.

MERKMALE Länge bis 200 cm. Die grüne Körperfarbe zeigt je nach Herkunft mehr oder weniger unregelmäßige weiße Flecken. Der Kopf ist vom relativ schlanken Körper abgesetzt.

HALTUNG Für ein Paar dieser Schlangen ist ein Feuchtterrarium von 200×100×200 cm Größe erforderlich. Es sollte ein Wasserbecken enthalten, das mindestens 25 % der Grundfläche einnimmt. Als Alternative bietet sich ein Aquaterrarium entsprechender Maße an. Die Einrichtung besteht aus vielen waage- und senkrechten Kletterästen, die entsprechend stabil gewählt und verankert werden müssen. Dichte Bepflanzung ist ebenfalls ratsam. Der Grüne Baumpython ist nur beim Beutezug auf dem Boden anzutreffen. Beim Arbeiten im Terrarium sollte man sehr ruhig vorgehen, denn die Tiere fühlen sich schnell gestört und bedroht. Sie beißen dann sehr schnell zu.

NAHRUNG Mäuse und Ratten; auch Vögel.

Synonym früher: *Chondropython viridis*
Ordnung Schuppenkriechtiere
Unterordnung Schlangen
Familie Riesenschlangen

Schwierigkeitsgrad 4
Terrarientyp Regenwaldterrarium mit Badebecken
Temperatur T: 25–30 °C, S: 35 °C, W: 25 °C, N: 22–25 °C
Luftfeuchtigkeit 70–80 %
Haltung Paar oder Gruppe mit 1 Männchen bzw. nur Weibchen
Aktivität dämmerungs- u. nachtaktiv
Lebensweise baumlebend
Fortpflanzung eierlegend
Artenschutz 4

Gilt als sehr reizbar.

Borneo-Blutpython
Python breitensteini

VERBREITUNG Borneo. Als Kulturfolger bewohnt dieser Python heutzutage hauptsächlich vom Menschen kultiviertes Land, oftmals in der Nähe größerer Wasseransammlungen.

MERKMALE Länge 160–220 cm. Der Borneo-Blutpython ist ockerbraun gefärbt.

HALTUNG Für ein Paar richtet sich die Terrariengröße nach dem längsten Tier. Ist dieses 2,2 m lang, wird ein Becken von 220×110×100 cm Größe benötigt. Der Borneo-Blutpython gräbt sich gern ein; daher muss der Bodengrund aus Torf-Erde-Gemisch mindestens 10–15 cm hoch sein. Laub und Astwerk sollten ebenfalls vorhanden sein. Weiterhin werden Unterschlupf- und Versteckmöglichkeiten, beispielsweise in Form von Blumentöpfen, Korkrinden oder Baumstümpfen benötigt. Ein Badebecken mit handwarmem Wasser darf ebenfalls nicht fehlen. Der Borneo-Blutpython wird in der Literatur immer wieder als aggressiv eingestuft. In den meisten Fällen entspricht das jedoch nicht den Tatsachen.

NAHRUNG Diese Riesenschlange wird mit Mäusen, Ratten und Küken gefüttert.

Dunkler Tigerpython
Python molurus bivittatus

VERBREITUNG Südchina, Hinterindien, weite Teile Indonesiens.

MERKMALE Länge 3–4,5(–8) m. Die Grundfarbe des Dunklen Tigerpythons variiert von Cremefarben bis Dunkelbraun, der Bauch ist weiß bis grau gefärbt. Die Zeichnung besteht aus relativ regelmäßigen, braunen bis schwarzen Flecken. Weibchen sind meist größer und massiger.

HALTUNG Die Mindestmaße des Terrariums für ein Paar berechnen sich wie folgt: L×B×H = 1×0,5× 0,75, jeweils multipliziert mit der Länge des größeren Tieres (bis 2,5 m). Für Exemplare über 2,5 m lautet die Formel: 0,75×0,5×0,5 = Terrariengröße. Selbstverständlich kann das Becken auch größer sein. Pinienrinde oder ähnliches Substrat dient als Boden. Fest verankerte Kletteräste dürfen ebenso wenig fehlen wie ein großzügiges Badebecken. Alternativ kann man ein Aquaterrarium verwenden. Korkrinden, Baumstümpfe u. Ä. als Verstecke und ein Trinkgefäß pro Tier komplettieren die Terrarieneinrichtung.

NAHRUNG Mäuse, Ratten, Kaninchen usw.

Ordnung Schuppenkriechtiere
Unterordnung Schlangen
Familie Riesenschlangen

Schwierigkeitsgrad 4
Terrarientyp Feuchtterrarium
Temperatur T: 28–30 °C, S: 34 °C, N: 24–26 °C
Luftfeuchtigkeit 65 %, nach dem Sprühen 90 %
Haltung Paar oder Gruppe
Aktivität dämmerungs- u. nachtaktiv
Lebensweise boden- u. baumbewohnend
Winter T: 25–28 °C, S: 32 °C, N: 19–22 °C; Luftfeuchte 60 %
Fortpflanzung eierlegend
Artenschutz 4

Eher friedfertig; aufgrund der Größe nicht für Anfänger geeignet.

Königspython
Python regius

Synonym Ballpython
Ordnung Schuppenkriechtiere
Unterordnung Schlangen
Familie Riesenschlangen

Schwierigkeitsgrad 2
Terrarientyp Halbfeuchtterrarium
Temperatur T: 28–30 °C, S: 35 °C, N: 25–28 °C
Luftfeuchtigkeit 65–90 %
Haltung Paar oder Gruppe mit 1 Männchen
Aktivität dämmerungs- u. nachtaktiv
Lebensweise boden- u. baumlebend
Winterruhe Nov.–Feb.(Trockenzeit); T: 28–30 °C, N: 20–22 °C, Luftfeuchte bis unter 40 %
Fortpflanzung eierlegend
Artenschutz 4

VERBREITUNG West- bis Zentralafrika.

MERKMALE Länge 130–150(–200) cm. Die Endgröße des Königspythons scheint populations- und somit herkunftsabhängig zu sein.

HALTUNG Die Größe des Terrariums wird bei Paar- oder Gruppenhaltung nach dem längsten Tier berechnet. Für 2 Schlangen, von denen die größere 130 cm lang ist, benötigt man ein Becken von 130× 65×130 cm; für jedes weitere Exemplar kommen 20 % mehr Grundfläche hinzu. Als Bodengrund nimmt man am besten Terrarienerde aus dem Fachhandel. Buchenspäne sind ebenfalls geeignet, wenn man sie nicht für den gesamten Boden verwendet und die Tiere darauf nicht füttert, um Verschlucken zu vermeiden. Als Versteckplätze dienen z. B. Korkröhren; sie sollten leicht feucht gehalten werden. Stabile Kletteräste (Jungtiere klettern gern, Adulte kaum) dürfen ebenso wenig fehlen wie eine Wasserschale. Bei heiklen und schreckhaften Exemplaren handelt es sich vermutlich um Wildfänge.

NAHRUNG Mäuse, Ratten, Küken, Wachteln – je nach Größe des Pythons.

Netzpython
Python reticulatus

VERBREITUNG Südostasien, Indonesien und Philippinen.

MERKMALE Länge 4,5–8(–10) m – je nach Herkunft und Population. Männchen werden oft nur bis 3,8 m lang. Charakteristisch ist die für seine enorme Größe sehr schlanke Körperform. Auf braunsilbernem bzw. silbernem Untergrund trägt der Netzpython sehr variable Zeichnungen.

HALTUNG Für ein Exemplar bis zu 2,5 m Länge braucht man ein Terrarium mit den Maßen 250×130×200 cm. Ist das Tier größer, wendet man die Formel Länge der Schlange (= Länge des Beckens) × ½ Länge (Breite) an. Als Höhe bleibt es bei 2 m. Für die Einrichtung benötigt man Holzspäne (Bodengrund), stabile Kletteräste, Verstecke und ein Wasserbecken. Dieses sollte auch groß genug zum Baden sein. Aufgrund seiner enormen Größe und einer Lebenserwartung von über 30 Jahren ist der Netzpython nur für erfahrene Halter geeignet!

NAHRUNG Gefüttert werden nur 1×pro Woche Mäuse oder Ratten.

Synonym Gitterschlange
Ordnung Schuppenkriechtiere
Unterordnung Schlangen
Familie Riesenschlangen

Schwierigkeitsgrad 4
Terrarientyp Halbfeuchtterrarium
Temperatur T: 25 °C, S: 30–32 °C, N: 22–24 °C
Luftfeuchtigkeit 70 %
Haltung einzeln
Aktivität dämmerungs- u. nachtaktiv
Lebensweise bodenlebend
Fortpflanzung eierlegend
Artenschutz 4

Sehr halterbezogen, d. h. einmal akzeptiert, lässt er den Halter z. B. im Terrarium hantieren, ohne zu reagieren.

Felsen-Python
Python sebae

Schwierigkeitsgrad 4
Terrarientyp Halbfeuchtterrarium
Temperatur T: 30–32 °C, S: bis 35 °C, N: 24–26 °C
Luftfeuchtigkeit 60–80 %
Haltung einzeln
Aktivität nachtaktiv
Lebensweise boden- u. baumbewohnend
Winterruhe von Nov.–Jan. bei T: 26–28 °C, N: 22–24 °C
Fortpflanzung eierlegend
Artenschutz 4

Wegen der Größe Einzelhaltung empfohlen.

VERBREITUNG Mittelafrika, bis an den Südrand der Sahara.

MERKMALE Länge 4–5 (selten 8) m. Die dunkelbraune bis schwarze Grundfarbe des Felsen-Pythons trägt graubraune Zeichnungen; der weiße Bauch ist schwarz gesprenkelt.

HALTUNG Für ein Exemplar von bis zu 2,5 m wird ein Terrarium von 250×125×200 cm benötigt. Für größere Tiere sind mindestens 375×250×200 cm erforderlich. Neben Pinienborke oder ähnlichem Material als Bodengrund ist ein großes Badebecken wichtig. Starke Äste zum Klettern und Versteckmöglichkeiten, z. B. in Form von Baumstümpfen, dürfen ebenfalls nicht fehlen. Der Kletterdrang lässt allerdings ab dem Alter von 2 Jahren immer mehr nach. Es ist auch Paar- und Gruppenhaltung mit einem Männchen möglich. Aufgrund ihres extremen Verteidigungsdranges muss man die Tiere bei der Fütterung unbedingt voneinander trennen!

NAHRUNG Gefüttert wird entsprechend der Größe des Pythons mit Küken, Mäusen, Ratten, Kaninchen, Hühnern etc.

Afrikanische Eierschlange
Dasypeltis scabra

VERBREITUNG Nordostafrika.

MERKMALE Länge 80–120 cm. Bei Gefahr rollt die Eierschlange ihren Körper ein und wieder auf, wobei ein rasselndes Geräusch entsteht. Sie kann ihren Unterkiefer und Schlund bis zum 4-fachen ihres Kopfumfanges öffnen. In ihrem Schlund befinden sich mit Zahnschmelz überzogene Fortsätze, mit denen Eier angeritzt und zerdrückt werden; die Schlange frisst nur den Inhalt und speit die Schale wieder aus. Weibchen wachsen oft schneller und werden größer; Männchen haben einen längeren Schwanz und eine dickere Schwanzwurzel.

HALTUNG Für ein Paar von 80 cm Länge wird ein Terrarium von 120×60×100 cm Größe benötigt. Als Bodengrund eignen sich Sand und Kies oder Pinienrinde. Steine, Steinplatten oder Korkrinden bieten Unterschlupf, zum Klettern dient ein Ast. Eine Wasserschale, die groß genug zum Baden sein sollte, darf nicht fehlen. Als Ruheplatz und zur Fütterung verwendet man ein nachgebautes Vogelnest.

NAHRUNG Wachtel-/Singvogeleier. Hühnereier sind oft zu groß; nur für Weibchen über 80 cm Länge.

Synonym Gewöhnliche Eierschlange
Ordnung Schuppenkriechtiere
Unterordnung Schlangen
Familie Nattern

Schwierigkeitsgrad 2
Terrarientyp Trockenterrarium
Temperatur T: 25–32 °C, N: 20–27 °C
Luftfeuchtigkeit 40–60 %
Haltung Paar oder Gruppe
Aktivität dämmerungs- u. nachtaktiv
Lebensweise baum- u. bodenlebend
Fortpflanzung eierlegend
Artenschutz nein

Sehr verträglich, in Gefangenschaft auch tagaktiv.

Südamerikanische Indigonatter
Drymarchon melanurus

VERBREITUNG Südmexiko bis nördl. Südamerika.

MERKMALE Länge ca. 2 m. 5 Unterarten. Die Grundfarbe der Südamerikanischen Indigonatter variiert zwischen Hellbraun, Grau und Olivgrün; sie wird zum Schwanz hin immer dunkler bis hin zu Schwarz. Von den Augen bis zur Maulspalte trägt sie 3 Zeichnungen; ihre vorderen Körperseiten tragen breite, schräg angeordnete schwarze Streifen. Die Unterseite ist beige bis weiß, wird aber ebenfalls nach hinten dunkler. Bei Gefahr bläht sie ihren Hals auf wie eine Kobra und „rasselt" mit dem Schwanz.

HALTUNG Für ein Tier von 2 m Länge ist ein Terrarium von 250×100×150 cm Größe erforderlich. Für den Bodengrund eignet sich Kleintierstreu oder ähnliches Substrat. Obwohl bodenlebend, klettert diese Natter sehr gern, weshalb ein Kletterast auf jeden Fall vorhanden sein sollte. Große Wurzeln und eine Versteckmöglichkeit komplettieren die Einrichtung. Bepflanzung ist nicht notwendig. Wildfänge sind recht nervös und scheu.

NAHRUNG Mäuse, Ratten, Küken; an Totfutter gewöhnbar.

Kalifornische Königsnatter
Lampropeltis getulus californiae

VERBREITUNG Ostküste Nordamerikas, Golfküste Nordmexikos bis Halbinsel Baja California am Pazifik.

MERKMALE Länge 80–110(–125) cm. In Freiheit lebende Kalifornische Königsnattern sind gegen das Gift der dort vorkommenden Klapperschlange immun. Die Grundfarbe ist braun oder rotbraun; sie ist cremefarben bis weiß gezeichnet. Es gibt sowohl Exemplare mit Quer- als auch Längszeichnungen.

HALTUNG Für ein Paar ausgewachsener Schlangen braucht man ein Terrarium von 150×75×75 cm Größe mit einem -Gemischten Bodengrund aus Erde, Sand, Lehm und Rindenstückchen. Es sollte ein Kletterast vorhanden sein, da manche Tiere – vor allem jüngere – gern klettern. Die Versteckplätze in Form von Wurzeln, Ästen oder größeren Korkrinden(höhlen) sollten am Boden arrangiert werden. Weiterhin wird ein großes Trinkgefäß benötigt. Die Kalifornische Königsnatter zeigt sich ihrem Halter gegenüber sehr umgänglich. Einige Exemplare lassen sich sogar von Hand füttern.

NAHRUNG Kleine Säuger.

Synonym Kalifornische Kettennatter
Ordnung Schuppenkriechtiere
Unterordnung Schlangen
Familie Nattern

Schwierigkeitsgrad 1
Terrarientyp Halbtrockenterrarium
Temperatur T: 24–30 °C, N: 20–22 °C
Haltung einzeln oder Paar gleich großer Tiere
Aktivität tag- u. dämmerungsaktiv
Lebensweise bodenlebend
Winterruhe 2–3 Mon. bei 15 °C
Fortpflanzung eierlegend
Artenschutz nein

Recht anspruchslos.

Ruthven's Königsnatter
Lampropeltis ruthveni

Synonym früher: *L. triangulum arcifera*
Ordnung Schuppenkriechtiere
Unterordnung Schlangen
Familie Nattern

Schwierigkeitsgrad 1
Terrarientyp Halbtrockenterrarium
Temperatur T: 26–28 °C, S: 30 °C, N: 21–23 °C
Luftfeuchtigkeit 60 %
Haltung Paar oder Gruppe
Aktivität dämmerungsaktiv
Lebensweise bodenlebend
Winterruhe 6–8 Wo. bei 10–16 °C
Fortpflanzung eierlegend
Artenschutz nein

In Gefangenschaft schon am frühen Nachmittag aktiv.

VERBREITUNG Mexiko.

MERKMALE Länge 85–100(–130) cm. Der Kopf von Ruthven's Königsnatter ist entweder einfarbig schwarz oder mit bräunlichen bis roten Flecken versehen. Die Schnauze ist schwarz mit roten und/oder weißen Flecken. Die Körperzeichnung ist relativ einheitlich und besteht aus roten, schwarzen und weißlichen Ringen, von denen sich der erste am Hinterkopf befindet. Die roten Ringe sind breiter als die anderen.

HALTUNG Für ein Paar Nattern, von denen die größere 1 m lang ist, wird ein 120×80×80 cm großes Terrarium benötigt, das einen Bodengrund aus Repti Bark oder Sand-Erde-Gemisch aufweisen sollte. Hin und wieder klettert die Natter, daher sollten entsprechende Äste nicht fehlen. Korkrinden als Versteck und weitere Klettermöglichkeiten, z. B. Steinaufbauten (einsturzsicher) in Terrassenform, sollten ebenso vorhanden sein wie ein Trinkgefäß. Diese Königsnatter zeigt keinen Kannibalimus und ist nach der Eingewöhnung relativ „zutraulich" und ruhig.

NAHRUNG Mäuse.

Puebla-Dreiecksnatter
Lampropeltis triangulum campbelli

VERBREITUNG Mexiko.

MERKMALE Länge 80–95 cm. Die Zeichnung der Puebla-Dreiecksnatter besteht aus 16 weißen und roten sowie 32 schwarzen Ringen. Die weißen Ringe können aber auch creme- oder apricotfarben sein. Männchen sind kleiner.

HALTUNG Für eine Schlange dieser Art benötigt man ein Terrarium mit den Maßen 100×50×50 cm. Für den Bodengrund kann ein Sand-Torf-Gemisch verwendet werden. Zusätzlich sollte trockenes Moos vorhanden sein. Neben Wurzeln, Korkrinde oder ähnlichen Gegenständen als Unterschlupf- und Versteckmöglichkeiten ist ein Badebecken für das Wohlbefinden unumgänglich. Diese Dreiecksnatter ist in ihrem Verhalten recht hektisch. Im Alter wird sie meist etwas ruhiger.

Winterruhe hält sie erst ab dem 2. Lebensjahr, und zwar von etwa Mitte November bis Mitte Februar bei herabgesetzten Temperaturen von 10–14 °C.

NAHRUNG Mäuse, Ratten oder kleine Eidechsen sind als Futter geeignet – je nach Größe der Dreiecksnatter.

Synonyme Campbell's Milchschlange, Puebla-Milchschlange
Ordnung Schuppenkriechtiere
Unterordnung Schlangen
Familie Nattern

Schwierigkeitsgrad 1
Terrarientyp Halbfeuchtterrarium
Temperatur T: 24–26 °C, S: 27–30 °C, N: 23–25 °C
Luftfeuchtigkeit 55–60 %
Haltung einzeln
Aktivität dämmerungs-, nacht- u. tagaktiv (jahreszeitabh.)
Lebensweise bodenlebend
Winterruhe s. Text
Fortpflanzung eierlegend
Artenschutz nein

Wegen Kannibalismus nur Einzelhaltung.

Dreiecksnatter
Lampropeltis triangulum sinaloa

Synonym Sinaloa-Dreiecksnatter
Ordnung Schuppenkriechtiere
Unterordnung Schlangen
Familie Nattern

Schwierigkeitsgrad 1
Terrarientyp Halbtrockenterrarium
Temperatur T: 25–30 °C, S: 32–35 °C, N: 18–25 °C
Luftfeuchtigkeit 50–60 %
Haltung einzeln oder Paar gleich großer Tiere
Aktivität dämmerungs- u. nachtaktiv
Lebensweise bodenlebend
Winterruhe T: 20–25 °C, N: 13–20 °C; 6 h Beleuchtung
Fortpflanzung eierlegend
Artenschutz nein

Sehr ruhige Art.

VERBREITUNG Mexiko: ganz Sinaloa und benachbarte Staaten.

MERKMALE Länge 100–120 cm lang.
Die Grundfärbung der Sinaloa-Dreiecksnatter ist rot. Ihr schwarzer Kopf trägt weiße Punkte an der Schnauze. Die weißen bis cremefarbenen Ringe sind oben und unten schwarz „umringt" und ziehen sich um den ganzen Körper, sind also fast nie unvollständig.

HALTUNG Für 1–2 Tiere muss ein Terrarium der Maße 120×80×60 cm zur Verfügung stehen. Der Bodengrund sollte aus einem Sand-Torf-Gemisch bestehen. Ein großer Wasserbehälter ist wichtig für das Wohlbefinden und darf ebenso wenig fehlen wie Steine und (Kork-)Rinde in ausreichender Stückzahl. Diese dienen als Unterschlupf- und Versteckmöglichkeiten. Die Dreiecksnatter benötigt einen geregelten Tages- und Nachtrhythmus mit 12 Stunden Beleuchtung.

NAHRUNG Kleine Nager, beispielsweise junge Mäuse, sind als Futter geeignet. Diese Natter hat einen gesunden Appetit.

Schwarze Afrikanische Hausschlange
Lamprophis lineatus

VERBREITUNG Südafrika.

MERKMALE Länge 60–80 cm (Männchen), 80–130 cm (Weibchen). Weibchen sind stämmiger und größer, sie verhalten sich aggressiver. Die Hausschlange umfasst einige unterschiedliche, taxonomisch noch ungeklärte Arten. Daher ist es auch nicht eindeutig, ob die unter dem Synonym angebotene Schlange identisch mit *L. lineatus* ist.

HALTUNG Für ein Paar Afrikanische Hausschlangen, bei dem das größere Exemplar 130 cm lang ist, braucht man ein Terrarium von 130×65×65 cm Größe. Als Bodengrund verwendet man ein Gemisch aus Sand und Torf oder Pinienborke. Obwohl diese Schlange zu den Bodenbewohnern gehört, klettert sie aber auch ganz gern. Daher sind Äste und/oder kräftige Pflanzen ebenso notwendig wie ausreichend Versteckplätze am Boden. Hierzu eignen sich Korkhöhlen, Korkröhren und Steine. Komplettiert wird die Terrarieneinrichtung mit einer Trinkschale.

NAHRUNG Mäuse bzw. Ratten; je nach Größe der Schlange.

Synonym *L. fuliginosus*
Ordnung Schuppenkriechtiere
Unterordnung Schlangen
Familie Nattern

Schwierigkeitsgrad 1
Terrarientyp Halbtrockenterrarium
Temperatur T: 26–30 °C, S: 32 °C, N: 20–24 °C
Luftfeuchtigkeit 40–60 %
Haltung einzeln oder Paar
Aktivität nachtaktiv
Lebensweise bodenlebend
Fortpflanzung eierlegend
Artenschutz nein

Überwinterung im Kühlschrank.

Vipernatter
Natrix maura

Schwierigkeitsgrad 2
Terrarientyp Aquaterrarium
Temperatur T: 22–33 °C,
N: 6–8 °C weniger
Haltung Paar oder Gruppe
Aktivität tagaktiv
Lebensweise boden- u.
strauchbewohnend
Winterruhe Nov.– Mrz. bei
4–11 °C
Fortpflanzung eierlegend
Artenschutz 4

Überwinterung im Kühl-
schrank.

VERBREITUNG Balearen, Iberische Halbinsel, Nord-
westitalien, Sardinien bis Nordafrika. Die Vipernat-
ter trifft man immer am Rande von Gewässern an.
MERKMALE Länge 60–80 cm. Sie ähnelt in ihrem
Erscheinungsbild stark der Kreuzotter. Da ihre
Pupillen allerdings rund und nicht geschlitzt sind,
kann man sie von ihr unterscheiden. Männchen
sind kleiner.
HALTUNG 120×80×120 cm groß sollte das Terrarium für ein Paar sein und zu ⅔ aus Wasser bestehen. Aus dem Wasserteil sollten ein paar Steine oder
Äste herausragen. Der Landteil besteht aus Repti
Bark oder einem ähnlichen Substrat und sollte viele
Kletteräste vorweisen. Unterschiedliche Verstecke in
verschiedenen Temperaturbereichen und ein Sonnenplatz dürfen ebenfalls nicht fehlen.
Für die Überwinterung kann man Plastikboxen verwenden. Sie sollten einen teilweise trockenen und
feuchten Bodengrund aufweisen (Erde, Moos).
Wichtig sind ein Wasserbehälter und mehrere Verstecke.
NAHRUNG Fische, Regenwürmer und Babymäuse.

Ringelnatter
Natrix natrix

VERBREITUNG Große Teile Europas und Asiens, Nordafrika. Die Ringelnatter lebt in 9 Unterarten in der Nähe von Gewässern.

MERKMALE Länge 100–200 cm (je nach Art); Nominatform *Natrix n. natrix* erreicht etwa 1 m Länge und ist auch in Deutschland beheimatet. Ihre Färbungen sind ebenfalls abhängig von Art bzw. Unterart und daher sehr variabel. Das Abwehrverhalten besteht aus Verharren, Flucht und Abwehr. Sie stellt ihren Körper kobraähnlich auf oder sie stellt sich tot. Fasst man sie dann an, sondert sie oft eine übel riechende, gelblich-weiße Flüssigkeit ab.

HALTUNG Für eine 1 m lange Natter braucht man ein Terrarium mit den Maßen 100×50×100 cm. Für jedes weitere Tier müssen 25 % mehr Grundfläche zur Verfügung stehen. Da gute Belüftung erforderlich ist, empfiehlt sich ein Gazedeckel für das Becken. Für die Einrichtung werden Buchenspäne (Bodengrund), Kletteräste und ein großer, flacher Wasserteil benötigt. Korkrinden und Wurzeln dienen als Versteck- und Sonnenplätze.

NAHRUNG Fische oder Fischfilet.

Ordnung Schuppenkriechtiere
Unterordnung Schlangen
Familie Nattern

Schwierigkeitsgrad 2
Terrarientyp Halbfeuchtterrarium
Temperatur T: 18–24 °C, N: Zimmertemp.
Luftfeuchtigkeit 60 %
Haltung einzeln oder Paar
Aktivität tagaktiv
Lebensweise bodenlebend
Winterruhe 2–3 Wo. bei 9–10 °C; ab Ende Okt. für 5 Mon. bei 5–7 °C
Fortpflanzung eierlegend
Artenschutz 4

Variantenreiches Abwehrverhalten. Ihr Gift ist zu schwach, um Menschen zu gefährden.

Breitgebänderte Wassernatter
Nerodia fasciata confluens

Ordnung Schuppenkriechtiere
Unterordnung Schlangen
Familie Nattern

Schwierigkeitsgrad 2
Terrarientyp Aquaterrarium
Temperatur T: 25–30 °C,
S: 35 °C, N: 20–25 °C, W: 23 °C
Luftfeuchtigkeit 50–60 %
Haltung einzeln, Paar oder Gruppe
Aktivität tag- u. dämmerungsaktiv
Lebensweise bodenlebend
Fortpflanzung lebend gebärend
Artenschutz nein

Wesentlich weniger wehrhaft als *Nerodia taxispilota*.

VERBREITUNG Ganz Nordamerika.

MERKMALE Länge 110 cm, maximal 160 cm. Männchen sind kleiner und werden höchstens 100 cm lang. Alter bis zu 10 Jahre.

HALTUNG Ein Paar Breitgebänderte Wassernattern hält man in einem Becken von 170×70×70 cm Größe. Der Wasserteil sollte 30–40 % der Grundfläche ausmachen. Als Bodengrund für den Landteil verwendet man Kies, Sand, Kork oder Schotter. Damit sich die Wassernatter im Aquaterrarium wohlfühlt, muss der Landteil zahlreiche Klettergelegenheiten in Form verschiedener Äste bieten. Diese sollten an mehreren Stellen über das Wasser ragen. Weiterhin sind Versteck- und Unterschlupfmöglichkeiten erforderlich, etwa große Korkrinden.

NAHRUNG Fische. Als Lebendfutter eignen sich z. B. Schleierschwänze, Goldfische, Jungfische aus dem Anglerbedarf. Gefroren kann man Forellenfilet oder Süßwasserstinte anbieten. Sehr gefräßig, bitte nicht überfüttern. Bei Vergesellschaftung mit anderen Wassernatterarten getrennt füttern. Während und bis zu 3 Tage nach Häutung nicht füttern.

Braune Schwimmnatter
Nerodia taxispilota

VERBREITUNG USA, von Virginia bis Alabama. Diese Art lebt an See- und Flussufern und in Sümpfen.
MERKMALE Länge 120–150 cm, maximal 170 cm. Großer, gedrungener Körper mit hell- bis dunkelbraunem Grund. Trägt 3 Reihen mehr oder weniger quadratischer, versetzter Flecken; die Bauchseite ist gelb mit Fleckung. Männchen sind kleiner. Die Braune Schwimmnatter kann in potenziellen Gefahrensituationen ein übel riechendes Analsekret abgeben.
HALTUNG Für zwei Tiere, von denen das größere 150 cm lang ist, wird ein Becken von 180×90×90 cm Größe benötigt. Der Wasserteil sollte 50 % der Grundfläche einnehmen. Wichtig ist, dass der Landteil eine Vielzahl von Kletterästen und Versteckmöglichkeiten bietet. Infrage kommen hier etwa große Korkrinden. Mindestens an einer Stelle sollten die Äste über das Wasser ragen. Beim Arbeiten im Terrarium (z. B. bei der Reinigung) sollte man vorsichtig vorgehen, da die Schwimmnatter recht wehrhaft ist. Ihre Bisse sind heftig und schmerzhaft.
NAHRUNG Fische. Bei Paar- oder Gruppenhaltung Tiere bei der Fütterung trennen.

Synonym Braune Wassernatter
Ordnung Schuppenkriechtiere
Unterordnung Schlangen
Familie Nattern

Schwierigkeitsgrad 3
Terrarientyp Aquaterrarium
Temperatur T: 20–26 °C, S: 30 °C, N: 16–21 °C, W: 22–24 °C
Luftfeuchtigkeit 60 %
Haltung einzeln, Paar oder Gruppe
Aktivität tagaktiv
Lebensweise boden- u. wasserlebend
Winterruhe 8–12 Wo. bei 10–15 °C
Fortpflanzung lebend gebärend
Artenschutz nein

Recht wehrhaft.

Raue Grasnatter
Opheodrys aestivus

Ordnung Schuppenkriech-
tiere
Unterordnung Schlangen
Familie Nattern

Schwierigkeitsgrad 3
Terrarientyp Halbfeuchtter-
rarium
Temperatur T: 24–30 °C,
N: 18–22 °C
Luftfeuchtigkeit 65 %;
abends 95 % (sprühen)
Haltung Paar oder Gruppe
Aktivität tagaktiv
Lebensweise baum- u. bo-
denlebend
Winterruhe 8 Wo. bei Zim-
mertemp. u. ohne Beleuch-
tung
Fortpflanzung eierlegend
Artenschutz nein

Schnell, scheu und hek-
tisch.

VERBREITUNG Südosten der USA bis Nordosten
Mexikos.

MERKMALE Länge 110 (selten 120) cm. Die Grundfarbe der Rauen Grasnatter ist grasgrün, die Unterseite
ist gelb bis weißlich gefärbt. Männliche Tiere haben
einen längeren Schwanz als die Weibschen, sind
aber insgesamt kleiner.

HALTUNG Für eine Natter von 110 cm Länge ist ein
Terrarium von 110×60×110 cm Größe notwendig,
das über einen Bodengrund aus 75 % Torf und 25 %
Sand verfügen sollte – Grasnattern graben sich gern
von Zeit zu Zeit im Boden ein. Zur weiteren Einrichtung gehören Kletteräste und dichte Bepflanzung,
die Rückzugsmöglichkeiten bietet. Doch auch am
Boden sollten Verstecke, beispielsweise in Form von
Korkhöhlen oder Korkrinden, angeboten werden.
Nicht fehlen darf ein kleines Wasserbecken, das die
Nattern nicht nur zum Trinken nutzen, sondern
auch als Badegelegenheit (Wasser regelmäßig reinigen).

NAHRUNG Fliegen, Heimchen, Grillen, Heuschrecken und Spinnen.

Kornnatter
Pantherophis guttatus guttatus

VERBREITUNG Nordamerika und nordöstliches Mexiko.

MERKMALE Länge 120–140(–180) cm.

HALTUNG Für 2 adulte Kornnattern, von denen das größere Tier 140 cm lang ist, wird ein Terrarium von 140×70×140 cm Größe benötigt. Der Bodengrund sollte aus einer 5 cm hohen Schicht Rindenmulch oder Buchenspänen bestehen. Rinde, Äste und Pflanzen dienen zum Klettern; als Versteck kann eine Korkröhre eingebracht werden. Unverzichtbar ist ein ausreichend großes Badebecken, in das die Natter hineinpasst. Da Kornnattern das Wasser auch zum Trinken verwenden, muss es regelmäßig gereinigt werden. Zur Einleitung der Winterruhe gibt man ab November kein Futter mehr; ab Mitte Dezember wird in zwei bis drei Wochen die Temperatur langsam bis auf 10 °C gesenkt. Nach drei Monaten ohne Beleuchtung wird alles wieder allmählich auf die Ausgangswerte gesteigert.

NAHRUNG Mäuse, Ratten, Küken – je nach Größe der Kornnatter, die auch problemlos an Totfutter gewöhnt werden kann.

Synonym früher: *Elaphe guttata guttata*
Ordnung Schuppenkriechtiere
Unterordnung Schlangen
Familie Nattern

Schwierigkeitsgrad 1
Terrarientyp Halbtrockenterrarium
Temperatur T: 25–28 °C, S: bis 32 °C, N: 24–26 °C
Luftfeuchtigkeit 60 %
Haltung Paar oder Gruppe (gleich große Tiere)
Aktivität dämmerungs- u. tagaktiv
Lebensweise bodenlebend, klettert aber gern
Winterruhe s. Text
Fortpflanzung eierlegend
Artenschutz nein

In der Natur nur dämmerungsaktiv.

Everglades-Kükennatter
Pantherophis obsoletus rossalleni

Synonyme früher: *Elaphe o. r.*; Rossalleni-Erdnatter
Ordnung Schuppenkriechtiere
Unterordnung Schlangen
Familie Nattern

Schwierigkeitsgrad 1
Terrarientyp Halbfeuchtterrarium
Temperatur T: 24–28 °C, S: 35 °C, N: 18–22 °C
Luftfeuchtigkeit 50–70 %
Haltung einzeln
Aktivität tag-, dämmerungs- u. nachtaktiv
Lebensweise boden- u. baumbewohnend
Winterruhe empfohlen
Fortpflanzung eierlegend
Artenschutz nein

Einzelgänger.

VERBREITUNG USA: Everglades.

MERKMALE Länge 120–130 cm. Die Grundfarbe der Everglades-Kükennatter ist kräftig orange, gelborange oder orangerot; hin und wieder ist sie mit 4 dunklen Längsstreifen versehen.

HALTUNG Das Terrarium für ein Exemplar sollte 130×80×130 cm Größe nicht unterschreiten; mehr Höhe ist in jedem Fall empfehlenswert. Für die Einrichtung wird eine 6–10 cm hohe Schicht lockeres Moos benötigt, wobei sich sowohl frisches als auch trockenes eignet. Kräftige Äste sowie eine gestaltete Rück- und eventuell Seitenwand zum Klettern bieten genügend Bewegungsspielraum. Üppige Bepflanzung darf ebenso wenig fehlen wie ein Wasserbecken, das sowohl zum Trinken wie auch als Badegelegenheit genutzt wird. Als Deckung dienen u. a. die Pflanzen; es sollte aber auch ein Versteck am Boden vorhanden sein. In Gefangenschaft wechselt die Kükennatter häufig zu überwiegend tagaktiver Lebensweise.

NAHRUNG Mäuse, junge Ratten, Küken und handelsübliche Futterinsekten.

Bullennatter
Pituophis catenifer sayi

VERBREITUNG Fast gesamter mittlerer Teil Nordamerikas.

MERKMALE Länge 210(–270) cm. Die Grundfarbe der Bullennatter ist scheinbar abhängig von ihrem Herkunftsgebiet. Tiere, die auf dunklem Boden leben, sind auch dunkler gefärbt. Es gibt daher sowohl gelbe, braune als auch orangerote Nattern, jeweils mit zahlreichen Sattel- und Schwanzflecken. Diese beginnen dunkelbraun, werden zur Rückenmitte heller und in Richtung Schwanz immer dunkler. Weibchen sind größer.

HALTUNG Die Terrariengröße für ein Paar richtet sich nach der Länge der größeren Natter. Ist diese z. B. 2 m lang, dürfen die Maße 200×100×150 cm nicht unterschritten werden. Für die Einrichtung werden Äste, zahlreiche Wurzeln, Steine und Korkrinden benötigt. So bietet man neben Klettermöglichkeiten auch Versteckplätze an. Der Bodengrund sollte aus einem Sand-Erde-Lehm-Gemisch mit Laub bestehen. Ein großes Wasserbecken darf nicht fehlen.

NAHRUNG Nager und Küken.

Ordnung Schuppenkriechtiere
Unterordnung Schlangen
Familie Nattern

Schwierigkeitsgrad 2
Terrarientyp Halbtrockenterrarium
Temperatur T: 25–27 °C, S: bis 33 °C, N: 20–22 °C
Luftfeuchtigkeit 50 %
Haltung einzeln oder Paar
Aktivität tagaktiv
Lebensweise bodenbewohnend
Winterruhe 2–4 Mon. bei ca. 10 °C
Fortpflanzung eierlegend
Artenschutz nein

Sehr gefräßig. Jungtiere klettern recht gern.

Westliche Bändernatter
Thamnophis proximus proximus

Ordnung Schuppenkriechtiere
Unterordnung Schlangen
Familie Nattern

Schwierigkeitsgrad 2
Terrarientyp Aqua- oder Halbfeuchtterrarium mit Badebecken
Temperatur T: 26–27 °C, S: bis 30 °C, N: 21–23 °C
Luftfeuchtigkeit 50 %
Haltung einzeln oder Paar
Aktivität tagaktiv
Lebensweise strauchbewohnend
Fortpflanzung lebend gebärend
Artenschutz nein

In Gefangenschaft z. T. auch nachts aktiv.

VERBREITUNG USA: Indiana, West-Kansas bis östliches Texas. Die Westliche Bändernatter lebt in Wassernähe.

MERKMALE Länge bis 90 cm, davon $\frac{1}{3}$ Schwanz. Charakteristisch sind 2 eng aneinanderliegende, helle Flecken auf dem Kopf. Männliche Bändernattern sind kleiner.

HALTUNG Ein Paar hält man in einem 125×75×50 cm großen Terrarium, dessen Boden aus Torf-Gemisch oder Rindenmulch bestehen sollte. Die Tiere schwimmen und baden gern, daher muss das Wasserbecken entsprechend groß sein. Besser wäre es, die Nattern in einem Aquaterrarium zu halten. Für die geschickten Kletterer sind Äste in ausreichender Anzahl notwendig. Steine, Korkröhren und Pflanzen sind als Versteck- bzw. Rückzugsmöglichkeiten gut geeignet. In Gefangenschaft verhalten sich diese Bändernattern deutlich territorial und neigen zudem zu erhöhter Beißbereitschaft. Vorsicht ist angebracht.

NAHRUNG Gefüttert wird mit Fisch, Regenwürmern und kleinen Nagern.

Bändernatter
Thamnophis sauritus spec.

VERBREITUNG Osten Nordamerikas. Diese Art ist nur in Gewässernähe anzutreffen.

MERKMALE Länge ca. 100 cm. 4 Unterarten. Männchen sind wesentlich kleiner.

HALTUNG 120×75×100 cm sind die Mindestmaße des Terrariums für ein Paar; für jedes weitere Tier rechnet man 20 % mehr Grundfläche hinzu. Für den Bodengrund verwendet man am besten Buchenspäne, Kies (rund) oder flache Bachsteine. Wichtig ist, dass das Substrat trocken gehalten wird. Da die benötigte Luftfeuchtigkeit durch die Beheizung des Wasserbeckens erreicht wird, also nicht gesprüht werden muss, sollte dies kein Problem sein. Ein Filter bzw. tägliches Reinigen des Wassers ist ebenso wichtig für das Wohlbefinden dieser Bändernatter wie eine abwechslungsreiche Einrichtung aus Kletterästen, Pflanzen und Versteckmöglichkeiten (z. B. Korkrinde) – die Tiere klettern nämlich auch gern und geschickt.

NAHRUNG Fisch, Fischstreifen, nackte Mäuse. Jungtiere füttert man alle 5–6 Tage, ausgewachsene Tiere dagegen nur 1× pro Woche.

Ordnung Schuppenkriechtiere
Unterordnung Schlangen
Familie Nattern

Schwierigkeitsgrad 2
Terrarientyp Aqua- oder Halbfeuchtterrarium mit Badebecken
Temperatur T: 26–27 °C, S: 30 °C, N: 20–23 °C, W: 25 °C
Luftfeuchtigkeit ca. 50 %
Haltung Paar oder Gruppe
Aktivität tagaktiv
Lebensweise bodenlebend
Winterruhe 2 Mon. bei 10–15 °C
Fortpflanzung lebend gebärend
Artenschutz nein

Temperamentvoll, bisweilen recht scheu.

Rotseitige Strumpfbandnatter
Thamnophis sirtalis parietalis

Ordnung Schuppenkriechtiere
Unterordnung Schlangen
Familie Nattern

Schwierigkeitsgrad 2
Terrarientyp Aqua- oder Feuchtterrarium mit Badebecken
Temperatur T: 26–27 °C, S: 30 °C, N: 20–23 °C, W: 25 °C
Luftfeuchtigkeit ca. 50 %
Haltung Paar oder Gruppe
Aktivität tagaktiv
Lebensweise bodenlebend
Winterruhe 2 Mon. bei 10–15 °C
Fortpflanzung lebend gebärend
Artenschutz nein

Sehr neugierig, agil und friedlich. Obwohl eigentlich bodenlebend, klettert sie auch gern.

VERBREITUNG Ostküste der USA, von British Columbia bis Oklahoma. In Kanada eine isolierte Population in den Grenzgebieten Albertas und Saskatchewans.

MERKMALE Länge 120 cm, maximal 135 cm (Männchen ca. 60 cm). Neben dunkler Grundfarbe mit cremefarbenen Streifen auf dem Rücken sind vor allem die Flanken in Rötlich bis kräftig Rot typisch.

HALTUNG 150×60×80 cm sind die Mindestmaße des Terrariums für ein Paar; für jedes weitere Tier rechnet man 20 % mehr Grundfläche hinzu. Der Bodengrund kann aus Buchenspänen, rundem Kies oder flachen Bachsteinen bestehen. Wichtig ist, dass er trocken gehalten wird. Da die benötigte Luftfeuchtigkeit durch die Beheizung des Wasserbeckens erreicht wird, also nicht gesprüht werden muss, sollte dies kein Problem sein. Ein Filter bzw. tägliches Reinigen des Wassers ist ebenso wichtig wie eine Einrichtung aus Kletterästen, Pflanzen und Verstecken (z. B. Korkrinde).

NAHRUNG Fisch, Fischstreifen, nackte Mäuse. Jungtiere füttert man alle 5–6 Tage, adulte 1× pro Woche.

Östliche Strumpfbandnatter
Thamnophis sirtalis sirtalis

VERBREITUNG USA: gesamter Osten, im Norden bis nach Süd-Texas.

MERKMALE Länge 60–130 cm. Diese Art zeigt eine dunkle Grundfärbung mit cremefarbigen Streifen. Die kleineren Exemplare sind in der Regel Männchen.

HALTUNG 150×60×80 cm sind die Mindestmaße des Terrariums für ein Paar Östliche Strumpfbandnattern; für jedes weitere Tier kommen 20 % mehr Grundfläche hinzu. Der Bodengrund kann aus Buchenspänen, rundem Kies oder flachen Bachsteinen bestehen. Wichtig ist, dass er trocken gehalten wird. Da die benötigte Luftfeuchtigkeit durch die Beheizung des Wasserbeckens erreicht wird, also nicht gesprüht werden muss, sollte dies kein Problem sein. Ein Filter bzw. tägliches Reinigen des Wassers ist ebenso wichtig wie eine Einrichtung aus Kletterästen, Pflanzen und Verstecken (z. B. Korkrinde). Obwohl diese Nattern eigentlich am Boden leben, klettern sie auch gern.

NAHRUNG Fisch, Fischstreifen, nackte Mäuse. Jungtiere füttert man alle 5–6 Tage, Adulte 1×pro Woche.

Ordnung Schuppenkriechtiere
Unterordnung Schlangen
Familie Nattern

Schwierigkeitsgrad 2
Terrarientyp Aqua- oder Halbfeuchtterrarium mit Badebecken
Temperatur T: 26–27 °C, S: 30 °C, N: 20–23 °C, W: 25 °C
Luftfeuchtigkeit ca. 50 %
Haltung Paar oder Gruppe
Aktivität tagaktiv
Lebensweise bodenlebend
Winterruhe 2 Mon. bei 10–15 °C
Fortpflanzung lebend gebärend
Artenschutz nein

Nicht ganz so zutraulich wie die Rotseitige Strumpfbandnatter.

Äskulapnatter
Zamenis longissima

Synonym früher: *Elaphe longissima*
Ordnung Schuppenkriechtiere
Unterordnung Schlangen
Familie Nattern

Schwierigkeitsgrad 2
Terrarientyp Halbfeuchtterrarium
Temperatur T: 22–25 °C, S: bis 28 °C, N: Zimmertemp.
Luftfeuchtigkeit 40–50 %
Haltung einzeln oder Paar
Aktivität tagaktiv
Lebensweise boden- u. felsbewohnend
Winterruhe ja; Zeitraum herkunftsabhängig
Fortpflanzung eierlegend
Artenschutz 3

Im Hochsommer vorwiegend in Morgen- und Abenddämmerung aktiv.

VERBREITUNG Südeuropa bis Kleinasien; in Deutschland, Österreich und Schweiz isolierte Populationen.

MERKMALE Länge 120–160(–200) cm. Die Äskulapnatter ist kräftig gebaut. Ihre glänzende und glatte Oberfläche variiert in den Farben Gelblich-Braun, Olivgrün, Graubraun oder Schwarz. Viele ihrer Schuppen sind weiß umrandet; der Bauch ist hell- oder grünlich-gelb bis weißlich. Ihre leicht gekielten Bauchschuppen erleichtern das Klettern. Männchen sind größer.

HALTUNG Die Mindestmaße des Terrariums für eine 1,2 m lange Natter sind 120×60×120 cm; für jedes weitere Tier rechnet man 20–25 % mehr Grundfläche hinzu.

Als Einrichtung eignen sich Rindenmulch für den Boden, zahlreiche Äste, Pflanzen und Gestrüpp zum Klettern und eine Wasserschale. Versteckmöglichkeiten in Form von Korkrinde und/oder Wurzeln dürfen ebenfalls nicht fehlen.

NAHRUNG Mäuse; ab und zu gibt es jedoch etwas heikle Fresser.

Leopardnatter
Zamenis situla

VERBREITUNG Süditalien, Sizilien, westlicher Balkan, Griechenland, Kreta, Kykladen, nordwestliche Türkei, Krim.

MERKMALE Länge 70–90 cm, selten über 1 m. Die Körperfarbe der Leopardnatter ist graublau, gelblich-grau oder hellgrau; die Zeichnungen sind ziegel-, braunrote bis orangene Flecken mit schwarzer Umrandung. Es gibt aber auch Nattern, die längs gestreift sind.

HALTUNG Für 1–2 Nattern ist ein Terrarium von 120×60×100 (120) cm Größe erforderlich. Der Boden sollte größtenteils aus Kies und Geröll bestehen. An einigen Stellen wird zusätzlich ein Torf-Erde-Gemisch darauf gegeben. Bei der Leopardnatter handelt es sich eigentlich um einen Bodenbewohner, sie klettert aber auch sehr gern. Aus diesem Grund müssen einige Kletteräste sowie Korkrinden oder -höhlen als Verstecke angeboten werden. Ein Wasserbecken darf nicht fehlen.

NAHRUNG Gefüttert werden hauptsächlich Mäuse; manche Exemplare nehmen auch handelsübliche Insekten an.

Synonym früher: *Elaphe situla*
Ordnung Schuppenkriechtiere
Unterordnung Schlangen
Familie Nattern

Schwierigkeitsgrad 3
Terrarientyp Trockenterrarium
Temperatur T: 23–30 °C (Temp.gefälle inkl. Spot), N: 20–22 °C
Haltung einzeln oder Paar
Aktivität tagaktiv
Lebensweise bodenlebend
Winterruhe Mitte Nov.–Ende Mrz. bei 8–12 °C
Fortpflanzung eierlegend
Artenschutz 3

Meist relativ scheu, neigt zu heftigen Abwehrbissen.

Giftige Schlangen

Zu den Giftschlangen gehören die Familien der Vipern (*Viperidae*) inklusive der Unterfamilie Grubenottern (*Crotalinae*), der Giftnattern (*Elapidae*) und die Natternunterfamilie der Trugnattern (*Boiginae*). Es handelt sich hierbei um Schlangen, die sowohl zur Beutejagd als auch zur Verteidigung Gifte einsetzen. Insgesamt sind nur etwa 10 % aller bekannten Schlangen giftig, doch unter ihnen sind Arten, deren Biss einen Menschen töten kann.

TRUGNATTERN gibt es in über 100 Arten; nur sehr wenige produzieren ein so starkes Gift, dass es für den Menschen lebensgefährlich werden kann. Als Beispiele – da auch in der Terraristik vertreten – seien hier die Mangroven-Nachtbaumnatter (*Boiga dendrophila*) und der Boomslang (*Dispholidus typus*) genannt. Die meisten Trugnattern sind allerdings minder giftig und stellen daher nur für Allergiker eine Gefahr dar. Die gefurchten Giftzähne dieser Schlange sitzen weit hinten im Rachen. Beim Herunterschlucken gelangt das Sekret über die Bisswunde in den Körper des Beutetieres. Es bewegt sich daher im Körper weniger und kann auch schneller verdaut werden.

GIFTNATTERN sind Verwandte der Nattern (*Colubridae*), besitzen aber lange Giftzähne. Diese sind gefurcht und vorderständig, sodass das Gift aus der Bewegung heraus injiziert wird. Wer ein Exemplar im Terrarium halten möchte, sollte sich der Gefahr bewusst sein. Man sollte nie allein im Terrarium hantieren und für den Fall eines Bisses immer jemanden in der Nähe haben, der notfalls Erste Hilfe leisten kann. Auch das entsprechende Antiserum sollte grundsätzlich vorhanden sein.

Ähnliches gilt auch, wenn man sich z. B. eine Klapperschlange halten

Schlangenbeschwörer mit Brillenschlangen

möchte. Diese gehört zu den **VIPERN** und kann tödliche Bisse verursachen, da sie in der Lage ist, ihr Gift zu dosieren. Ihre Giftzähne können bis zu 5 cm lang sein und werden bei Bedarf herausgeklappt. Sie sind hohl und röhrenförmig, und bei großer bzw. schwerer Beute wird einfach mehr Gift injiziert.

Selbiges trifft auch auf die Unterfamilie **GRUBENOTTERN** zu; jedoch sind die Zähne hier maximal 3,5 cm lang. Eine Ursache ihrer Gefährlichkeit liegt darin begründet, dass sich die Schlangen sehr weit aufrichten können. Grubenottern besitzen sogenannte Grubenorgane, die sich unter den Nasenlöchern befinden. Empfindliche Wärmerezeptoren vermitteln dem Tier ein dreidimensionales Wärmebild. Dadurch kann es ein Beutetier zielsicherer treffen bzw. sich auch in totaler Dunkelheit bestens orientieren.

Kupferfarbige Variante der Kreuzotter

Info

Schlangengift kann Blutzellen und Gewebe angreifen (hämotoxisch) oder lähmend auf das zentrale Nervensystem wirken (neurotoxisch). Dabei wird die Funktion der Atmung eingeschränkt, was schlimmstenfalls zum Tod durch Ersticken führen kann. Einige Schlangen verfügen über eine Kombination aus neuro- und hämotoxischem Gift.

Man beurteilt die Wirkung eines Giftes anhand des LD_{50}-Wertes. LD steht für laterale Dosis, 50 für 50 %. Dieser Wert benennt die Dosis eines Giftes, nach dessen Gabe die Hälfte einer Versuchstierreihe gestorben ist. Je niedriger der Wert, desto potenter und somit gefährlicher sind die Giftstoffe. Allerdings kann der LD_{50}-Wert auch leicht schwanken, da die gemessen Werte von Versuchstier zu Versuchstier anders ausfallen können. Außerdem spielt bei einem Biss noch die abgegebene Giftmenge, die Stelle und Tiefe des Bisses sowie die generelle körperliche Konstitution des Opfers eine Rolle – der LD_{50}-Wert lässt sich nicht einfach auf den Menschen übertragen und die Giftwirkung unterliegt aufgrund diverser Faktoren natürlichen Schwankungen. So ist z. B. das Gift der Kreuzotter relativ stark, doch die Giftmenge recht gering. Ein gesunder, erwachsener Mensch wird durch einen Biss daher in der Regel nicht getötet. Für ein Kind hingegen können die Auswirkungen wesentlich drastischer sein.

Anders sieht es bei einem Klapperschlangenbiss aus. Durch die Fähigkeit, die Giftmenge zu dosieren, kann hier ein Biss auch für einen ausgewachsenen Menschen tödlich enden – selbst dann, wenn es sich um eine Schlangenart mit weniger potentem Gift handelt.

Indonesische Todesotter
Acanthophis rugosus

Ordnung Schuppenkriech-
tiere
Unterordnung Schlangen
Familie Giftnattern

Schwierigkeitsgrad 4 G
Terrarientyp Trockenterra-
rium
Temperatur T: 25–28 °C;
N: 19–20 °C
Haltung Paar oder Gruppe
Aktivität nachtaktiv
Lebensweise bodenlebend
Fortpflanzung ovovivipar
Artenschutz nein

Zählt zu den giftigsten
Schlangen überhaupt.

VERBREITUNG Indonesien.

MERKMALE Länge 80 cm, selten 120 cm. Diese
Todesotter ähnelt vom Erscheinungsbild eher einer
Viper. Sie hat einen breiten, flachen Kopf, der deutlich vom Hals abgesetzt ist. Über den Augen trägt
sie kurze, hornartige Fortsätze. Ihre Oberseite ist
gräulich gefärbt und zeigt angedeutete, gelbliche
Querstreifen.

HALTUNG Für ein Paar ist ein Terrarium von mindestens 100×60×50 cm Größe notwendig. Der
Bodengrund aus Pinienrinde sollte ihr Jagdverhal-
ten berücksichtigen, also nicht zu flach ausfallen,
damit sie sich noch eingraben kann. Eine Seite des
Bodens sollte zusätzlich mit Moos versehen und
leicht feucht gehalten werden. Flache Korkrinden
dienen als Verstecke; auch Farn o. Ä. kann zusätzlich
angeboten werden. Nicht fehlen darf ein Badebecken. Die Todesotter ist ein Lauerjäger: Sie vergräbt
sich meist im Boden und lässt nur die Schwanzspitze herausschauen, um Beutetiere anzulocken.

NAHRUNG Mäuse, Echsen, Kükenteile. In Gefangenschaft auch an Totfutter gewöhnbar.

Monokelkobra
Naja kaouthia

VERBREITUNG Bangladesch, Indien, Thailand und Burma.

MERKMALE Länge 100–150(–230) cm. Die Grundfarbe der Monokelkobra ist sehr variabel und reicht von Oliv über Bräunlich bis hin zu Rot. Im Nacken trägt sie eine Zeichnung, die einem Monokel ähnlich sieht.

HALTUNG Für eine Kobra von 1,5 m Länge ist ein Terrarium von 225×120×120 cm Größe erforderlich. Der Bodengrund aus Torf oder Blumenerde muss durchgehend feucht gehalten werden, um die notwendige Luftfeuchtigkeit zu erreichen und aufrechtzuerhalten. Allerdings darf keine Staunässe entstehen. Weiterhin wird ein ausreichend großes Wassergefäß benötigt, das zum Trinken wie auch zum Baden genutzt werden kann. Komplettiert wird die Einrichtung durch viele Versteckmöglichkeiten in Form von Wurzeln, Rinden etc. Die Monokelkobra ist eine recht friedliche Schlange, die nur im äußersten Notfall zubeißt.

NAHRUNG Nager, Echsen; in der Natur frisst diese Kobra auch Frosche, Kröten und Vögel.

Ordnung Schuppenkriechtiere
Unterordnung Schlangen
Familie Giftnattern

Schwierigkeitsgrad 4 G
Terrarientyp Feuchtterrarium
Temperatur 26–35 °C
Haltung einzeln
Aktivität nachtaktiv
Lebensweise boden- u. strauchbewohnend
Fortpflanzung eierlegend
Artenschutz 4

Sehr starkes Gift.

Brillenschlange
Naja naja

Synonym Südasiatische Kobra
Ordnung Schuppenkriechtiere
Unterordnung Schlangen
Familie Giftnattern

Schwierigkeitsgrad 4 G
Terrarientyp Halbtrockenterrarium
Temperatur T u. N: 25–32 °C
Luftfeuchtigkeit 50–60 %
Haltung einzeln
Aktivität tag- u. dämmerungsaktiv
Lebensweise bodenlebend
Fortpflanzung eierlegend
Artenschutz 4

Sehr giftig; betreibt aufopferungsvolle Brutpflege.

VERBREITUNG West-Pakistan bis Bangladesch. Man trifft die Brillenschlange hauptsächlich am Boden an, doch sie klettert und schwimmt auch gern und geschickt. Sie bewohnt Wälder im Mittelgebirge und im Tiefland, ist aber auch in Reisfeldern und in unmittelbarer Nähe menschlicher Siedlungen anzutreffen.

MERKMALE Länge 150–220 cm. Kennzeichnend und namengebend ist ihre brillenartige Zeichnung im Nacken. Manche Exemplare, die vorwiegend aus Nepal stammen, sind pechschwarz gefärbt und besitzen eine nur undeutliche Zeichnung.

HALTUNG Für ein Exemplar von 2 m Länge benötigt man ein Becken mit den Maßen 200×100×160 cm. Als Bodengrund verwendet man Torf, da er Feuchtigkeit speichert. Holz, Steine und Korkrinden dienen als Unterschlupf und Rückzugsmöglichkeit. Einige Kletteräste und ein großes Badebecken dürfen nicht fehlen.

NAHRUNG Jungtiere erhalten Insekten und Eidechsen; mit zunehmendem Alter kann man zu Mäusen und Ratten übergehen.

Baumschnüffler
Ahaetulla nasuta

VERBREITUNG Südostasien (Sri Lanka), weite Teile Indiens bis Hinterindien.

MERKMALE Länge bis 180 cm. Typisch für den Baumschnüffler sind der extrem schlanke Körper und der lanzenförmige Kopf mit rüsselartig verlängerter Nasenspitze. Er kann beidseitig auch seitlich sehr gut sehen! Die Grundfarbe ist leuchtendes Grün, die Augen sind auffallend groß.

HALTUNG Für ein Exemplar muss das Terrarium mindestens 180×90×180 cm groß sein, mehr Höhe wäre ratsam. Ein Bodengrund ist nicht nötig, kann aber z. B. aus Pinienborke bestehen. Wichtig sind viele strauchartige Kletteräste und eine sehr dichte Bepflanzung, damit das Tier genug Deckungsmöglichkeiten hat. Eine große Wasserschale darf nicht fehlen. Morgens und abends wird die Einrichtung mitsamt Schlange ausgiebig mit lauwarmem Wasser besprüht. So steigt sie Luftfeuchtigkeit kurzfristig auf bis zu 100 % und fällt danach auf die benötigten 65 % ab. Vorsicht: Der Baumschnüffler ist sehr aktiv und beißfreudig.

NAHRUNG 1–3 kleinere Echsen pro Woche.

Synonym Nasen-Peitschennatter
Ordnung Schuppenkriechtiere
Unterordnung Schlangen
Familie Trugnattern

Schwierigkeitsgrad 3 G
Terrarientyp Feuchtterrarium
Temperatur T: 27 °C, N: 24 °C
Luftfeuchtigkeit s. Text
Haltung einzeln oder Paar
Aktivität tagaktiv
Lebensweise baumlebend
Fortpflanzung lebend gebärend
Artenschutz nein

Schwach bis mittelgiftig. Echsenfresser, sollte nicht auf Mäuse umgestellt werden – schadet auf Dauer der Gesundheit.

Grüner Baumschnüffler
Ahaetulla prasina

Ordnung Schuppenkriechtiere
Unterordnung Schlangen
Familie Trugnattern

Schwierigkeitsgrad 3 G
Terrarientyp Feuchtterrarium
Temperatur T: 27 °C,
N: 24 °C
Luftfeuchtigkeit s. Text
Haltung einzeln oder Paar
Aktivität tagaktiv
Lebensweise baumlebend
Fortpflanzung lebend gebärend
Artenschutz nein

Schwach bis mittelgiftig.
Echsenfresser, sollte nicht
auf Mäuse umgestellt
werden – schadet auf
Dauer der Gesundheit.

VERBREITUNG Nord-, Nordost- und Zentralthailand.
MERKMALE Länge 190–200 cm. Die Grundfarbe des
Grünen Baumschnüfflers variiert zwischen Grüngelb, leuchtend Grün, Olivgrün, Bräunlich und Bläulich. Meist trägt er ein schwarzweißes Schachbrettmuster. Er sieht sehr gut. Männliche Tiere sind
kleiner.

HALTUNG Da der Grüne Baumschnüffler etwas länger ist als *Ahaetulla nasuta,* sollte das Terrarium
mindestens die Maße 200×100×200 cm vorweisen. Ein Bodengrund ist nicht nötig, kann aber z. B.
aus Pinienborke bestehen. Wichtig sind viele
strauchartige Kletteräste und eine sehr dichte Bepflanzung, damit das Tier genug Deckungsmöglichkeiten hat. Eine große Wasserschale darf nicht fehlen. Morgens und abends wird die Einrichtung mitsamt Schlange ausgiebig mit lauwarmem Wasser
besprüht. So steigt sie Luftfeuchtigkeit kurzfristig
auf bis zu 100 % und fällt danach auf die benötigten
65 % ab. Vorsicht beim Hantieren im Terrarium: Diese Schlange ist sehr aktiv und beißfreudig.
NAHRUNG Kleinere Echsen.

Gabunviper
Bitis gabonica rhinoceros

VERBREITUNG West- und Zentralafrika.

MERKMALE Länge 150–180 cm, maximal über 2 m. Die Gabunviper ist die schwerste Giftschlange der Welt (Gewicht bis 10 kg). Sie besitzt einen wuchtigen, dreieckigen Kopf; ihre Nasalschuppen sind zu deutlichen Höckern ausgebildet. Ihre Giftzähne im Oberkiefer sind bis zu 5 cm lang. Sie ist im Vergleich zu anderen Schlangenarten sehr beweglich. Männliche Tiere sind kleiner, haben aber einen längeren Schwanz.

HALTUNG Für ein Exemplar von 150 cm Länge wird ein Terrarium in einer Größenordnung von 150×75×75 cm benötigt. Es sollte unbedingt schattig stehen, da die Viper keinen starken Lichteinfall mag. Als Bodengrund ist 10 cm hoher Torf oder Humus auf einer feinen Sandschicht gut geeignet, um die notwendige Feuchtigkeit zu halten. Eine Wasserschale sollte vorhanden sein, ebenso darf eine große Korkrinde oder etwas Vergleichbares als Unterschlupf nicht fehlen.

NAHRUNG Gefüttert werden Mäuse, Ratten; auch Hamster werden angenommen.

Ordnung Schuppenkriechtiere
Unterordnung Schlangen
Familie Vipern

Schwierigkeitsgrad 4 G
Terrarientyp Feuchtterrarium
Temperatur T u. N: 23–26 °C
Haltung einzeln
Aktivität nachtaktiv
Lebensweise bodenlebend
Fortpflanzung lebend gebärend
Artenschutz nein

Sehr gefährlich!

Nashornviper
Bitis nasicornius

Ordnung Schuppenkriechtiere
Unterordnung Schlangen
Familie Vipern

Schwierigkeitsgrad 4 G
Terrarientyp Feuchtterrarium
Temperatur T: 23–26 °C,
N: 19–22 °C
Luftfeuchtigkeit 75–90 %
Haltung einzeln oder Paar
Aktivität dämmerungs- u.
nachtaktiv
Lebensweise boden- u.
strauchbewohnend
Fortpflanzung lebend gebärend
Artenschutz nein

Stark giftig!

VERBREITUNG Uganda, Kenia, Sudan, Kongo.
MERKMALE Länge 90–140 cm. Die Nashornviper ähnelt in ihrem Erscheinungsbild der Gabunviper, ist allerdings farbenfroher.
HALTUNG Für eine 140 cm lange Viper wird ein Terrarium von 140×70×70 cm Größe benötigt, das Torf, Sand oder Walderde als Bodengrund enthalten sollte. Wichtig ist das Abdecken des Substrates mit ausreichend Laub. Die Nashornviper mag kein grelles Licht; das sollte man bei der Standortwahl des Beckens unbedingt berücksichtigen. Es sind viele Klettermöglichkeiten in Form von Wurzeln, Korkrinden und Ästen notwendig. Als Unterschlupf eignen sich Baumstümpfe bzw. ein ausgehöhlter Baumstamm, auch Pflanzen dürfen nicht fehlen. Ein Teil des Terrariums sollte feuchter gehalten werden. Um Staunässe zu vermeiden, muss auf gute Belüftung geachtet werden. Ein Badebecken komplettiert die Einrichtung. Da es sich bei der Nashornviper um eine sehr „nervöse" Art handelt, ist im Umgang mit ihr äußerste Vorsicht geboten.
NAHRUNG Nager, Fische und Frösche.

Wüsten-Hornviper
Cerastes cerastes

VERBREITUNG Nordafrika, Israel, Arabische Halbinsel. Diese Hornviper bewohnt unterschiedliche Lebensräume; es können steinige Habitate, aber auch reine Sandwüsten sein. Sie hält sich jedoch immer in der Nähe von Pflanzenansammlungen auf.

MERKMALE Länge 80–90 cm. Die Wüsten-Hornviper besitzt einen gedrungenen Körper und einen kurzen, spitzen Schwanz. Auf ihrer sandgelben bis rostbraunen Grundfarbe trägt sie 30–36 braune Flecken oder Querbänder und kleinere Seitenflecke, die gegenständig zu den Rückenflecken verlaufen. Oberhalb der Augen sitzen 2 aus einer Schuppe bestehende „Hörner" (Name). Die Viper bewegt sich ziemlich rasch seitenwindend fort, durch Aneinanderreiben der Schuppen erzeugt sie ein rasselndes Geräusch.

HALTUNG Für ein Exemplar dieser Art sollte das Terrarium die Maße 100×60×40 cm aufweisen. Der Bodengrund besteht aus einer 8–10 cm hohen Sandschicht. Einen Unterschlupf und Versteckmöglichkeiten baut man aus Steinen oder vergleichbaren Materialien. Ein Trinkgefäß darf nicht fehlen.

NAHRUNG Nagetiere und Echsen.

Ordnung Schuppenkriechtiere
Unterordnung Schlangen
Familie Vipern

Schwierigkeitsgrad 4 G
Terrarientyp Trockenterrarium
Temperatur T: 26–34 °C, N: nicht unter 18 °C
Haltung einzeln
Aktivität dämmerungs- u. nachtaktiv
Lebensweise bodenlebend
Winterruhe Nov.–Mrz. bei 12–15 °C
Fortpflanzung eierlegend
Artenschutz nein

Es gibt ruhige, aber auch nervöse Exemplare.

Östliche Diamantklapperschlange
Crotalus adamanteus

Synonym Diamantklapperschlange
Ordnung Schuppenkriechtiere
Unterordnung Schlangen
Familie Vipern

Schwierigkeitsgrad 4 G
Terrarientyp Halbtrockenterrarium
Temperatur T u. N: 26–32 °C
Haltung einzeln
Aktivität dämmerungs- u. nachtaktiv
Lebensweise bodenlebend
Fortpflanzung ovovivipar
Artenschutz nein

Gift kann aufgrund der großen abgegebenen Menge für den Menschen tödlich sein!

VERBREITUNG Südosten der USA. Diese Diamantklapperschlange bevorzugt trockene Kiefern- und Eichenwälder als Lebensraum.

MERKMALE Länge um 150 cm, selten 200–250 cm. Die Grundfarbe der Östlichen Diamantklapperschlange variiert von Grau bis zu einem hellen Olivgrün. Sie trägt deutliche rautenförmige, dunkelbraune Zeichnungselemente auf dem Rücken, die von einer Reihe cremeweißer Schuppen umrandet werden. Charakteristisch ist ihre Schwanzrassel. Bei potenzieller Gefahr versucht das Tier entweder zu fliehen oder vertraut auf seine Tarnung. Steigt die Bedrohung, folgt Schwanzrasseln als Warnung, dann der Verteidigungsbiss.

HALTUNG Für eine Klapperschlage vom 1,5 m Länge benötigt man ein Terrarium von 150×50×75 cm Größe. Die Einrichtung kann relativ einfach gehalten werden und aus Torf oder Holzspänen für den Boden, einer großen Wurzel als Unterschlupf und einem Trinkgefäß bestehen.

NAHRUNG Für Jungtiere Mäuse; adulte Tiere fressen Ratten, Meerschweinchen und Kaninchen.

Westliche Diamantklapperschlange
Crotalus atrox

VERBREITUNG Norden Mexikos, Südwesten der USA. Diese Art bewohnt vorzugsweise sehr trockene Habitate mit felsigen Böden und sehr spärlicher Vegetation in Wüsten, Prärien und Wäldern.

MERKMALE Länge bis 2 m. Die Grundfarbe der Westlichen Diamantklapperschlange reicht von Grau bis zu hellem Rosa oder Gelblich-grau bis Ziegelrot. Die rautenförmigen Zeichnungen auf ihrem Rücken sind meist nur wenig dunkler als ihre Grundfärbung. Charakteristisch ist ihre Schwanzrassel.

HALTUNG Für eine ausgewachsene Schlange von 2 m Länge sollte das Terrarium 200×100×100 cm groß sein. Bis auf das Bodensubstrat unterscheidet sich die Einrichtung nicht von der der Östlichen Diamantklapperschlange. Hier wird lediglich statt Torf ein Bodengrund aus Sand oder Holzspänen verwendet. Bei potenzieller Gefahr versucht das Tier entweder zu fliehen oder vertraut auf seine Tarnung. Steigt die Bedrohung, folgt Schwanzrasseln als Warnung, dann der Verteidigungsbiss.

NAHRUNG Mäuse, Ratten oder Kaninchen; je nach Größe des Tieres.

Synonym Texas-Klapperschlange
Ordnung Schuppenkriechtiere
Unterordnung Schlangen
Familie Vipern

Schwierigkeitsgrad 4 G
Terrarientyp Trockenterrarium
Temperatur 28–32 °C
Haltung einzeln
Aktivität dämmerungs- u. nachtaktiv
Lebensweise bodenlebend
Fortpflanzung lebend gebärend
Artenschutz nein

Recht aggressiv, äußerste Vorsicht geboten! Gift kann für Menschen tödlich sein.

Basilisken-Klapperschlange
Crotalus basiliscus

Synonym Mexikanische Westküsten-Klapperschlange
Ordnung Schuppenkriechtiere
Unterordnung Schlangen
Familie Vipern

Schwierigkeitsgrad 4 G
Terrarientyp Trockenterrarium
Temperatur T: 25–32 °C, N: 20–22 °C
Haltung einzeln
Aktivität dämmerungsaktiv
Lebensweise bodenlebend
Fortpflanzung ovovivipar
Artenschutz nein

Wird in Gefangenschaft schnell ungewöhnlich zahm; trotzdem ist Vorsicht geboten.

VERBREITUNG Westküste Mexikos. Die Basilisken-Klapperschlange lebt am Boden, in Gestrüpp und auf niedrigen Bäumen.

MERKMALE Länge 150–200 m, in seltenen Fällen noch größer. Die Grundfarbe ist entweder gelblichbraun, braun oder rotbraun. Auf dem Rücken befinden sich rautenförmige Zeichnungen, die sich aber meist nur wenig abheben. Der Kopf ist zumeist hell gefärbt, mit einer dunkleren Zeichnung. Diese zieht sich vom Auge bis zur hinteren Mundöffnung.

HALTUNG Ein Terrarium mit den Maßen 150×80× 80 cm bietet eine ausreichend große Unterkunft für ein Exemplar von 1,5 m Länge. Wichtig ist ein heller Standort, da diese Klapperschlange helles Licht bevorzugt. Als Bodengrund eignet sich eine Mischung aus Lehm oder Torf und Sand. Als Unterschlupf und Versteckmöglichkeit dient ein einsturzsicherer Steinaufbau; ein Wasserbehälter darf nicht fehlen.

NAHRUNG Für die Basilisken-Klapperschlange sind Mäuse, Ratten und Meerschweinchen als Futtertiere geeignet.

Dunkle Zwergklapperschlange
Sistrurus miliarius barbouri

VERBREITUNG USA: Florida, Ost-North Carolina, Ost-Texas und Süd-Missouri.

MERKMALE Länge 40–70 cm. Die Dunkle Zwergklapperschlange hat eine herkunftsbedingte Grundfarbe und Zeichnung. Diese kann z. B. Hellgrau mit orangenen bis roten Rückenflecken sein, aber auch schwarzgraue Färbungen sind möglich. Auch die Zwergklapperschlangenarten besitzen die typische Schwanzrassel, mit der als Warnzeichen geklappert wird.

HALTUNG Für ein Exemplar ist ein Terrarium mit den Maßen 80×50×50 cm ausreichend groß. Neben einem Sand-Torf-Gemisch als Bodengrund werden Steine und Korkrinde als Unterschlupf- und Versteckmöglichkeiten benötigt. Weiterhin sind einige Kletteräste erforderlich; ein Wassernapf darf nicht fehlen.

Je nach Jahreszeit ist die Viper tag-, dämmerungs- oder nachtaktiv.

NAHRUNG Die Zwergklapperschlange frisst kleine Mäuse und Insekten; auch Frösche werden nicht verschmäht.

Synonym Zwergklapperschlange
Ordnung Schuppenkriechtiere
Unterordnung Schlangen
Familie Vipern

Schwierigkeitsgrad 4 G
Terrarientyp Halbfeuchtterrarium
Temperatur T: 22–32 °C, N: ungeheizt
Luftfeuchtigkeit 45–60 %
Haltung einzeln
Aktivität jahreszeitabh.
Lebensweise bodenlebend
Winterruhe 6–8 Wo. bei 12–15 °C
Fortpflanzung lebend gebärend
Artenschutz nein

Gilt als sehr nervös, Vorsicht ist geboten!

Aspisviper
Vipera aspis aspis

Synonym Juraviper
Ordnung Schuppenkriechtiere
Unterordnung Schlangen
Familie Vipern

Schwierigkeitsgrad 4 G
Terrarientyp Trockenterrarium
Temperatur T: 22–26 °C, N: ca. 20 °C
Haltung einzeln
Aktivität tag- u. nachtaktiv
Lebensweise bodenlebend
Fortpflanzung lebend gebärend
Artenschutz 4

Bodentemperatur lokal für ein paar Stunden täglich auf 30 °C erhöhen.

VERBREITUNG Nordosten Spaniens, Frankreich, Schweiz, Italien bis Nordwestslowenien. Die sehr standorttreue Aspisviper ist auf Legesteinmauern sowie vegetationsreichen, sonnigen Hängen mit niedrigen Büschen anzutreffen.

MERKMALE Länge 60–85(–90) cm. Die Körperfärbung der Aspisviper ist recht variabel und kann braun, rotbraun, ziegelrot, orange oder steingrau sein. Wechselseitige Querflecken, die zu einem Wellen- oder Zickzackband verschmelzen können, bilden die Zeichnung. Auffällig ist die leicht aufgestülpte Schnauzenspitze. Männchen sind länger, schlanker und kontrastreicher gefärbt.

HALTUNG Für eine 80 cm lange Aspisviper wird ein Terrarium mit den Maßen 80×60×50 cm benötigt, in das man als Bodengrund eine Mischung aus Sand, Lehm und Erde gibt. Steine dienen als Unterschlupf; auch Wurzelwerk oder vergleichbares Material kommt als Versteckmöglichkeit infrage. Ein Wasserbecken darf ebenfalls nicht fehlen.

NAHRUNG Als Futter eignen sich Insekten, Mäuse und Echsen.

Kreuzotter
Vipera berus berus

VERBREITUNG Ganz Europa.

MERKMALE Länge 60–70 cm. Die variable Grundfärbung der Kreuzotter reicht von Beige, Gelb und Rötlich über sämtliche Brauntöne bis hin zu Grau, Schwarzweiß und Lackschwarz. Das Zickzackband hebt sich deutlich ab, fehlt aber manchmal ganz. Männchen sind schlanker und kleiner.

HALTUNG Diese Art klettert sehr gern. Daher sollte das Terrarium höher sein, als es die Mindestmaße (90×60×40 cm) für ein Tier vorschreiben; zu empfehlen sind wenigstens 60 cm Höhe. Der Bodengrund sollte aus Sand, Torf und Walderde bestehen, worauf noch Rindenstücke und Moos gegeben werden. Kletteräste und ein großes Trinkgefäß dürfen nicht fehlen; eine Bepflanzung ist ratsam. Kreuzottern brauchen großzügige Belüftung und tägliches Sprühen mit lauwarmem Wasser. Bei Adulten reicht 1×Sprühen am Morgen, bei Jungtieren zusätzlich noch abends. Zum Sonnen dient ein großer Stein oder Baumstumpf, der unbedingt trocken gehalten werden muss.

NAHRUNG Mäuse.

Synonym Deutsche Kreuzotter
Ordnung Schuppenkriechtiere
Unterordnung Schlangen
Familie Vipern

Schwierigkeitsgrad 4 G
Terrarientyp Halbtrockenterrarium
Temperatur T: 24–32 °C (Temp.gefälle), N: 18 °C
Luftfeuchtigkeit 60 %
Haltung einzeln, Paar oder Gruppe
Aktivität tagaktiv, dämmerungsaktiv (Sommer)
Lebensweise bodenlebend
Winterruhe 4 Mon. bei 3 °C
Fortpflanzung ovovivipar
Artenschutz 4

Haltung nicht einfach – oft Futterverweigerer.

Service

Zum Weiterlesen …

… finden Sie hier eine Auswahl an Terraristik-Büchern aus dem Kosmos Verlag.

Dost, Uwe: **Das Kosmosbuch der Terraristik – Einrichtung, Tiere, Pflanzen**

Fröhlich, Fritz: **Wunderschöne Schmuckschildkröten**

Gruber, Ulrich: **Die Schlangen Europas –** und rund ums Mittelmeer

Kölle, Dr. med. vet. Petra: **Reptilienkrankheiten**

Kölle, Dr. med. vet. Petra: **Schlangen**

Kothe, Hans W.: **Vogelspinnen**

Nöllert, Andreas und Christel: **Die Amphibien Europas – Bestimmung, Gefährdung, Schutz**

O'Shea, Mark: **Giftschlangen – Arten der** Welt in ihren Lebensräumen

Rogner, Heidi: **Landschildkröten**

Rogner, Heidi: **Wasserschildkröten**

Rogner, Manfred: **Landschildkröten – halten & pflegen, beobachten & verstehen**

Rogner, Manfred: **Schmuckschildkröten**

Rogner, Manfred: **Terraristik**

van Kampen, Thomas: **Grundkurs Terrarium**

Nützliche Adressen

Bundesamt für Naturschutz
Konstantinstr. 110
53179 Bonn
Tel.: 02 28-84 91-0
Fax: 02 28-84 91-99 99
pbox-bfn@bfn.de
Bundesamt für Naturschutz
www.bfn.de/

Wissenschaftliches Informationssystem zum Internationalen Artenschutz
http://213.221.106.28/wisia
oder www.wisia.de

Institut für veterinärmedizinische Betreuung niederer Wirbeltiere und Exoten:
Dres. Mutschmann & Dr. Seybold GbR
Erich Kurz Straße 7
10319 Berlin
Tel.: 0 30-51 06 77 01
Fax: 0 30-51 06 77 02
www.exomed.de

Gesellschaft für medizinische und biologische Untersuchungen:
GeVo Diagnostik
Jakobstr. 65
70794 Filderstadt
www.gevo-diagnostik.de/

Deutsche Gesellschaft für Herpetologie und Terrarienkunde (DGHT) e.V.
Postfach 1421
53351 Rheinbach
Tel.: 0 22 25-70 33 33
Fax: 0 22 25-70 33 38
gs@dght.de
www.dght.de (mit Forum)
www.dght.de/amphrep/tiergesundheit/tieraerzte.htm
(reptilienkundige Tierärzte, nach PLZ sortiert)
Umfangreiche Datenbank über Reptilien & Amphibien (englisch):
www.reptile-database.org

Websites für Tierarten oder Familien:
www.ag-urodela.de/amphibia.htm
www.frosch-unke.de
www.agamen.de
www.doxon.de/Iguana/Home.htm
www.terraristik-freaks.de
www.zierschildkroete.de
www.pfeilgiftfrosch.info
www.boa-constrictors.com

Register

Impressum

Bildnachweis
Farbfotos von Frank Bick/TerraZoo Rheinberg (1, Seite 59), Frank Hecker (2, Seite 202, 220), Andreas Janitzki (alle übrigen 143 Aufnahmen), Burkard Kahl (122, Innenklappe: 1., 2. und 3. Bild, S. 1: 2. und 5. Bild, S. 2-23: alle 16 Bilder; S. 24, 25, 26, 27, 31, 32, 33, 34, 35, 36, 37, 39, 40, 41, 43, 44, 48, 50, 53, 57, 61, 66, 68, 70, 71, 72, 74, 76, 77, 81, 82, 84, 88, 89, 91 beide, 93, 98, 102, 104, 108, 114, 115, 120, 123, 126, 128, 129, 131, 132, 137, 140, 141, 145, 150, 155, 157, 158, 161, 166, 170, 172, 173, 175, 176, 177, 180, 181, 186, 188, 189, 192, 194, 195, 198, 205, 226, 228, 229, 231, 232, 235, 237, 238, 239, 243, 244, 249, 251, 252, 254, 255, 256, 258, 259, 261, 265, 266, 269, 274, 283), Dr. Rudolf König (11, Seite 30, 130, 210, 217, 221, 222, 224, 227, 268, 271, 272), Reinhard Tierfoto (1, Seite 90), Manfred Rogner (4, Seite 60, 62, 73, 278) und Dr. F. Sauer/Frank Hecker (2, Seite 193, 247).

Impressum
Umschlag von eStudio Calamar unter Verwendung von zwei Aufnahmen von Burkhard Kahl. Die Umschlagvorderseite zeigt einen Tokee, die Rückseite einen jungen Leopardleguan.

Mit 286 Farbfotos.

Autorin und Verlag bedanken sich für die freundliche Unterstützung bei der Erstellung der Fotos bei TerraZoo, Rheinberg; Galeria Tropica, Oberhausen; Zoo Zajac, Duisburg; Welkes PET MARKT ZOO & Co., Duisburg; Terra Shop Wesel, Wesel und Tierfreund Jandt, Wesel.

Unser gesamtes lieferbares Programm und viele weitere Informationen zu unseren Büchern, Spielen, Experimentierkästen, DVDs, Autoren und Aktivitäten finden Sie unter **www.kosmos.de**

Gedruckt auf chlorfrei gebleichtem Papier

© 2008, Franckh-Kosmos Verlags-GmbH & Co. KG, Stuttgart
Alle Rechte vorbehalten
ISBN 978-3-440-11089-8
Projektleitung: Angela Beck
Redaktion: Anne-Kathrin Janetzky
Gestaltungskonzept: eStudio Calamar
Gestaltung: TypoDesign, Kist
Produktion: Eva Schmidt
Printed in Italy / Imprimé en Italie